CONEXÕES

Karl Deisseroth

Conexões
Uma história das emoções humanas

TRADUÇÃO
Paulo Geiger

Copyright © 2021 by Karl Deisseroth

Grafia atualizada segundo o Acordo Ortográfico da Língua Portuguesa de 1990, que entrou em vigor no Brasil em 2009.

Título original
Projections: A Story of Human Emotions

Capa
Joana Figueiredo

Imagem de capa
Rompante, 2016, marcador sobre papel de Maria Luiza Mazzeto, 150 x 180 cm. Coleção particular.

Revisão técnica
Natália Pereira Travassos

Preparação
Mariana Rimoli

Revisão
Valquíria Della Pozza
Márcia Moura

Dados Internacionais de Catalogação na Publicação (CIP)
(Câmara Brasileira do Livro, SP, Brasil)

Deisseroth, Karl
    Conexões : Uma história das emoções humanas / Karl Deisseroth ; tradução Paulo Geiger. — 1ª ed. — Rio de Janeiro : Objetiva, 2022.

    Título original: Projections: A Story of Human Emotions
    ISBN 978-85-390-0727-1

    1. Emoções 2. Neurociência 3. Psicologia I. Título.

22-103792   CDD-152.4

Índice para catálogo sistemático:
1. Emoções : Psicologia   152.4

Eliete Marques da Silva — Bibliotecária — CRB-8/9380

[2022]
Todos os direitos desta edição reservados à
EDITORA SCHWARCZ S.A.
Praça Floriano, 19, sala 3001 — Cinelândia
20031-050 — Rio de Janeiro — RJ
Telefone: (21) 3993-7510
www.companhiadasletras.com.br
www.blogdacompanhia.com.br
facebook.com/editoraobjetiva
instagram.com/editora_objetiva
twitter.com/edobjetiva

Para nossa família

*Ofereço-te a lembrança de uma rosa amarela vista
ao crepúsculo, anos antes de nasceres.
Ofereço-te explicações de ti, teorias sobre ti,
notícias verídicas e surpreendentes de ti.
Posso te dar minha solidão, minha treva, a fome de meu coração;
tento subornar-te com a incerteza, o perigo, a derrota.*

Jorge Luis Borges, *Dois poemas ingleses**

---

* In: *O outro, o mesmo*. Trad. Heloisa Jahn. São Paulo: Companhia das Letras, 2009. p. 23.

Sumário

Prólogo 11

1. Depósito de lágrimas 27
2. Primeira ruptura 60
3. Capacidade de carregar 77
4. Pele quebrada 113
5. A gaiola de Faraday 137
6. Consumo 171
7. Moro 203

Epílogo 223
Agradecimentos 239
Notas 241
Créditos 247

Prólogo

*Depois de som, luz e calor,
memória, vontade e compreensão.*
James Joyce, *Finnegans Wake*

Na arte da tecelagem, fios de urdidura são estruturais, e fortes, e ancorados na origem — criando uma estrutura para o cruzamento de fibras à medida que o pano é tecido. Projetando-se através da borda que avança para um espaço livre, os fios de urdidura formam uma ponte do passado já formado para o presente esfarrapado, para um futuro ainda não configurado.

A tapeçaria da história humana tem seus próprios fios de urdidura, profundamente enraizados nos desfiladeiros da África oriental — conectando as mutantes texturas da vida humana ao longo de milhões de anos —, abrangendo pictogramas que têm como pano de fundo gelo fendido, florestas anguladas, pedra e aço e brilhantes terras raras.

O trabalho intrapsíquico dá forma a esses fios — criando dentro de nós uma estrutura sobre a qual pode surgir a história de cada indivíduo. A textura e a cor pessoais surgem dos fios cruzados de nossos momentos e experiências, da trama fina da vida, incorporando e obscurecendo essa plataforma subjacente com intricados, e às vezes belos, detalhes.

Eis aqui histórias desse tecido se esgarçando naqueles que estão doentes

— na mente de pessoas para as quais a urdidura está exposta, e crua, e reveladora.

A vertiginosa intensidade da psiquiatria de emergência fornece o contexto de todas as histórias neste volume. Se esse cenário visa iluminar o compartilhado tecido da mente humana, os estados internos de perturbação devem ser apresentados nestas páginas com a maior fidedignidade possível. Assim, as descrições dos sintomas feitas pelos pacientes são inalteradas e reais, para que reflitam a natureza essencial, o verdadeiro timbre e a verdadeira alma dessas experiências — embora, para preservar a privacidade, muitos outros detalhes tenham sido modificados.

Da mesma forma, as poderosas tecnologias da neurociência aqui descritas — que complementam a psiquiatria provendo um modo diferente de olhar para dentro do cérebro — também são totalmente reais, apesar de suas qualidades parecerem, às vezes, de ficção científica e decididamente inquietantes. Como aqui descrito, esses métodos são extraídos, sem modificação, de trabalhos revistos por pares em laboratórios de todo o mundo, inclusive o meu.

Mas até mesmo a medicina e a ciência são insuficientes para descrever sozinhas a experiência interior humana, e por isso algumas dessas histórias são contadas não do ponto de vista de um médico ou de um cientista, mas a partir da perspectiva de um paciente — às vezes em primeira ou terceira pessoa, às vezes com estados alterados refletidos por uma linguagem alterada. Onde as profundezas internas de outra pessoa — seus pensamentos ou sentimentos ou memórias — são descritos dessa maneira, o texto não reflete nem ciência nem medicina, somente a tentativa de minha própria imaginação, com cuidado, respeito e humildade, de criar uma conversa com vozes que eu nunca ouvi, cujo eco apenas senti. O desafio de tentar perceber, e experimentar, realidades não convencionais a partir da perspectiva do paciente é o cerne da psiquiatria, trabalhando através das distorções tanto do observador quanto do observado. Porém, inevitavelmente, as verdadeiras e mais íntimas vozes dos que partiram e silenciaram, o sofrimento e a perda, permanecem privados.

A imaginação aqui tem valor incerto, e não é assertiva, mas a experiência revelou as muitas limitações da neurociência e da psiquiatria modernas quando isoladas. As ideias da literatura me parecem, há muito tempo, igualmente importantes na compreensão dos pacientes — provendo às vezes uma janela para dentro do cérebro que é mais informativa do que qualquer objetiva de microscópio. Dou à literatura tanto valor quanto dou à ciência no pensar sobre a mente, e sempre que possível volto a meu amor de uma vida inteira pela escrita — embora durante anos esse amor tenha sido apenas uma brasa abafada, coberta com ciência e medicina, como camadas de cinza e neve.

De algum modo, três perspectivas independentes, psiquiatria, imaginação e tecnologia, podem enquadrar juntas o espaço conceitual necessário — talvez porque tenham pouca coisa em comum.

Ao longo da primeira dimensão está a história de um psiquiatra, contada em meio à progressão de experiências clínicas, cada uma delas centrada em um ou dois seres humanos. Assim como acontece quando um tecido se esgarça e seus fios estruturais ocultos podem se revelar (ou como quando um pedaço de DNA sofre mutação e as funções originais do gene danificado podem ser inferidas), o que se rompeu descreve o que não se rompeu — e, dessa maneira, cada história realça como as experiências interiores ocultas de seres humanos saudáveis, e talvez as de um médico também, podem ser reveladas pelas ainda mais enigmáticas e obscuras experiências de pacientes psiquiátricos.

Cada história também imagina a emergente experiência interior humana das emoções em momentos do mundo atual e através de milênios ao longo de nossa jornada, obstáculos do passado em nosso caminho que talvez não tenham sido transpostos sem um compromisso. Essa segunda progressão começa com histórias de circuitos simples e antigos, usados apenas para sobrevivência — as células para a respiração, ou para se mover usando músculos, ou para a criação da barreira fundamental entre si mesmo e o outro. Essa mais antiga e primeva fronteira entre cada um de nós e o mundo — chamada ectoderme, uma camada solitária e frágil, fina como uma única célula — dá origem à pele e ao cérebro, e, assim, é com essa mesma antiga linha limítrofe que o contato entre seres humanos é percebido em todas as suas formas, físicas ou psicológicas — em todo o espectro que vai dos estados sociais saudáveis aos conturbados.

As histórias se desenrolam entre os sentimentos universais de perda e dor nos relacionamentos humanos, chegando a profundas rupturas na experiência básica da realidade externa, que vêm com a mania e a psicose, e finalmente a perturbações que invadem até mesmo o "eu" mais profundo: a perda da capacidade de sentir prazer em nossa vida, como acontece na depressão; a perda de motivação para nos nutrirmos, como nos transtornos alimentares; e até mesmo a perda do próprio "eu" — com a demência, no fim da vida. Ao longo dessa segunda dimensão, as emoções do mundo interno subjetivo, começamos e terminamos com imaginação — seja em narrativas da Pré-História (sentimentos não deixam fósseis; não podemos saber o que se sentia no passado, e por isso não tentamos ser psicólogos evolucionistas), seja do presente (já que mesmo hoje em dia não podemos observar diretamente a experiência mais íntima de outro ser humano).

Mas onde os efeitos mensuráveis dos sentimentos são consistentes em todos os indivíduos — até onde podemos afirmar, usando uma tecnologia cuidadosamente aplicada — pode-se desenvolver um insight experimental dos mecanismos internos do cérebro. Ao longo de uma terceira dimensão, cada história revela essa compreensão científica que emerge rapidamente, com pistas sobre estados tanto saudáveis quanto perturbadores, suportadas por experimentos e apresentadas em forma de dados. Breves referências relacionando cada história à ciência são incluídas nas Notas, no fim do livro; alguns leitores curiosos podem querer vaguear mais além, por variadas trilhas de interesse pessoal. Muitas e importantes contribuições são referenciadas em cada um desses links (e assim os links servem primordialmente como trampolim inicial para uma exploração adicional) — mas só estão listadas neste volume citações em fonte aberta, para assegurar acessibilidade a todas. Essa dimensão final constitui, pois, um eixo científico — concebido para orientar um público que não tem treinamento científico, pessoas que merecem captar, e ter para si mesmas, cada ideia e conceito aqui apresentados.

Este texto, portanto, não é apenas sobre as experiências de um psiquiatra, nem uma imaginação da emergência de emoções humanas, nem mesmo sobre a mais recente neurotecnologia. Cada uma dessas três perspectivas funciona apenas como uma lente, focada de um modo diferente no mistério central dos sentimentos na mente, cada uma oferecendo uma visão diferente da mesma cena. Não é simples fundir numa única imagem essas perspectivas disparatadas — mas não é mais fácil ser humano, ou tornar-se humanidade — e este volume pode, no fim, adquirir uma espécie de resolução granulosa.

Expresso aqui profundo respeito e profunda gratidão a meus pacientes, cujos desafios nos proveram dessa perspectiva — e a todos aqueles cujo sofrimento interior, conhecido ou desconhecido, têm sido parte inextricável da longa, obscura, desesperada, incerta e ocasionalmente encantadora tapeçaria de nossa compartilhada jornada.

Uma palavra sobre mim, e meu próprio caminho, pode servir para que as distorções do narrador sejam mais bem conhecidas; eu sou — como somos todos nós — mais subjetivo do que objetivo, apenas um imperfeito segmento da óptica humana. No início de minha vida não houve uma dica de que o caminho particular que eu estava trilhando levaria à psiquiatria — ou de que a jornada também se desenrolaria pelo ainda mais incongruente reino da engenharia.

Minha infância teve um cenário sempre em mutação, de cidades pequenas para cidades grandes, do leste para o oeste e para o meio do continente americano, e novamente de volta, acompanhando minha irrequieta família — minha mãe, meu pai e duas irmãs, que como eu pareciam valorizar a leitura acima de qualquer outro encalço — enquanto nos mudávamos a cada poucos anos para uma nova casa. Lembro de ficar lendo para meu pai durante horas, dia após dia, quando íamos de carro de Maryland para a Califórnia; meus próprios momentos livres eram ocupados na maior parte por histórias e poemas — mesmo quando ia de bicicleta para a escola e na volta para casa, com os livros apoiados perigosamente no guidão. Embora eu lesse história e biologia também, os usos imaginativos da língua me pareciam ser mais convincentes, até que me deparei com um tipo de ideia diferente, que tinha ficado à espera no decurso de meu caminho.

Meu primeiro curso registrado na faculdade foi o de escrita criativa, mas naquele ano eu aprendi inesperadamente, em minhas conversas com meus colegas estudantes, e depois nas aulas, como um estilo particular de abordar a ciência da vida — construindo um entendimento a partir de *single-cells*, células únicas, mesmo para investigar os mais complexos sistemas em grande escala — estava ajudando a resolver alguns dos mistérios mais profundos na biologia. Essas questões havia muito tempo pareciam ser quase intratáveis: como poderia um corpo se desenvolver a partir de uma única célula, ou como as intricadas memórias da imunidade poderiam se formar e preservar e ser despertadas em células espalhadas à deriva nos vasos sanguíneos, ou como as diversificadas causas do câncer — de genes a toxinas a vírus — poderiam ser unificadas num único conceito com base em células, de um modo que fosse útil, que importasse.

Esses campos diversos foram todos revolucionados ao se aplicar uma compreensão elementar da pequena escala a sistemas complexos de grande escala. O segredo compartilhado da biologia, pareceu-me, estava descendo ao nível da célula e de seus princípios moleculares, enquanto mantinha em perspectiva o sistema inteiro, o corpo todo. O sentimento íntimo em mim evocado pela perspectiva de estender essa simples ideia celular aos mistérios da mente — da consciência, das emoções, da agitação do sentimento por meio da linguagem — era uma pura e pressionada delícia, como disse Toni Morrison, "antecipação depurada em certeza", esse universal estado humano de alegria inquietante quando se vê, subitamente, um caminho a seguir em frente.

Conversando com amigos em nosso dormitório comum (colegas estudantes que eram todos, inexplicavelmente, físicos teóricos) e nas refeições, descobri que esse era um sentimento compartilhado por cosmólogos que investigavam fenômenos que ocorrem em escalas astronômicas de espaço e tempo. Eles também começaram a considerar as menores e mais elementares formas de matéria, juntamente com as forças fundamentais que promovem interações em distâncias minúsculas. O resultado foi um processo tanto celestial quanto pessoal. O sentimento foi de síntese e ao mesmo tempo de análise.

De modo crucial para o que veio depois, eu fui, mais ou menos na mesma época, apresentado às redes neurais, um ramo da ciência computacional que cresce rapidamente, no qual um efetivo armazenamento de memória que não precisa de orientação ou supervisão[1] é obtido mediante simples coletas de unidades, cada uma elementar como uma célula — coisas que existem em código, com apenas simples propriedades abstratas —, mas virtualmente conectadas entre si por operacionalização do programa. As redes neurais, como o nome sugere, foram inspiradas na neurobiologia, mas essas ideias eram tão poderosas que esse campo computacional geraria depois uma revolução na inteligência artificial chamada aprendizagem profunda, que atualmente emprega grandes acervos de elementos de tipo celular para reconfigurar virtualmente todas as áreas de investigação e informação humanas — inclusive, devolvendo o favor original, a neurobiologia.

Parece que grandes grupos de pequenas coisas conectadas — se conectadas da maneira certa — podem conseguir quase qualquer coisa.

Comecei a considerar a possibilidade de compreender algo tão misterioso como a emoção considerando-a num nível celular. O que causa sentimentos poderosos numa pessoa sadia ou doente, sentimentos adaptativos ou não adaptativos? Ou, mais diretamente, o que *são* de fato esses sentimentos, num sentido físico, aprofundando ao nível de células e suas conexões? Isso me impactou como se fosse talvez o mistério mais profundo no universo — só rivalizado pela questão da origem do universo, e sua razão de ser.

Claro que o cérebro humano seria fator importante na abordagem desse desafio, porque somente seres humanos são capazes de descrever adequadamente suas emoções. Neurocirurgiões (pensei) tinham o acesso mais físico e privilegiado ao cérebro humano; portanto, o caminho lógico para mim, aquele que me daria a abordagem mais direta para tratar, curar e estudar o cérebro humano, parecia ser o da neurocirurgia. Assim, durante os estudos de graduação e em meu treinamento médico, eu fui nessa direção.

Contudo, ao chegar ao último ano da faculdade, fui solicitado, como todos os estudantes de medicina, a completar um breve estágio em psiquiatria, sem o qual eu não poderia me graduar.

Até então eu nunca sentira nenhuma afinidade particular com a psiquiatria; na verdade, para mim esse campo era inquietante. Talvez devido à aparente subjetividade das ferramentas de diagnóstico disponíveis, ou quem sabe houvesse em mim algum motivo desconhecido, ainda mais profundo, que eu nunca havia considerado. Fosse qual fosse a razão, a psiquiatria era a última especialidade que eu escolheria. Por outro lado, minhas experiências iniciais com a neurocirurgia tinham sido revigorantes. Eu gostava da sala de cirurgia, o drama de vida ou morte ali justaposto com meticulosa precisão e atenção ao detalhe, o foco, a intensidade e o ritmo do ambiente da sutura em contraste com a alta carga de excitação. Por isso meus amigos e minha família ficaram espantados, e eu também, quando, em vez disso, escolhi a psiquiatria.

Eu tinha sido treinado para ver cérebros como objetos biológicos — o que realmente são —, órgãos construídos por células e alimentados por sangue. Mas numa doença psiquiátrica o órgão em si mesmo não é danificado de maneira visível, como constatamos ao visualizar uma perna fraturada ou um coração pulsando fraco. Não é o suprimento de sangue do cérebro que está em xeque, e sim seu oculto processo de comunicação interna, sua voz interior.

Não há nada com que possamos medir, exceto palavras — as comunicações do paciente, e as nossas.

A psiquiatria foi organizada em torno do mais profundo mistério da biologia, talvez do universo, e eu só poderia usar palavras, minha primeira e maior paixão, para arrombar um portão que leva a esse mistério. Essa conjunção, uma vez constatada, reconfigurou totalmente meu caminho. E tudo começou, como acontece frequentemente nas rupturas que transformam uma vida, com uma experiência singular.

No primeiro dia de meu estágio em psiquiatria, eu estava no posto de enfermagem folheando uma revista de neurociência quando, após um breve tumulto no lado de fora, um paciente — um homem de uns quarenta anos, alto e magro, com uma barba rala e desgrenhada — irrompeu por uma porta que deveria estar trancada. À distância de um braço, de pé à minha frente, ele fixou seu olhar no meu — os olhos arregalados de medo e de fúria. Minha barriga se contraiu quando ele começou a gritar comigo.

Como qualquer habitante citadino, não me era estranho deparar com pessoas dizendo coisas estranhas. Mas esse não era um encontro de rua. O paciente parecia estar totalmente alerta, e não envolto num nevoeiro; sua vivência era estável e cristalina, a dor era clara em seus olhos, o terror era real. Numa voz trepidante, que parecia ser tudo que lhe restava, com profunda bravura, ele estava enfrentando a ameaça.

E sua fala era criativa em toda a sua agonia, cheia de expressões que não conotavam seu significado tradicional, mas, aparentemente, um significado próprio, como efeitos de comunicação, com sua própria gramática e estética, nela mesma contidas. Ele estava me confrontando diretamente — embora nunca tivéssemos nos visto, ele alimentava a ideia de que eu o havia ultrajado, mas estava fazendo aquilo usando sons como sentimentos, com as relações entre eles muito além da sintaxe ou do idioma. Pronunciava um neologismo que soava como uma palavra numa expressão de Joyce que eu tinha lido muito tempo atrás: era *telmetale*; era o *Finnegans Wake* na unidade hospitalar trancada, enquanto ele dizia o que era mais profundo do que pele ou crânio, do que tronco ou pedra. Fiquei ali sentado e pasmo, o cérebro se reconectando enquanto ele falava. Ele evocou em mim ciência e arte juntas, não em paralelo mas como a mesma ideia, fundidas: com a inabalável inevitabilidade e ao mesmo tempo o incontrolável brilho de um nascer do sol. Foi chocante, foi unitário, isso importava, e pela primeira vez reuniu completamente toda a minha vida intelectual.

Vim a saber depois que ele estava sofrendo de algo chamado transtorno esquizoafetivo, uma destrutiva tempestade de emoção e perda da realidade que combina os principais sintomas de depressão, mania e psicose. Aprendi também que essa definição não tem nenhuma importância, uma vez que a categorização tinha pouco impacto no tratamento, além de simplesmente identificar e tratar sintomas propriamente ditos, e que não havia uma explicação subjacente. Ninguém seria capaz de responder às mais simples perguntas concernentes ao que realmente era essa doença, num sentido físico, ou por que determinada pessoa estava sofrendo com ela, ou como uma condição tão estranha e terrível veio a ser parte da experiência humana.

Por sermos humanos, tentamos achar explicações, mesmo quando essa busca parece não suscitar esperança. E para mim, depois daquele momento, não haveria volta — e quanto mais eu aprendia, mais me via sem saída. Mais tarde, naquele mesmo ano, escolhi formalmente a psiquiatria como minha especialidade clínica. Após completar mais quatro anos de treinamento e obter meu certificado em psiquiatria, criei um laboratório num novo departamento de bioengenharia — na mesma universidade, no coração do Vale do Silício, em que estudei medicina. Meu plano era tratar de pacientes enquanto também criava instrumentos para o estudo do cérebro. Talvez, pelo menos, fosse possível fazer novas perguntas.

Por mais complicado que o cérebro humano pareça ser, ele é apenas uma massa de células, como qualquer outra parte do corpo. São belas células, é verdade, inclusive os mais de 80 bilhões de neurônios especializados na condução de eletricidade, cada um deles no formato de uma ramosa árvore desfolhada no inverno — e cada um formando dezenas de milhares de conexões químicas, chamadas sinapses, com outras células. Minúsculos impulsos de atividade elétrica passam continuamente por essas células, pulsando ao longo de fibras isoladas por gordura e condutoras de eletricidade chamadas axônios, que juntos formam a massa branca do cérebro. Cada pulso dura somente um milissegundo e é medido em picoamperes. Essa interseção de eletricidade com química produz, de algum modo, tudo que a mente humana é capaz de fazer, lembrar, pensar e sentir — e tudo é feito com células, que podem ser estudadas, compreendidas e modificadas.

Assim como foi necessário para a moderna ascendência de outros campos da biologia (como desenvolvimento e imunologia e câncer), primeiro era preciso disponibilizar novos métodos para a neurociência, que permitiriam uma compreensão mais profunda da célula dentro do cérebro intacto. Antes de 2005, não havia como provocar uma atividade elétrica precisa em células específicas do cérebro. Até então, a neurociência eletrofisiológica em nível celular tinha se limitado à observação — auscultar as células com eletrodos enquanto elas se ativavam num comportamento. Isso representava em si mesmo uma perspectiva de valor imenso, mas não éramos capazes de provocar ou separar esses eventos dentro de células específicas para ver como padrões de atividade celular poderiam ter importância para os elementos de funcionamento e comportamento do cérebro: sensação, cognição e ação. Uma das primeiras tecnologias desenvolvidas em meu laboratório, a partir de 2004 (chamada optogenética), começou a avaliar esta limitação: o desafio de causar ou suprimir uma atividade precisa em células específicas.

A optogenética começa no transporte de uma carga estrangeira — um tipo especial de gene — a uma distância inimaginável em biologia: das células de um grande reino de vida por todo o caminho que leva às células de outro reino. O gene é apenas um pedaço de DNA que induz sua célula a produzir uma proteína (uma pequena biomolécula projetada para certas tarefas dentro da célula). Na optogenética, nós tomamos emprestados genes de diversos micróbios,[2] como bactérias e algas unicelulares, e levamos essa carga a células específicas do cérebro de nossos colegas vertebrados, como camundongos e peixes. É uma coisa muita estranha de fazer — mas tem certa lógica, porque os genes específicos que tomamos por empréstimo (chamados opsinas microbianas), quando entregues a um neurônio, induzem imediatamente a criação de notáveis proteínas que podem transformar luz em corrente elétrica.

Normalmente, essas proteínas são usadas por seus hospedeiros microbianos originais para converter a luz do sol em informação elétrica, ou energia elétrica — orientando a movimentação de células de algas que nadam livremente para o nível ideal de luz necessário à sobrevivência, ou (em certas formas antigas de bactérias) estabelecendo condições para colher energia da luz. Em contraste, a maior parte de neurônios de animais normalmente não reage à luz — não haveria motivo para isso, já que é bem escuro dentro do crânio. Com nossa abordagem optogenética (utilizando truques genéticos para produzir essas exóticas proteínas microbianas *somente* em subsistemas específicos de neurônios no cérebro, mas não em outros), essas células cerebrais recentemente dotadas de proteínas microbianas tornam-se muito diferentes de suas vizinhas. A essa altura, os neurônios modificados são as únicas células no cérebro capazes de reagir ao pulso de luz provocado por um cientista — e o resultado chama-se optogenética.

Como a eletricidade é uma fundamental moeda de informação no sistema nervoso, quando introduzimos uma luz de laser (por meio de finas fibras ópticas, ou displays holográficos que projetam pontos de luz no cérebro) — e com isso modificamos os sinais elétricos que fluem através dessas células modificadas —, obtemos notáveis efeitos específicos no comportamento animal. Dessa forma, descobriu-se a capacidade das células-alvo de dar origem aos mistérios da função cerebral, como percepção e memória. Esses experimentos optogenéticos mostraram ser muito úteis na neurociência porque permitem que nos conectemos com a atividade local de células individuais e com a perspectiva global do cérebro. Testes de causa e efeito são feitos agora no contexto correto; somente células dentro de cérebros intactos podem dar origem a funções complexas (e disfunções) subjacentes ao comportamento — assim como palavras individuais só têm importância para a comunicação dentro do contexto da frase.

Fazemos isso na maioria das vezes em camundongos, ratos e peixes: animais cujas estruturas de sistema nervoso têm muito em comum com as nossas (estruturas que em nossa linhagem são só um pouco mais evoluídas). Como nós, esses colegas vertebrados percebem, e decidem, e se lembram, e agem — e ao fazer isso, quando observados da maneira correta, eles revelam os funcionamentos internos das estruturas cerebrais que compartilhamos. Assim, surgiu uma nova abordagem na investigação do cérebro, com métodos que recrutam pequenos e antigos avanços na evolução a fim de que trabalhem para nós — emprestados de formas de vida que divergiram da nossa própria linhagem quase no começo, na mais inicial e profunda âncora dessa urdidura de vida.

Uma subsequente tecnologia que minha equipe desenvolveu, inspirada também nesse princípio de resolução celular em cérebros intactos, chama-se química de hidrogel-tecido (que descrevemos pela primeira vez em 2013, numa fórmula chamada CLARITY; desde então surgiram muitas variações sobre esse tema). Nessa abordagem, são usados truques da química para construir hidrogéis transparentes[3] — polímeros suaves à base de água — dentro de células e de tecidos. Essa transformação física ajuda a fazer com que uma estrutura intacta como o cérebro (normalmente denso e opaco) fique num estado que permita a livre passagem da luz, o que por sua vez permite uma visualização em alta resolução das células que o compõem e das biomoléculas nelas inseridas. Todas as partes interessantes permanecem fixas em seu lugar, ainda dentro do tecido em 3D,[4] evocando imagens de guloseimas infantis — sobremesas de gelatina clara com pedaços de fruta incrustados, os quais podem ser vistos bem fundo dentro dela.

Um traço comum tanto à optogenética quanto à química de hidrogel-tecido é que agora podemos observar o cérebro intacto e estudar os componentes que desencadeiam funções sem desmontar o próprio sistema, na saúde ou na doença. Uma análise detalhada, sempre parte essencial do processo científico, pode ser conduzida dentro de sistemas que permanecem íntegros. A animação resultante dessas tecnologias (e diversos métodos complementares) espraiou-se para além da comunidade científica — e ajudou a deslanchar iniciativas nacionais e globais para compreender os circuitos cerebrais.[5]

Adotando essa abordagem — e integrando também avanços tecnológicos de outros laboratórios em microscopia, genética e engenharia de proteínas — a comunidade científica obteve muitos milhares de insights sobre como as células desencadeiam a função cerebral e o comportamento.[6] Por exemplo, pesquisadores identificaram conexões axoniais específicas que se projetam através do cérebro (como se fossem fios de urdidura inseridos numa tapeçaria, entrelaçados com incontáveis outras fibras que se cruzam) e mediante as quais células situadas na região frontal do cérebro penetram profundamente, alcançando regiões que controlam emoções poderosas como o medo e a busca por recompensa, ajudando a coibir comportamentos que, não fosse por isso, transformariam essas emoções e esses ímpetos em ações impulsivas. Essas descobertas tornaram-se possíveis porque conexões específicas definidas por sua origem e sua trajetória através do cérebro podiam agora ser controladas com precisão[7] — em tempo real, na velocidade do pensamento e do sentimento, durante os complexos comportamentos da vida animal.

Esses axônios profundamente enraizados ajudam a definir estados cerebrais e a orientar a expressão de emoções. Ao ancorar, dessa maneira, nossa compreensão de estados interiores num nível de estruturas físicas definidas com precisão, obtemos também uma perspectiva concreta do passado em nossa evolução. Esse insight emerge desde que se formaram essas estruturas físicas, durante o início de nosso desenvolvimento e nossa infância, pela ação de nossos genes, e foi com os genes que a evolução trabalhou, ao configurar os cérebros humanos durante milênios. Assim, esses nossos fios internos, em certo sentido, projetam-se através do tempo que habitamos assim como através do espaço dentro de nós — um legado ancorado na Pré-História humana, necessário para a sobrevivência de nossos antepassados.

Essa conexão com o passado não é mágica — nada a ver com comunicação via "inconsciente coletivo", a maneira pela qual Carl Jung invocou conexões místicas com antepassados distantes através do tempo — e, sim, surge da estrutura de célula cerebral, uma herança física de nossos predecessores. Os seres que criaram por acaso as primeiras formas primitivas dessas conexões que hoje possuímos (e estudamos) — com alguma variação de indivíduo para indivíduo — provavelmente sobreviveram e se reproduziram com mais eficácia, e como resultado passaram os genes que governam essa predisposição da estrutura cerebral a nós e a outros mamíferos no mundo moderno. Assim, nós sentimos o que nossos ancestrais provavelmente sentiam também — não só incidentalmente, mas em momentos e modos que tinham grande importância para eles.

Esses estados interiores foram legados a nós pela inquebrantável vontade (e às vezes a boa sorte) de que sobrevivessem — o que fez surgir a humanidade, com nossos sentimentos e nossas falhas.

A promessa da neurociência moderna estende-se até mesmo a uma perspectiva de abordar a fragilidade humana e amenizar o sofrimento humano: desde a ação de orientar métodos terapêuticos de estimulação cerebral com nosso recém-descoberto conhecimento do método chamado causação (que na realidade faz acontecerem coisas, com precisão celular), até a descoberta de funções dos genes em circuitos cerebrais que estão conectadas a transtornos psiquiátricos e à simples indução de esperança em pacientes que sofrem e estão estigmatizados há muito tempo. Assim, o progresso científico tem informado profundamente o pensamento clínico — esse é o valor da pesquisa básica, nada de novo mas ainda assim maravilhoso —, mas essa minha maneira de ver também pode ser invertida, no sentido de que o trabalho clínico vem orientando, de modo igualmente poderoso, meu pensamento científico. A psiquiatria tem ajudado, por sua vez, a impulsionar a neurociência — e é apaixonante levar isso em conta: as experiências de seres humanos que sofrem e os pensamentos que alimentamos sobre cérebros de camundongos e peixes estão se informando reciprocamente. A neurociência e a psiquiatria estão se juntando, se desenvolvendo com seus próprios recursos, conectadas num nível profundo.

À luz desses desenvolvimentos nos últimos quinze anos, é interessante refletir sobre aquela minha inicial autopercebida ausência de conexão com a psiquiatria. Tão profundo foi o impacto de meu primeiro e inesperado encontro com a ala psiquiátrica — os gritos, o medo, a sensação de vulnerabilidade ao vivenciar uma aterradora realidade através dos olhos de outra pessoa — que às vezes me pergunto se eu não estava por acaso, involuntariamente, preparado, já sintonizado para ser afetado de modo positivo e de determinada maneira por aquele momento, que para muitas pessoas teria sido, compreensivelmente, nada mais do que um encontro perturbador. A inspiração pessoal (assim como a descoberta científica) pode vir de direções inesperadas, e, assim, eu agora considero a correção de meu rumo naquele momento como uma espécie de parábola sobre os perigos de um julgamento prévio e sobre a necessidade de se expor pessoal e diretamente para alcançar uma verdadeira compreensão de quase tudo que é humano.

Há também um outro aspecto alegórico, no qual a história da optogenética fornece ao mais amplo mundo da sociopolítica uma lição sobre o valor da ciência pura. O trabalho histórico com algas e bactérias que data de mais de um século nos foi essencial para a criação da optogenética e ganha insight no estudo da emoção e da doença mental — mas esse caminho não poderia ser previsto no começo. A história da optogenética demonstra, assim como o fizeram e farão novamente as transformações em outros campos científicos, que a prática da ciência não deveria se tornar demasiadamente translacional ou mesmo demasiadamente tendenciosa para questões relacionadas com doenças. Quanto mais tentarmos direcionar pesquisas (por exemplo, concentrando financiamentos públicos muito focados em grandes projetos direcionados a possíveis tratamentos específicos), mais provavelmente estaremos retardando o progresso, e as esferas desconhecidas nas quais as ideias realmente mudarão o curso da ciência, da compreensão humana e da saúde humana, permanecerão nas sombras. Ideias e influências vindas de direções inesperadas não são apenas importantes, elas são essenciais — para a medicina, para a ciência e para todos nós, a fim de encontrarmos e seguirmos nossas trajetórias pelo mundo.

Hoje em dia, eu às vezes me imagino em busca daquele paciente com transtorno esquizoafetivo com o qual compartilhei aquele primeiro despertar que acelerou meu coração, para ficarmos juntos num momento tranquilo de comunhão — apesar de ter sido há tanto tempo. A receptividade ao que é improvável está muito próxima à essência da doença no espectro da esquizofrenia; assim, ele talvez não fique absolutamente surpreso ao saber que, ao cruzar o umbral do posto de enfermagem naquele dia, ele pode ter ajudado, à sua própria maneira, o avanço da psiquiatria e da neurociência. Num sentido real, uma conversa entre nós agora poderia confirmar para ele, e para mim, que, apesar da profundidade de seu sofrimento, vista de algum ângulo, de alguma perspectiva, sua urdidura está alinhada com todas as nossas, e se mescla completamente na compartilhada tapeçaria da experiência humana, na qual ele não é mais doente do que a própria humanidade.

1. Depósito de lágrimas

As linhas são retas e rápidas entre as estrelas.
A noite não é o berço que elas choram,
Os pranteadores, ondulando a frase que há no oceano profundo.
As linhas são escuras demais e nítidas demais.

A mente alcança aqui simplicidade.
Não há lua numa única estrela prateada.
O corpo não é um corpo a ser visto
Mas um olho que estuda sua negra pálpebra.
Wallace Stevens, *Stars at Tallapoosa*

A história que Mateo contou só poderia ser mantida em minha mente se fosse abstraída, se eu achatasse a imagem mental como se fosse uma maca dobrável e a encaixasse entre todas as outras que já tinha visto. Ajudou-me o fato de eu não ficar pensando em quanto tempo ele permanecera pendurado no cinto de segurança no carro capotado, nem ficar considerando seu sentimento de impotência enquanto sua família morria a sua volta, e considerar, em vez disso, somente um instante no tempo, um momento fixo, imóvel.

Ou então, simplificando o próprio Mateo, eu poderia reduzir sua dimensionalidade, o espaço que ele ocupava — comprimindo em minha própria mente sua textura humana, bem achatada, num simples plano. Depois disso, eu poderia ligar sua história a outras como ela que eu tinha visto ou sobre as quais tinha ouvido — juntas, elas se tornariam como que uma pilha de jornais velhos, todos reunidos sem características individuais, fundidos numa chuva de lágrimas. Desse modo, o sofrimento poderia ser resumido num único objeto tratável formado por dez ou 10 mil vidas. *Não sei por que não consigo chorar*, começou ele, e quando tudo estava contado e empacotado, não era mais ou menos do que qualquer outro término de um mundo humano.

Não existe no treinamento médico um protocolo que proteja o coração do médico nesses momentos particularmente devastadores. Médicos e enfermeiros, os que combatem em guerras, quem trabalha em tempos de crise — todos acabam aprendendo por si mesmos métodos de defesa para poderem viver entre os extremos do sofrimento humano. Não é apenas a magnitude da dor, mas também o fato de ela ser incessante, uma implacável descida ao abismo, dia após dia, ano após ano — que, sem alguma salvaguarda, seria insuportável.

Nosso impulso natural é nos conectarmos profunda e amplamente com alguém que esteja passando por uma perda pessoal, para tentar sentir dentro de nossa mente uma total e complexa representação do outro, para compreender por completo o que significa uma tragédia. Porém, em vez disso, no contexto extremo do sofrimento terrível pode ser útil estreitar nossa perspectiva para preservar a empatia, encontrando na tapeçaria mais ampla da vida do paciente um ponto para sentir, concentrando-se em um ponto dos fios interligados que criam forma e cor locais.

É importante saber que a perspectiva completa está disponível, mas que sentir completamente não ajuda a ter noção da tragédia — e emoções profundas não parecem ajudar-nos em tarefas precisas nos momentos de mais agonia, seja realizando com perícia uma punção lombar na coluna vertebral, seja fazendo uma difícil entrevista psiquiátrica para obter sentimentos inarticuláveis. Nossa perspectiva amplia-se quando é capaz disso, às vezes sem aviso prévio — dirigindo a caminho de casa, ou quando estamos com nossos filhos, num repentino soluço. Até então, fora de nossa visão mas sempre acessíveis, estão as trajetórias dos fios do paciente em todo o âmbito da vida e de seus sonhos, desde suas ancoragens e origens e através das jornadas e dos relacionamentos que confluem naquele instante de catástrofe e conflito.

Cada tragédia ainda é intensamente sentida, e cada ser humano que sofre é guardado cuidadosamente no coração, não importa quantos mais cheguem ao longo dos anos — cada pai chocado e enlutado após um acidente de carro, cada mãe lutando para formar palavras enquanto ouve o diagnóstico de câncer no cérebro de seu filho. E é preciso cuidado. Quando ainda são poucos os casos acumulados, no início da vida ou do treinamento de um médico (e às vezes mesmo depois), uma única experiência pode tempestuar e sobrecarregar o mundo interno, a parte de nós que vê e sente representações de seres humanos, imagens texturizadas de valiosos outros, cuidadosamente posicionados como tapeçarias nos mais interiores salões com lareiras acesas, os espaços ocultos do "eu". Na torre fortificada, como se fôssemos castelos.

Eu deveria ter me preparado melhor, mas não houve um alerta de que a torre estivesse vulnerável. Até encontrar Mateo (em minha função como psiquiatra sênior residente de plantão que fora convocado à emergência para avaliá-lo), durante anos eu não tinha sido gravemente atingido por minha própria empatia, não desde que era um jovem e cru estudante de medicina. Mas tudo fora diferente lá atrás — meus sentimentos eram, na maior parte, apenas os que se tem numa faculdade de medicina, não sentimentos quanto a sentimentos, uma forma mais segura que eles adquiriram depois. E, como estudante, eu tinha sido mais vulnerável: amadurecendo nos corredores da medicina, ainda sem a prerrogativa de dar ordens ou de receitar, e ainda aprendendo a linguagem de campo, embora estivesse criando meu próprio filho como pai solteiro num mundo que fica mais além.

Naquela noite que primeiro e mais profundamente me atingiu, anos antes de conhecer Mateo, eu era um estudante de pediatria em nosso hospital infantil, num plantão noturno que não estava muito agitado. Minha primeira tarefa — um breve prelúdio do que viria depois naquela noite — tinha sido admitir uma família com fibrose cística e colher sua história. Os pacientes eram gêmeos com três anos que tinham dado entrada juntos devido a um distúrbio respiratório. Estavam com dificuldade para respirar.

A família era conhecida no serviço, como costumamos dizer. Tinha sido admitida no hospital muitas vezes no passado, e os pais já eram profissionais no processo — tanto que respondiam a minhas perguntas assim que eu começava a formulá-las e estavam em processo de divórcio.

Tinham descoberto, com o nascimento dos gêmeos, que parecia haver uma falha oculta em sua união. Na maioria das famílias com fibrose cística, os pais não apresentam eles mesmos sintomas, mas cada um carrega uma cópia de um gene mutante. Mamíferos têm duas cópias de quase cada um dos genes, assim, é frequente que, se um único gene é defeituoso, não se vejam efeitos patológicos; a outra cópia permite uma vida saudável.

Mãe e pai podem ser portadores saudáveis de fibrose cística, usualmente sem saber dessa carga até que nasce um filho com uma carga muito mais pesada — as duas cópias do gene defeituosas. A matemática é simples, e aprendi naquela noite que os pais, ainda relativamente jovens, tinham chegado juntos à decisão aparentemente simples e prática de se separarem e tornarem a se casar, cada um em busca de um não portador e da promessa de mais saúde na família. Mas, enquanto isso, antes que esse desafio às forças cegas da genética pudesse vingar, eu tinha de enfrentar o tumulto mucoso daqueles gêmeos doentes e chorosos, construindo pacientemente meu inventário de fatos, colhendo seu histórico médico apesar do alarido e completando a admissão.

À meia-noite a tranquilidade estava finalmente restaurada quando soubemos de uma transferência de emergência que chegava de um hospital de fora da cidade: uma menina com quatro anos, Andi, em cujo tronco encefálico alguma coisa fora descoberta.

Eu carregaria isto comigo, e o que veio depois, durante anos: um sulco profundo, talvez o mais profundo de que tenho notícia até hoje. Possivelmente atravessando todo o tronco encefálico. Ajudei a admitir Andi como paciente internada — ela era encantadora e sonhadora, com um rabo de cavalo, ajoelhada em sua cama de hospital, arrumando suas bonecas em torno de si, os olhos só um pouco estrábicos, um deles virado um pouquinho para dentro. Tinha sido quase imperceptível quando ela brincava de esconder com sua família mais cedo naquela noite, um detalhe quase perdido naquela aventura especial de estar fora de casa mais tarde do que o usual — só um pouco de visão dupla na penumbra, e então uma pequena pontada de preocupação.

Muito depressa eu me vi profundamente envolvido, embora eu fosse a parte menos importante de um pequeno grupo de pessoas reunidas pelo caso, todas apinhadas na sala da equipe de trabalho da unidade de internação. Quando a reunião começou, eu estava encostado numa parede, e imediatamente ficou impossível cogitar me sentar, ou mesmo passar o peso do corpo de uma perna para outra, à medida que o impacto emocional da cena se manifestava para mim. Fiquei paralisado em meu lugar até já estarmos perto do amanhecer.

Os pais tinham levado — e agarrado e odiado — um único retângulo de filme cinzento, o *scan* do tronco encefálico, seu salvo-conduto para saírem do hospital nas profundezas do vale. Tinham carregado o *scan* ao longo da noite até chegar ao quarto sem janelas da equipe, onde o exame estava agora enfiado na caixa de luz, iluminado por trás, num réquiem cinzento. Os pais de Andi, olhos vermelhos marejados de lágrimas, estavam diante de mim — parecendo transpostos para um espaço separado, de certo modo sozinhos na sala lotada. O médico responsável — o neuro-oncologista pediátrico presente — estava posicionado imediatamente à minha esquerda, sentado e inclinado para a frente. Tinha sido contatado e levado até lá, mesmo tão tarde, não para algum procedimento, não para tomar uma decisão clínica — não havia nada a fazer naquela noite —, mas para explicar à família as conclusões tiradas de nosso exame físico e da leitura do exame de imagem.

Naquela noite, para o neurologista, as palavras eram as únicas ferramentas disponíveis. Ele ficou inclinado para a frente durante horas, sem se recostar nem relaxar uma única vez, sem olhar para mim ou para qualquer outra pessoa da equipe, suas palavras dirigidas somente a duas pessoas naquela sala cheia, à mãe e ao pai, aos dois apenas, ao longo da noite inteira.

A visão dupla não era um mistério para nós. Havia um achado no *scan*. Uma sombra caíra sobre a ponte.

No tronco encefálico, na base do crânio, há uma saliência de células e fibras chamada ponte — densa e vital, acima da medula espinhal e dos nervos que saem do cérebro para baixo, conectando tudo o que, no cérebro, faz com que sejamos humanos. Se dentro da ponte houver uma ruptura no caminho das fibras que passam através dela, os médicos podem ver isso acontecer sem uma tomografia computadorizada ou uma ressonância magnética: sem nenhuma imagem médica, apenas uma imagem humana, é só olhar nos olhos do ser humano.

Os olhos de Andi estavam se cruzando, mas somente um deles se voltava para dentro, para sua linha mediana — porque um pequeno músculo na lateral de seu globo ocular esquerdo (chamado reto lateral, devido a sua função de voltar o olhar para o lado) tinha falhado. A pequena tira de músculo não estava mais recebendo instruções do cérebro; seu canal de comunicação dedicado, seu nervo, fora silenciado.

O sexto nervo craniano (dos doze que emergem do crânio) chama-se abducente e é apreciado por confusos estudantes de medicina por causa de sua trajetória incomumente reta (comparada com outros nervos cranianos, sinuosos, ramificados e entrecruzados). O abducente, ou simplesmente sexto nervo, assiste um único músculo, o músculo reto lateral, em sua única função — a abdução do olho. Fica todo ele em um dos lados do tronco encefálico, seus filamentos penetram fundo no cerne da ponte para exercer sua função singular.

Mas, naquela noite, o abducente estava cumprindo outro papel, relatando que havia algo anormal no tronco encefálico, demonstrando que algo tinha dado errado — e, no filme, confirmando o diagnóstico, podíamos ver uma forma, uma escuridão que atravessava a ponte. Os filamentos neuronais em um lado da ponte estavam rompidos, e com isso os olhos não se reviravam juntos, não estavam mais alinhados em direção a seu objetivo comum.

Essa coordenação entre os olhos é algo muito legal quando funciona, quando eles se juntam para encarar o mundo, em primatas como nós. Os dois olhos recebem do cérebro a mesma instrução, de acompanhar a bola lançada pelo papai no frio anoitecer. Porém os dois olhos, cada um com formatos e ângulos ligeiramente diferentes, não estão conectados um ao outro. Muita coisa tem de estar perfeitamente sintonizada para que eles se movam juntos, para que não criem uma visão dupla com imagens desconectadas da mesma cena.

Esse desafio agrada especialmente aos bioengenheiros por ser um paradigma da necessidade de *design*. Tal sincronia e simetria na biologia, quando alcançada, implica confiança, verdade e saúde. Dois sensores, dois olhos, estão balanceados juntos na mais fina margem de tempo. Em sistemas biológicos há sempre falhas de comunicação — ruídos, variância, caos, às vezes eles até lucram enganando a gente —, de modo que todo o sistema precisa de um feedback para ser checado e calibrado. No início da vida, antes de tomarmos ciência disso, a visão dupla serve como um sinal de erro que é enviado de volta — e então nosso cérebro corrige o erro, ajustando as instruções transmitidas pelos nervos cranianos aos músculos dos olhos e alinhando a sintonia cuidadosamente até que a desconexão desaparece, e enxergamos o mundo como uma coisa só.

O mundo torna-se inteiro, até que, em alguns, esse envio de volta é falso — como naquela noite, naquela menininha, em quem ele nunca mais poderia ser verdadeiro. Quando um dos componentes desse par tem uma reviravolta infinitesimal, um intruso é revelado e uma doença é conhecida: as fibras nervosas que atravessam a ponte se rompem cada vez mais e a sombra se espalha. Isso não poderia acontecer em qualquer outro nervo craniano, tinha de ser no abducente, no sexto entre doze nervos; esse câncer de tronco encefálico é sempre no sexto: um alerta direto, uma divisão na fronteira que informa, sem erro, o primeiro e tênue soar dos cascos da invasão.

O médico que cuidava do caso teve o cuidado de não dar um prognóstico claro naquela noite, embora eu tivesse prestado atenção suficiente nas aulas e em meus rounds para saber que tinha começado uma marcha da morte. Aquilo era um DIPG, um glioma pontino intrínseco difuso, e ela teria de seis a nove meses de vida. Seus pais estavam sentindo, mas não sabendo disso. Não pensando em números, mas sentindo o desenrolar dos fatos, enquanto uma nova realidade se instalava, como se um invasor fibroso se insinuasse por seus mundos internos, enredando cada pensamento e sensação ao sentir da respiração, à vida em si mesma. Suas palavras eram secas, estranguladas, saíam arrastadas e espessas de suas gargantas.

Eu sabia o que seria o pior, algo de que eles não poderiam suspeitar naquele momento. Eu sabia que tipo de morte viria. Em poucos meses, Andi não seria capaz de falar nem de se mover — paralisada com os olhos muito abertos, ainda lúcida, alerta e perceptiva como estava naquela noite. Trancada num estado de pesadelo contínuo, à medida que a ponte desabava, que sua ponte cedia.

Tão rápido, tudo havia mudado. Apenas uma visita ao médico local, devido à visão dupla de sua garotinha, na noite de um dia de semana. Meu primeiro filho tinha quase a mesma idade, quase quatro, embora fosse difícil, para mim, considerar esse fato em minha mente por mais do que um instante. Naquela noite, toda vez que esse pensamento me ocorria, ele era derrubado, com muito medo, por outro processo dentro de mim, com a sensação de um pesado portão se fechando. Uma defesa tosca e imatura, como eu reconheci mesmo na época — não olhe, não se conecte —, mas temporariamente eficaz.

Nos dias que se seguiram, passei a conhecer um novo tipo de pesar. Enquanto eu aprendia a manter só uma fresta daquele portão aberta, apenas o suficiente para permitir que por ela passasse um pouco de luz, apenas o suficiente para ver a conexão entre Andi e meu filho — e vislumbrar, desse modo, muito além do que eu poderia imaginar totalmente, o pesar de seus pais —, lágrimas raivosas me vinham aos olhos e eu sentia uma raiva descabida da doença como entidade, ódio de que o DIPG fosse parte de nosso mundo. Tinha de haver uma esperança de derrotar essa malevolência; tinha de haver esperança para Andi.

No meu pior momento, um pensamento inesperado apareceu em minha mente, semeado por essa menina, nutrido por essa raiva — o de que haveria quem pudesse viver dessa maneira, mas eu não podia. Não poderia continuar na medicina, não para uma vida inteira daquilo. Em vez disso, eu recuaria ao paraíso dos tolos — ao laboratório, eu disse a mim mesmo —, o porto da ciência que eu conhecia tão bem, um lugar onde menininhas não morrem.

Mas, com o tempo, essa tempestade de pesar, de raiva e de falsa esperança e recuo esgotou suas energias. Novas experiências surgiram no campo dianteiro do pensamento e do sentimento. Eu sarei — embora ainda de maneira imatura —, livrando-me gradualmente da dor, como um abscesso que se forma para selar uma infecção. Com o tempo, parei de ter apenas esperança; tudo em que conseguia pensar era que o mundo precisava que eu lhe desse mais do que esperança.

Não havia nada que se pudesse fazer por Andi. Com DIPG não havia cirurgia que conseguisse abrir caminho com segurança dentro e em torno das fibras da vida, da respiração e do movimento na ponte, e nenhuma química ou radiação teria um efeito duradouro. Eu não era mais capaz do que seus pais de protegê-la daquilo que havia chegado, envolto na escuridão fantasmagórica do tronco encefálico, dissimulado entre crânio e pele, debaixo da fina membrana que ainda abrigava seu cérebro. Pia-máter, é como chamamos essa membrana. Mãe amorosa.

Quando parei de ter esperança, minhas lágrimas secaram. Dirigi meu foco para fora, para os detalhes caseiros. Em meu rodízio, saí da pediatria e nunca mais vi Andi. Não era suportável, mas sim carregável, seu fim é sabido mas não visto, e ela permanece agora dentro de mim.

Ainda hoje esses sentimentos alcançam quase cada parte minha — agora parando antes que venham as lágrimas. Aquele estado interior está sempre lá, pronto para retornar, embora a emoção seja agora mais suave e mais complexa; o mundo mudou, e eu mudei. Há mais representações de outros bem no fundo de mim, interconectadas com Andi e a sustentando.

Essas memórias estão agora texturizadas com o progresso da ciência e com o desenvolvimento do método da optogenética, que me permitiu espiar os mecanismos cerebrais, explorar como estados internos de emoção são construídos no nível celular e testar como esses elementos de construção têm importância. Esse método funciona com a recriação de uma parte do design de um organismo dentro de outro ser vivo, de modo a permitir que essa nova parte persista no recipiente e se integre no todo. Essa parte, um gene, influencia então uma ação no hospedeiro, provendo-lhe um novo código de conduta — como um insight ou uma nova experiência são capazes de fazer.

Em biologia é comum que um organismo cruze a fronteira de outro — às vezes espontaneamente, às vezes de maneira deliberada. Pode ser uma única célula que atravessa a fronteira, carregando apenas a essência universal da vida — o DNA, um programa genético, um ácido vivo — dentro de uma fina camada lipídica, levada suavemente através da fronteira nesse frágil bote salva-vidas. Essa é a história da vida na Terra, e acontece de todas as maneiras. Especialmente quando as distâncias são longas e as barreiras gigantescas, a oportunidade para os que estão nos dois lados da fronteira é grande.

Cada planta e cada animal na Terra, e assim cada ser humano, deve sua vida a esses viajantes que vieram de um reino estrangeiro — membros de uma antiga classe de micróbios chamados arqueia — e trouxeram a misteriosa aptidão de usar oxigênio como energia quando viajaram para o interior de nossos antepassados celulares e viveram dentro deles durante mais de 2 bilhões de anos.[1] Seriam esses viajantes invasores que entraram arrombando a barreira, procurando consumir e destruir? Ou os agressores eram os nossos próprios ancestrais genéticos, caçando e absorvendo, envolvendo aqueles supercarregados queimadores de oxigênio de vida livre e menores do que eles?

No fim, é a topologia que importa, não a intenção. O importante é que uma entidade tinha transposto a fronteira. A migração é arriscada para as duas partes, mas, quando o organismo maior aprende com o menor, retendo, e não destruindo, então o perigoso cruzamento da fronteira pode, em vez disso, fazer surgir um novo tipo de ser. No caso de nossa linhagem, nos trouxe o próprio sopro da vida.

Subitamente vivendo juntos, os dois tipos de vida teriam de coevoluir, se conseguissem, acomodando reciprocamente cada um as limitações e esquisitices do outro. Havia tempo suficiente para resolver isso, centenas de milhões de anos — contanto que a união não fosse imediatamente catastrófica. Tempo para que esse novo ser, criado pela junção, evoluísse seguindo as mesmas regras darwinianas de seleção que deram surgimento à própria vida e que tinham permitido que cada parte, cada parceiro, primeiro surgisse sozinho.

Subculturas podem ser preservadas numa união. Os pequenos queimadores de oxigênio tornaram-se nossas mitocôndrias, as fábricas de energia para cada célula. De origem tão antiga que usam um dialeto diferente do código de vida do DNA, eles preservaram a língua materna para uso privado durante os bilhões de anos em que viveram junto conosco. Ao mesmo tempo, os micróbios se adaptaram a nossa cultura de inúmeras outras maneiras, com o objetivo comum da sobrevivência. E nós também nos adaptamos, chegando a precisar dos queimadores tão absolutamente quanto eles precisam de nós — agora eles se tornaram parte de nós, e nunca mais estaremos separados.

Essas migrações microscópicas, de micróbio para animal ou de micróbio para planta, são insignificantes num âmbito global. Tais transições podem mudar o fluxo total de energia no planeta, do sol para a planta, da planta para o animal, e com isso mudar a paisagem da Terra. As migrações aconteceram muitas vezes, e algumas têm persistido. Embora a taxa de sucesso seja infinitesimal, o universo teve bilhões de anos para trabalhar nisso — e, durante esse tempo, probabilidades baixas tornam-se certezas.

Porém, nos últimos quinze anos, tomando um atalho pelas mãos humanas com a optogenética, o DNA microbiano voltou novamente para células animais.[2] Os genes microbianos estão sendo dirigidos não ao nosso corpo, mas a células de animais em laboratório — e não se espalham através de reinos com encontros aleatórios, e sim são guiados por cientistas que aceleram essa transferência de informação, abrangendo imensos espaços genéticos e conceituais, conectando os ramos da árvore da vida.

Hoje, buscando controlar as células cerebrais com grande precisão — para descobrir como o maravilhoso funcionamento do cérebro acontece a partir de pulsos de atividade elétrica em células —, estamos superando a mão aleatória da evolução. Não querendo esperar 1 bilhão de anos, estamos colocando certos genes de outra antiga corrente de dados de DNA — que ainda persiste em micróbios do mundo natural — diretamente em neurônios de mamíferos. Fazemos isso para tirar vantagem de uma alquimia distinta que essa classe diferente de micróbios desenvolveu — a de transformar não oxigênio, mas luz, em energia e informação — mediante genes especializados (chamados opsinas microbianas), que permitem a conversão da luz numa corrente iônica que flui pela superfície da membrana de uma célula. E o fluir de íons, o movimento de partículas carregadas, é o sinal natural para a ativação e a inativação de neurônios.

Normalmente, a maioria dos neurônios não reage à luz dessa maneira, mas tudo que precisam para isso é de um único gene estrangeiro — uma opsina microbiana. E, com mais uns poucos componentes de experimentalistas humanos — ferramentas genéticas para pôr as opsinas em tipos específicos de células a serem testadas (só estas reagem à luz, enquanto todas as outras continuam sem apresentar mudança) e truques especiais de orientação de luz, para enviar uma luz de laser (via fibras ópticas ou hologramas, para levar a luz somente a determinadas estruturas celulares) —, estava criada a optogenética.

Dessa maneira, podemos provocar atividade elétrica diretamente em neurônios enviando luz de uma certa distância para dentro de animais, conduzindo complexas funções da vida, assim como um maestro faz surgir música de uma orquestra. Se a função cerebral é a música — sensação, cognição, ação —, as células cerebrais, que medem dez milionésimos de metro e cujo número nos mamíferos está na casa de milhões a bilhões, são músicos. Optogenética é a condução de atividade em circuitos neurais usando luz, fazendo soar uma música do mundo natural, suscitando um desempenho animal de acordo com seu modelo, com forma e função surgindo juntas de células individuais e de tipos de células no cérebro.

A optogenética juntou esses meus dois pacientes — uma menininha e um jovem, Andi e Mateo —, ligando esses dois seres humanos como se fossem duas notas de um acorde menor, que vieram a mim para obter ajuda, cada um deles com uma doença que tinha rompido uma diferente harmonia interior natural quase no mesmo minúsculo ponto, bem fundo da mais antiga região do cérebro de um mamífero.

"Por que estou aqui esta noite?", perguntou Mateo. Ele tirou os óculos e os colocou cuidadosamente em cima da maca. "Porque não sei por que não consigo chorar."

Olhando para as mãos abertas sobre o colo, ele considerava cada palma, uma de cada vez, parecendo espantado por estarem vazias. Depois seu olhar voltou a encontrar o meu, e sua história começou a escorrer lentamente, como por força da gravidade.

Fora trazido até a emergência por seus três irmãos, que aguardavam nervosos e impacientes na pequena sala de espera no fim do corredor. Minha primeira impressão, ao entrar, foi de que ele parecia uma criança — 26 anos, mas de algum modo aparentando ser ainda mais jovem, com uma pele lisa e belos olhos castanhos atrás de óculos grossos e escuros, sentado sozinho no quarto número oito. Dava a impressão de um garoto que tinha perdido a mochila, ou que talvez estivesse preocupado com o dever de casa. Mas essa impressão durou apenas um piscar de olhos.

Oito semanas antes, ele me contou, sua mulher, com quem tinha se casado havia um ano — e que estava grávida —, tinha sido esmagada e morta no carro deles. Fora arrancada de seu lado tarde da noite, enquanto dirigiam por uma estrada rural. Estavam voltando de um retiro de fim de semana numa pousada em Mendocino quando uma van branca atravessou a pista em que estavam.

Mateo não conseguiu frear a tempo, a van agigantou-se, e a morte com ela. No último momento, ele lutou tão duro quanto qualquer mamífero teria feito. Jogou o volante para a esquerda, e seu pequeno carro capotou e foi parar no canteiro central, de encontro a uma árvore baixa que calmamente tinha esperado cinquenta anos por aquele momento. Eles ficaram pendurados de cabeça para baixo durante uma hora. Mateo ileso, enredado no corpo quebrado de sua mulher, a jovem família oscilando silenciosamente em seus cintos de segurança, juntamente com o bebezinho dentro dela, que esfriava lentamente junto com a mãe, indefeso em seu suave abraço.

Ele agora olhava para a parede, os braços inertes. Dois meses antes ainda havia um horror visceral em seu coração — mas também um implacável e agreste isolamento. *Não sei por que não consigo chorar.* Acompanhando este mote durante a hora seguinte, eu perguntei por mais, para saber sobre sua vida, sua vocação, sua imigração de Barcelona. Ele era arquiteto e amante do xadrez; tinha chorado no dia de seu casamento ao ver a noiva se aproximar, no jardim ao ar livre, e novamente pouco tempo depois, quando soube que ela estava grávida.

Ali estava um homem cujo "eu" interior, as emoções, tinha sido projetado para o mundo — mas cuja dimensionalidade estava agora reduzida. Mesmo suas frases eram rasas e incolores. Parecia ter sido posto de lado, separado do tempo, olhando em uma direção apenas. Quando lhe perguntei sobre seus planos, só encontrei um vazio, um nada. Não conseguia enxergar nem mesmo alguns minutos no futuro, que era invisível, impossível, uma parede branca sem coisa alguma que a caracterizasse.

Por mais vazio que fosse seu futuro, Mateo ainda sofria com grandes detalhes a complexidade de seu passado. Um aspecto o assombrava em particular. Girando, batendo, seu cérebro estava focado em um momento de anos antes, quando tinha atropelado e matado um mamífero muito inteligente, um guaxinim — também na autoestrada. Vinha sozinho, disparado, pela larga rodovia I-280 na penumbra do início da manhã, e o guaxinim estava lá, na pista de alta velocidade, paralisado, olhando de volta para ele. Ele não se desviou então, confiante no seu tamanho, sua grande máquina, consciente do risco de fazer uma manobra naquela velocidade — apenas passe por cima, para o bem geral, especialmente porque a decisão cabia a ele, a de tirar uma vida. O impacto durou apenas um instante, um baque. A família do guaxinim estava em casa, na toca, aguardando calor e alimento, que não chegariam nem agora nem nunca. O carro passou em cima dele, através dele, e levou Mateo — apenas Mateo — para casa.

Ele tentava honestamente compreender o que havia acontecido. Quanto do que tinha feito antes passou a importar depois? Ele passou e repassou seus movimentos na vida — será que tinha se desviado tão bruscamente quando estava com sua mulher porque não tinha feito isso antes, por que não tentara poupar uma outra vida? Sua mente estava ocupada em desempilhar decisões passadas separando uma da outra, dissecando ações, links e conexões — mas tudo era agora apenas uma ruminação insolúvel. Ele tinha se deixado ficar sozinho a bordo, um rei solitário, sem sentido, num impasse. Queria socar a terra, exigir de Deus que o fizesse saber por que ainda estava aqui. *Não sei por que não consigo chorar.*

A inesperada ausência de lágrimas num desolado recém-casado, a inesperada presença de lágrimas num jovem estudante de medicina — e todas as outras vezes que lágrimas nos surpreendem: essa complexidade e subjetividade podem parecer inacessíveis à ciência. Para sequer se aproximar da compreensão desses mistérios, um cientista tem primeiro de buscar um modo de reduzir, simplificar — encontrar um ponto de vista que descarte o subjetivo e deixe algo mensurável. Mas mesmo aqui o todo e a essência parecem ser subjetividade.

Para explicar tal enigma não é preciso ir até o fim da busca; a maioria dos campos de investigação moderna não era, em algum ponto inicial de sua história, imediatamente bem-vinda nas conversas e nos cânones da ciência. Frequentemente, novas ideias são consignadas a habitar as periferias de algum tempo, mas posteriormente evoluem para um discurso científico aceitável, desde que algo interessante possa ser mensurado consistentemente. Por exemplo, em uma das mais recentes e espetaculares dessas transições na ciência, sabemos agora, com certeza, se nossa espécie, *Homo sapiens*, cruzou com hominídeos pré-históricos, neandertais, com quem o *H. sapiens* coexistiu na Eurásia durante muitos milhares de anos. Objeto de especulação e de ficção romântica há apenas poucas décadas, em anos recentes essa questão deu lugar a um inequívoco conhecimento factual. Não apenas sabemos que houve cruzamento com neandertais, como também sabemos com exatidão quantos dos modernos genomas humanos eurasianos surgiram dessa interação — cerca de 2%.[3] Essa transição da ficção para a ciência deveu-se ao surgimento de um novo tipo de medição — na realidade, um novo campo, chamado paleogenética — nascido do casamento da tecnologia (para o sequenciamento do DNA de ossos fósseis) com a curiosidade humana (embutida no trabalho de alguns pioneiros laboratórios genéticos modernos).

Questões quanto a quem somos e à natureza de nossas origens são hoje mais bem formuladas ao se considerar aquela proporção de 2%. Mas há muitos detalhes ainda por serem explorados (alguns acessíveis pelo sequenciamento do DNA) quanto ao redemoinho de drama e tragédia em torno do caldeirão africano e eurasiano do cruzamento inter-hominídeo e sua extinção, 40 mil anos atrás — apenas 1,4 mil gerações desde que o último suspiro do último neandertal foi debilmente extraído e exalado sem um som sequer, no ar frio e úmido de uma caverna oculta, sozinho num reduto final próximo à costa da Ibéria.[4]

E, tendo feito essa medição, o mistério da longa marcha da humanidade paradoxalmente não diminui ao se parear uma pergunta com uma resposta e ao se encontrar um número, como 2%. O conhecimento científico expande o âmbito da imaginação humana de modo que possa irromper fantasia de profundas compreensões acumuladas nos alicerces do mundo natural e seguir adiante em sua busca. Atualmente, nessa mesma trajetória, há outras chegadas recentes à ciência dura — até mesmo os estados internos da mente, como a raiva, a esperança e a dor física, estados que antes só conhecíamos por intermédio de nossa própria experiência, à medida que se apresentavam sem ser convidados, como a luz e o clima, como tempestades, amanheceres e crepúsculos rastejantes.

O processo científico começa quase sempre com medição — e estados interiores, embora vivenciados subjetivamente, podem ter manifestações mensuráveis. Como demonstraram os experimentos optogenéticos, essas manifestações podem assumir uma forma física ao surgir das trajetórias dos axônios, os fios que formam a tapeçaria tridimensional do cérebro dos mamíferos. A exploração dos fios da ansiedade foi um exemplo inicial desse tipo de avanço científico.

A ansiedade é um estado complexo, com características que conhecemos mediante introspecção: mudanças em funções do corpo (aceleração do batimento cardíaco, respiração rápida e curta), mudanças de comportamento (apreensão e nervosismo — evitação de situações arriscadas mesmo que não haja ameaça imediata), e, finalmente, subjetivamente, um estado interior negativo ou aversivo (sentindo-se mal, poder-se-ia dizer).

Características tão distintas teriam, talvez, de ser geradas por células correspondentemente distintas no cérebro. A optogenética (além de outros métodos) deixou claro como esse estado complexo — tão familiar à maioria de nós — poderia ser montado e desmontado por diferentes células e suas conexões em todo o cérebro. Para cada um desses componentes da ansiedade (o ritmo da respiração, a evitação de risco e esse desagradável sentimento interno), diferentes filamentos axonais que poderiam ser responsáveis por ela foram descobertos, e acessados, e controlados de forma independente com a optogenética. Eis aí como isso é feito.

Imagine um ponto na profundeza do cérebro; um único ponto de ancoragem, com muitos fios se irradiando dele como um feixe para outro num tear, cada um se esticando para se conectar com uma diferente localização-alvo, por todo o cérebro. Não é diferente de como conexões neurais (na forma de axônios) saem de uma única região de controle da ansiedade, uma estrutura profunda no cérebro chamada amígdala — mais precisamente, de uma extensão da amígdala chamada núcleo leito da estria terminal, ou NLET.[5]

Esses fios se estendem e mergulham profundamente para achar as células necessárias para formar todas as partes da ansiedade. Um vai até a ponte, o ponto da sombra de Andi.

Entre todos esses intricados entrelaçamentos do cérebro, como podemos saber isto: que esses fios em particular efetivamente importam? É aqui que podemos introduzir os genes de micróbios, para fornecer uma nova lógica para cada fio. Na silenciosa escuridão sob o crânio, introduzimos um novo código de conduta, de um ser alienígena. Ensinamos uma conexão, depois outra e mais outra a reagir à luz.

Tomamos emprestado um gene microbiano isolado, de uma alga verde unicelular; esse gene consiste apenas de instruções de DNA para criar uma proteína ativada pela luz chamada canal rodopsina, que leva íons positivamente carregados para dentro das células (o que é um estímulo de ativação para neurônios, fazendo-os disparar e irradiar seus sinais). Inserimos esse gene no NLET de um camundongo, contrabandeando-o por intermédio de um vírus que escolhemos por sua aptidão para introduzir DNA em neurônios de mamíferos. As células no NLET, tendo assim recebido involuntariamente o gene da alga, começam a produzir a proteína canal rodopsina, como foram instruídas — seguindo devidamente o esquema do DNA, o manual de montagem gravado no script genético universal da vida na Terra.

A essa altura, se iluminadas com uma luz azul brilhante, cada uma dessas células do NLET irá disparar potenciais de ação, os pontiagudos sinais da atividade elétrica nos neurônios (uma luz bastante fácil de fornecer, com uma fibra óptica quase da espessura de um fio de cabelo posicionada de tal maneira que uma luz de laser enviada por essa fibra vá brilhar dentro do NLET). Isso seria uma capacitação totalmente nova, uma nova linguagem ensinada pela alga aos animais, com a nossa ajuda. Mas nesses experimentos com a ansiedade nós na verdade ainda não acionamos a luz. Nós esperamos, e surgiu uma linguagem ainda mais rica.

Durante várias semanas, a proteína canal rodopsina (que conectamos a uma proteína fluorescente amarela, de modo a podermos ver onde ela é produzida e rastrear sua localização) preenche não apenas as células no NLET, mas também seus filamentos, os axônios, os quais, afinal, formam parte de cada célula. Todo neurônio no NLET é construído com sua própria conexão axonal para fora, e diferentes células enviam seus filamentos para diferentes partes do cérebro. Após várias semanas, irradiando-se do NLET como se fossem raios do Sol, listras amarelas da proteína fluorescente conectada ao canal rodopsina estendiam-se através do escuro e secreto interior para todas as regiões do cérebro com as quais o NLET se comunica e que precisam ouvir uma mensagem desse centro de ansiedade.

Agora, a nova capacitação torna-se clara. Uma fibra óptica pode ser colocada não no NLET, mas numa região periférica[6] — de fato, em cada um dos diferentes alvos do NLET em cada região, por todo o cérebro. A luz de laser enviada através dessa fibra óptica é capaz, então, de fazer algo bem especial. A única parte sensível à luz de cada região-alvo, sobre a qual repousa um filamento amarelo — por exemplo, a ponte —, é o conjunto de axônios do NLET para aquela região. E, assim, a luz enviada (nesse caso, para a ponte, esse profundo e escuro pedestal do tronco encefálico) ativa diretamente apenas um tipo de célula no cérebro — o tipo que vive no NLET e envia conexões axônicas para a ponte. Um único tipo de fio na tapeçaria, definido por sua âncora e seu alvo, destacado de todas as fibras entrelaçadas, é agora diretamente controlável pela luz.

Quando se fez isso em camundongos, descobriu-se que uma conexão do NLET com a ponte — sede do nervo abducente de Andi e também sede de uma sub-região chamada núcleo parabraquial, que está envolvida com a respiração —, quando ativada, controla mudanças no ritmo respiratório, mas não tem outros efeitos visíveis. A estimulação desse caminho, optogeneticamente, afetou o ritmo da respiração, como se viu nas mudanças de estado de ansiedade, mas interessantemente não teve efeito em todas as outras características da ansiedade — o camundongo não demonstrou ter havido mudança na evitação de risco, por exemplo.

Em vez disso, a evitação de risco era controlada por um filamento diferente — a conexão do NLET com outra estrutura, chamada hipotálamo lateral (nem de longe tão profundo quanto a ponte). A ativação das células desse caminho, usando a optogenética, mudou quanto um camundongo evitaria áreas expostas de um ambiente (a parte central de uma área aberta — o lugar mais arriscado para nele se estar, quando se é um rato e vulnerável a predadores), sem mudar mais nada (por exemplo, não se pôde ver qualquer mudança no ritmo da respiração). Assim, uma segunda característica da ansiedade foi separada e destacada claramente, definida por outro tipo de célula, e começamos a ver que diferentes partes de estados estão mapeados em diferentes conexões físicas.

E quanto à terceira característica do estado de ansiedade, sentir-se mal? Chamamos isso de *valência negativa* — o contrário de *valência positiva* (uma sensação boa, como a que vem quando subitamente alguém se livra da ansiedade, e é sentida como muito mais do que apenas a ausência de negatividade). À primeira vista, esse aspecto parece ser de difícil acesso, especialmente num camundongo, que não é capaz de se expressar com palavras — e talvez fosse difícil em pessoas também, quando até mesmo palavras são imprecisas e não totalmente confiáveis. Mas até mesmo um tal estado interior — contudo subjetivo, contudo vivenciado por um camundongo — pode ser mensurável a partir do exterior.

Num teste experimental chamado *preferência de lugar*, um animal está livre para explorar duas câmaras semelhantes e conectadas — assim como um ser humano que tivesse rédeas livres para explorar uma suíte formada por dois quartos idênticos numa casa nova. Se a pessoa nessa situação fosse levada a ter uma sensação interior de aguda e intensa positividade (como a excitação de um beijo apaixonado correspondido, e de certo modo sentindo isso sem que o beijo aconteça) imediatamente a cada entrada casual em um dos quartos, e essa sensação terminasse imediatamente cada vez que ela saísse daquele quarto, imagine quão rapidamente essa pessoa simplesmente optaria por passar todo momento que pudesse nesse quarto. Uma única coisa mensurável — a escolha daquele quarto devido àquele sentimento — informa o observador sobre um estado interior oculto. O observador não é capaz de concluir com precisão como a pessoa se sente, é claro, apenas que é de valência positiva — e um painel de testes adicionais pode confirmar essa interpretação. A valência negativa também é tratável. Se o sentimento suscitado for nessa direção (negatividade interior, talvez a mesma sensação de uma súbita e arrasadora perda de um familiar), então a evitação, em vez de preferência, torna-se mensurável.

A valência pode, desse modo, ser explorada em animais, onde a optogenética provê um meio de testar instantaneamente o impacto da atividade em células específicas e em conexões em todo o cérebro. Na versão "camundonguiana" da preferência por um lugar,[7] o animal tem toda a liberdade para explorar dois recintos semelhantes de uma arena, primeiro sem um input optogenético. Depois, um laser entra em ação, programado de tal modo que a luz passe por uma fibra óptica muito fina automaticamente até o cérebro, mas somente quando o camundongo estiver em um dos dois recintos equivalentes (digamos, o da esquerda). Se houver uma qualidade aversiva, ou negativa, na atividade do alvo particular da optogenética naquele momento (o filamento neuronal específico que foi tornado sensível à luz naquele animal), o camundongo rapidamente começará a evitar o recinto da esquerda. O camundongo, assim parece, não quer passar algum tempo em lugares associados com experiência negativa — nem nós queremos. Inversamente, se houver uma associação interior positiva, o camundongo passará mais tempo no recinto conectado à luz — revelando a preferência por um lugar.

Qual filamento no fundo do cérebro, saindo sinuosamente do NLET, governa esse importante aspecto relacionado com a ansiedade — o de uma valência positiva ou negativa, talvez correspondendo ao sentimento subjetivo de nosso próprio estado interior? Surpreendentemente, nenhuma das outras duas conexões mencionadas até agora, para a ponte ou para o hipotálamo lateral, governa esse comportamento do NLET. Em vez disso, essa tarefa é assumida por uma terceira projeção, do NLET para outro ponto lá no fundo, quase na ponte, mas não chegando lá — a área tegmental ventral, ou VTA, na sigla em inglês, onde vivem neurônios que liberam um pequeno neurotransmissor químico chamado dopamina. Esse grupo de células engloba sua própria diversidade de funções e de ações, mas no todo está intimamente ligado à recompensa e à motivação.

A atividade ao longo das outras duas projeções, para a ponte e para o hipotálamo lateral, não parece importar de todo para o camundongo — com a estimulação afetando a respiração e a evitação de risco, mas sem associações positivas ou negativas, pelo menos até onde o teste de preferência por um lugar é capaz de informar. Ainda mais impactante, a terceira fiação, para o VTA, realiza num camundongo a tarefa relacionada com a preferência por um lugar (e poderia, portanto, acrescentar subjetividade em pessoas) sem afetar, por sua vez, as outras características — ritmo da respiração e evitação de risco. Assim, um complexo estado interior pode ser desconstruído em características independentes[8] que são acessadas por conexões físicas separadas (feixes de filamentos definidos pela origem e pelo alvo) que se projetam através do cérebro.

Sem estar limitada pelo estudo da ansiedade, essa mesma abordagem mostrou-se depois ser aplicável aos comportamentos de mamíferos em geral. Até mesmo o complexo processo de cuidar dos filhotes, na forma dos cuidados que mamíferos têm com sua prole, foi logo desconstruído nessas partes componentes, mapeadas em projeções através do cérebro.[9] Essa descoberta veio de outro grupo de pesquisadores cinco anos depois, usando a mesma caixa de ferramentas optogenética e a abordagem projeção-alvo. Claro que, no caso da ansiedade, muitos mistérios permaneceram sobrando. Por exemplo, essa desconstrução do estado interno de ansiedade não resolve (embora enquadre fortemente) um eterno quebra-cabeça — o questionável valor de ter positividade ou negatividade nos estados interiores de modo geral. A clara possibilidade de separar preferência por lugar da evitação de risco destaca uma enganosamente simples questão: por que um estado tem de ser percebido como mau (ou bom)? Se o comportamento já é sintonizado e controlado adequadamente para a sobrevivência — se risco já está sendo evitado, como determinado pela projeção para o hipotálamo lateral —, qual a necessidade da preferência, ou do sentimento subjetivo, provido pela conexão com o VTA?

Pensamos que a evolução por seleção natural funciona mediante ações adotadas no mundo — que aquilo que é efetivamente feito, e não sentido, por um animal afeta sua sobrevivência ou sua reprodução — e assim, talvez, o modo como o animal se sente internamente, ou como nos sentimos internamente, não importa, se as ações já tiverem sido tomadas. Se o camundongo já está evitando o arriscado espaço aberto, como faria para sua sobrevivência e como é comandado pelo filamento que vai do NLET para o hipotálamo lateral, sem nenhuma associação de positivo ou negativo, então qual é o propósito de um filamento VTA em separado e suas associações? Sentir-se mal parece ser algo gratuito — e, mais do que isso, uma vasta e desnecessária fonte de sofrimento. Muito da incapacidade física clínica em psiquiatria, afinal, surge de estados subjetivos negativos, como ansiedade e depressão.

Um motivo para isso pode ser o fato de que a vida exige que façamos escolhas de categorias totalmente distintas, que não podem ser comparadas diretamente entre si. Subjetividade — sentir-se bem ou mal, por exemplo — pode ser um tipo de instrumento monetário universal para a economia interna do cérebro, permitindo que a positividade ou a negatividade de diversos propósitos, desde a comida até o sono, o sexo ou a própria vida, seja convertida numa única moeda comum. Esse arranjo permitiria que fossem tomadas difíceis decisões quanto a categorias cruzadas, e escolha de ações — rapidamente e do modo mais adequado para as necessidades de sobrevivência do animal específico e de sua espécie. Se não for assim, num mundo complexo e em ritmo acelerado, comandos errados serão dados: ficar imóvel quando é preciso dar uma volta, dar uma volta quando é preciso parar.

Talvez esses fatores de conversão sejam algo sobre o qual trabalha a evolução do comportamento. Um valor relativo (na moeda comum da subjetividade) atribuído pelo cérebro a diferentes estados acarretará decisões consequenciais — na verdade existenciais — tomadas pelo organismo, ou pelo ser humano. Mas essas conversões de moeda têm também de ser flexíveis, mudar de acordo com a vida e a evolução, à medida que os valores mudam — e essa flexibilidade poderia adquirir formas físicas, tais como mudanças na força dos filamentos que se conectam com regiões relacionadas com valência, como o VTA.

O insight que me trouxe o estudo optogenético da ansiedade foi que o valor subjetivo (positivo ou negativo) e o que é mensurável externamente (respiração, ou talvez o choro) poderia ser adicionado ou subtraído de estados cerebrais com misteriosa precisão. Mas essa compreensão me veio anos mais tarde, bem depois de Mateo ter entrado e saído de minha vida. Naquele momento, na emergência, eu não tinha como saber que a separabilidade de um elemento de um estado interior poderia ser tão precisa, nem que isso poderia acontecer como resultado da forma física assumida por aquele elemento (envolvendo atividade elétrica que viaja por uma conexão de uma parte a outra do cérebro). Ao ver Mateo, eu não tinha uma referência para compreender como ele poderia ser incapaz de chorar, o que normalmente faria — quando não carecia de nenhum dos outros elementos humanos para uma tristeza profunda.

Ainda hoje, mistérios profundos relacionados com nossos estados interiores continuam fora do alcance da ciência. Pode parecer ser de mau gosto estudar o amor, ou a consciência, ou o choro. Por bons motivos — se ainda não existe uma ferramenta objetiva e quantitativa (como a paleogenética para prover insights quanto à pré-história neandertal, ou a optogenética para descobrir princípios do funcionamento do cérebro), as respostas podem estar além do nosso alcance.

No caso do choro, um biólogo deveria presumir que, se um fluido é ejetado de um duto como os que estão conectados com nossas glândulas lacrimais — com um timing preciso, e em contextos consistentes para indivíduos de uma espécie —, provavelmente existe uma razão evolucionária para isso, e a questão é adequadamente objetiva para a ciência. Se ocorrem mudanças no desempenho do duto juntamente com um forte sentimento, um estado interno subjetivo, então a combinação de subjetivo com objetivo deveria intrigar um cientista, um psiquiatra, ou qualquer estudante da mente e do corpo humano.

O choro é significante na psiquiatria. Nossos pacientes estão vivenciando emoções extremas, e nós trabalhamos com elas — sua articulação, seu reconhecimento e sua expressão. Temos experiência em ver as lágrimas menos genuínas também, em um espectro de enganos, desde o levemente sofrido e modestamente fabricado até lágrimas profissionalmente manipuladoras. Mas pouco se sabe na ciência sobre lágrimas emocionais tais como são.

Choro emocional não pode ser bem estudado em animais. Lágrimas puramente emocionais, como vivenciamos o fenômeno, não estão presentes em outros lugares, mesmo entre nossos parentes mais próximos na grande família dos macacos; a razão, se houver, é um mistério. Lágrimas são poderosas para estabelecer conexão emocional;[10] sabe-se que alterar digitalmente as lágrimas nas imagens do rosto humano causa mudanças significativas na simpatia e no impulso de ajudar do espectador (muito mais do que suscitaria a alteração de outras características faciais). Mas não somos mais sociais do que nossos primos — os chimpanzés ou os bonobos — e, no entanto, valendo-se do mistério das lágrimas, somente nós choramos, e choramos sozinhos.

Exibimos nosso estado interior, com ou sem audiência, com esse estranho sinal exterior que não requer volição ou intenção e só transmite sentimento, a todos os observadores e a nós mesmos. Mas não são apenas nossos grandes parentes macacos que parecem excluídos — até mesmo muitos de nossos próprios *Homo sapiens* não derramam lágrimas emocionalmente, e com isso ficam só um pouco à parte. Essa separação pode ser unidirecional — aqueles cujos corpos não geram essa linguagem ainda são capazes de compreendê-la e de responder a lágrimas emocionais com outras linguagens —, mas perder mesmo que seja só essa parte da conversa pode implicar um custo;[11] pessoas que não choram mostram padrões reduzidos de ligação pessoal, embora não se saiba se essa associação deve-se mais a experiências vividas ou a uma predileção inata.

O fato de esse sinal involuntário, as lágrimas emocionais, estar ausente em alguns seres humanos e em nossos parentes próximos não humanos pode ser um indicativo de uma inovação evolucionária incompletamente estabelecida — talvez porque, mesmo hoje em dia, seu valor não é universal, ou porque ele foi um experimento recente: um acidente ainda em processo de se manifestar completamente na família humana, ou falhando nesse processo. Toda inovação na evolução é no início acidental; talvez o choro emocional tenha surgido inicialmente como uma refiação casual de axônios. Como as várias projeções do NLET, todos os axônios são orientados, durante o desenvolvimento do cérebro, a crescer em direções específicas por uma vasta diversidade de moléculas que estabelecem a direção a seguir, tão fortes como os fios que fazem isso num tear — minúsculas placas de sinalização que enviam um feixe de axônios em crescimento lento para a região cerebral seguinte, ou fazem-no voltar se tiver ido longe demais, ou o enviam, cruzando a linha mediana, para o outro lado do corpo. Tudo isso, como tudo em biologia, foi construído por uma mutação casual ao longo de milhões de anos e, assim, pode achar seu caminho para novas funcionalidades também por uma mutação casual.

Uma mutação em qualquer uma dessas etapas — em qualquer gene que esteja orientando o posicionamento de moléculas que determinam o caminho a seguir, e com isso redirecionando aqueles fios de longo alcance, os axônios, através do cérebro — seria suficiente. Fibras oriundas das áreas emocionais do cérebro mudariam ligeiramente de curso, e então estaria nascendo no mundo um novo tipo de ser humano, com uma nova maneira de expressar sentimento.

Essas inovações teriam o potencial de abrir um canal de comunicação em separado — com notável eficiência, considerando que as mudanças biológicas realmente necessárias para implementar essa inovação seriam muito pequenas: um conjunto de axônios que não passasse por um desses postos de orientação e fosse um pouco longe demais durante o desenvolvimento. Como é quase sempre o caso na evolução, os principais atores já teriam estado presentes, precisando apenas que lhes fosse ensinada uma nova regra, e com isso criado um novo papel. Nesse caso, os axônios relevantes — como os que vão de áreas anteriores do cérebro, como o NLET, para áreas cerebrais mais profundas e mais antigas, como o núcleo parabraquial, que controla mudanças respiratórias — teriam sido só parcialmente redirecionados para um novo destino.

Próximo ao núcleo parabraquial estão as origens de dois nervos cranianos — não só o sexto, chamado abducente, aquele que o câncer de Andi tinha atingido, mas também seu vizinho, o sétimo, chamado nervo facial. Todas essas estruturas, apenas coleções de células, o sexto e o sétimo e o parabraquial, se reúnem num pequeno ponto, amontoados na ponte que vai do cérebro até a medula espinhal.[12] Mas aqui o novo alvo para as lágrimas seriam as células do sétimo nervo. Para uma expressão emocional, o sétimo é um maestro em si mesmo, muito mais intricado e polivalente do que o abducente, enviando e recebendo ricos fluxos de informação de e para muitos músculos do rosto e muitos sensores na pele. O sétimo, o nervo facial, é o grande mestre das expressões faciais, mas também da glândula lacrimal, o depósito das lágrimas.

O sistema lacrimal provavelmente se desenvolveu para descarregar substâncias irritantes do olho, lavando e retirando partículas incômodas. Agora, com uma quase trivial refiação, ele poderia ser recrutado involuntariamente por um jorro de emoção, talvez ao longo de outras fibras que chegam aos centros respiratórios — o parabraquial e além dele — arrancando de dentro de nós a catártica contração do diafragma que é o soluço. Quando o primeiro ser humano que teve essa mutação chorou, e talvez até soluçou, qual poderia ter sido o efeito disso em quem estava próximo — amigos ou família ou competidores —, que nunca tinha visto isso antes? A comunicação através dos olhos teria sido muito importante, sempre um foco de atenção para seres humanos — os olhos são ricos em informação, e constantemente acessados. Assim, essa inovação teria, fortuitamente, sido considerada de alto valor como emissora de sinais. Mas também poderia não ter havido, naquele momento, compreensão, nem resposta emocional às lágrimas — apenas atenção e interesse para aquele incomum e saliente sinal. Uma total compreensão e valorização, para a sobrevivência ou a reprodução, pode ter levado gerações para evoluir.

Se há, de todo, significância evolucionária no choro, então as ocasiões em que ocorre o choro emocional podem nos fornecer pistas. Quase sempre involuntário nos humanos — esse é um sinal que está muito menos sob nosso controle consciente do que, por exemplo, um sorriso ou uma careta —, o choro é como um jornalista em geral honesto, informando, por alguma razão, um tipo de sentimento. Estudiosos focaram-se em seu valor para a comunicação social, mas o choro emocional também ocorre, e parece ser importante — até mesmo produtivo, respondendo a alguma necessidade —, quando estamos sozinhos.

Considerando todos os riscos de revelar sentimentos verdadeiros (e todos os indivíduos se beneficiam de exprimir com êxito falsos sentimentos para seres em ambientes sociais complexos), a precária controlabilidade dessa leitura emocional parece no início ser uma deficiência, e não uma vantagem — algo a ser selecionado contra, e não a favor, em nível individual. Ao sinalizar para si mesmo, ou para outros, seja como for, é interessante que esse sinal tenha se mantido em geral involuntário e, assim, em geral, verdadeiro.

Estaria o choro ainda evoluindo, sob a pressão da seleção, para escapar de nossa volição ou ficar sujeito a ela? Poderíamos eventualmente controlar o choro tão facilmente quanto sorrir, a menos que sua natureza involuntária seja mais útil do que as vantagens individuais que viriam do controle voluntário. E agora essa propriedade de sinalização da verdade é em algum sentido amplamente conhecida pela espécie, programada em observadores humanos para ser de impacto maior do que expressões faciais mais facilmente manejadas, como sorrir — aumentando assim seu efeito sobre os outros, talvez aproximando colegas humanos para vínculo e apoio, talvez em tempos de verdadeira e desesperada necessidade.

Nesse caso, uma espécie de evolução conjunta de dois comportamentos relacionados com o sentimento — o choro e a reação ao choro — pode estar ocorrendo entre os membros de nossa espécie. Isso seria um código, ou uma linguagem interna de importância compartilhada tanto para o indivíduo quanto para o grupo, mas ainda manejável como qualquer coisa em biologia. O engano é sempre lucrativo até certo ponto, mas se ele for raro o bastante, todo o programa de choro e resposta poderia preservar seu valor como um canal da verdade.

Para nossa espécie, bem como para indivíduos, esse canal poderia ser favorável uma vez que nos tornamos seres complexos socialmente cognitivos, aptos a enganar e negar e com forte controle voluntário sobre nossas expressões — já que se todas as leituras emocionais puderem ser fingidas, então tudo significaria pouco e a comunicação social perde grande parte de seu valor. Daí se segue uma corrida armamentista entre a verdade e o engano: pausar quando o controle cognitivo (beneficiando o indivíduo que pode alcançar esse controle) é finalmente alcançado sobre o novo sinal (que então perde sua propriedade de verdade de algum valor para a espécie), e reiniciar um milhão de anos depois quando uma via equivocada de axônios esbarra inesperadamente num novo caminho de células no cérebro, talvez aquelas que governam a fisiologia da pele — que resulta em rubor, choro, e o que mais vier em seguida.

Como o choro emocional é distribuído uniformemente por toda a humanidade, podemos ter certeza de que não adquirimos esse traço dos neandertais, que emprestaram seus genomas principalmente às linhagens eurasianas. Não se sabe se os neandertais também compartilharam essa característica — muito provavelmente teriam se a capacidade de chorar tivesse surgido num ancestral comum que todo ser humano compartilha com eles. Os neandertais tinham comunidades sociais estáveis, preservavam suas tradições culturais, dedicavam tempo a pintar arte simbólica mesmo quando estavam morrendo e enterravam seus amados filhos. Ao menos em minha imaginação, eles derramavam lágrimas como as nossas, até o fim.

Mateo não era suicida, mas poderia ser diagnosticado com depressão maior. Anexei o rótulo a ele naquela noite. Embora parecesse uma supersimplificação, entre outros sintomas definidores de depressão ele exibia uma proeminente desesperança, expressa como uma incapacidade de olhar para a frente no tempo. Sem esperança no futuro, Mateo só poderia olhar para trás.

Em nenhum momento ele chorou por sua família naquela noite, não que eu tivesse visto, nem que ele pudesse me contar. Considerando isso, e os motivos que temos para chorar, pareceu-me que uma estranha unidade conecta as lágrimas de tristeza, quando ocorrem, às mais misteriosas lágrimas de alegria. Lágrimas vêm quando sentimos esperança e fragilidade juntas, como uma coisa só. Consegui evitar escrever isso na ficha — ou escrever que a Mateo não restava uma esperança pela qual chorar.

Melhoras moderadas em resultados materiais que não requeiram um novo modelo do eu ou das circunstâncias — como ganhar um pouco mais de dinheiro de acordo com probabilidades conhecidas do mundo — não levarão a maioria das pessoas ao choro. Mas, quando choramos de alegria — como quando sentimos o repentino calor e a esperança de uma conexão humana num casamento, ou quando vemos uma inesperada profundidade de empatia numa criança pequena —, pode haver um cintilar de esperança para o futuro da comunidade, para a humanidade, contra o frio. Podemos chorar num casamento ou num nascimento, vendo uma aspiração sincera, mas conhecendo profundamente a fragilidade da vida e do amor: espero que a alegria que vejo aqui não morra jamais, espero que o mundo tenha a gentileza de deixar isso durar para sempre, espero que esses sentimentos sobrevivam — mas sei muito bem que pode ser que isso não aconteça.

Isso parece ser uma espécie de ansiedade, mesmo para o que achamos serem lágrimas de alegria, já que uma ameaça — embora não imediatamente presente — é conhecida e sentida.

Similarmente, no outro — verdadeiramente negativo — polo de valor, lágrimas de tristeza em seres humanos adultos vêm não com perdas leves a partir de riscos conhecidos, mas com súbitas constatações pessoais adversas que têm de ser encaradas — como o choque de traição, quando a esperança que tínhamos no futuro é abalada e nosso modelo de mundo, nosso mapa de caminhos possíveis na vida (um mapa é esperança), deve ser redesenhado. Quando choramos, mesmo quando o sentimento é negativo, a esperança pode estar presente — com novas condições, mas é esperança mesmo assim. Então, sinceramente, involuntariamente, no momento da constatação, sinalizamos essa fragilidade de nosso futuro e o fato de que nosso modelo está mudando — sinalizamos isso para nossa espécie, nossa comunidade, nossa família e para nós mesmos.

A evolução realmente se importa com a esperança? Por mais abstrata que pareça, a esperança é uma mercadoria que deve ser regulada de modo cuidadoso por seres vivos — medida em quantidades apenas suficientes para motivar ações razoáveis. A esperança, quando irracional, pode ser prejudicial, até mesmo mortal. Cada organismo precisa perguntar, à sua maneira: quando lutar e quando economizar energia e reduzir o risco, aguardando fora da tempestade? Enfurecer-se ou repousar, lutar ou hibernar, chorar ou não — toda vida tem de fazer escolhas desse tipo, avaliar a dureza do mundo atual e, se o desafio não puder ser superado, recuar do embate. O circuito de controle da esperança precisa funcionar, e funcionar bem. Com o elevado calor de nosso estilo de vida de primata — um quarto de nossas calorias é queimado apenas pelo cérebro —, o antigo circuito de recuar de ações pode se estender, em nossa linhagem, para o abandono da própria esperança, de um conceito às vezes custoso que ocupa nosso cérebro, em vez de nossos músculos.

Circuitos antigos e conservados já estavam disponíveis para ajudar nossa evolução a construir essa capacidade — até mesmo peixes de sangue frio são capazes de fazer a escolha de enfrentar a adversidade com passividade em vez de ação. Em 2019 foram estudadas células em todo o cérebro de minúsculos peixes-zebras[13] (relacionados conosco por serem camaradas vertebrados, com uma espinha dorsal e o mesmo planocerebral básico, mas pequenos e transparentes o bastante para que possamos ver através deles, usando luz para acessar a maior parte de suas células durante seu comportamento). Duas estruturas profundas no cérebro do peixe, chamadas habênula e rafe, foram observadas trabalhando juntas para orientar essa transição de ativo para passivo ao lidar com um desafio (o estado de enfrentamento passivo é aquele no qual o peixe não tenta mais despender esforço para enfrentar o desafio).

Descobriu-se que atividade neuronal na habênula (provida pela optogenética) favorece um enfrentamento passivo (essencialmente, não se movendo durante um desafio); em contraste, a atividade na rafe (fonte da maior parte do neuroquímico chamado serotonina) favoreceu o enfrentamento ativo (um vigoroso engajamento com o problema). Ao estimular ou inibir optogeneticamente a habênula, foi possível instantaneamente desativar ou ativar a simples probabilidade de o peixe despender energia para enfrentar o desafio — e quando, em vez disso, a rafe foi optogeneticamente controlada, os efeitos observados no modo de lidar foram opostos.

Anos antes, a optogenética e outros métodos implicaram essas mesmas duas estruturas nos mamíferos,[14] no mesmo tipo básico de transições do estado comportamental e com a mesma direcionalidade de efeito em cada estrutura. Vendo agora esses resultados surgindo no parente distante que é o peixe-zebra, pode-se dizer com confiança que o fundamento biológico da ação supressora quando bons resultados são quase impossíveis é antigo, conservador e poderoso — e assim, provavelmente, importante para a sobrevivência.

Qualquer animal pequeno é capaz de encontrar uma fenda ou uma toca e parar de se mover, para lidar passivamente com a adversidade. Mesmo o minúsculo verme nematoide *Caenorhabditis elegans* parece calcular o valor relativo de fugir ou de ficar onde está, usando toda a força de seus 302 neurônios.[15] Mas cérebros maiores contemplam mais ações e resultados possíveis, ruminando e se preocupando, mapeando árvores de decisões espessamente ramificadas com possibilidades que se projetam no futuro. Talvez também seja necessária uma passividade de pensamento — um desconto profundo no valor da ação e nos próprios pensamentos de alguém. A esperança drena recursos de nossas reservas emocionais e de atenção, e talvez seja melhor economizar o esforço e a luta, esse poupar do dissabor das lágrimas quando a esperança vai embora.

Naquela noite na emergência, tive dificuldade em descobrir como poderia ajudar Mateo. O hospital estava movimentado, e não havia um quarto disponível para ele. Como não era suicida e não queria ficar no hospital, eu não poderia interná-lo no isolamento, mas nossa enfermaria aberta estava lotada. Havia a possibilidade de transferi-lo para outro hospital, mas, depois de conversar sobre tudo isso com Mateo e seus irmãos, acabamos enviando-o para casa com eles — e com uma consulta marcada para atendimento ambulatorial, terapia e medicação —, mas não antes de eu dedicar um tempo para realizar uma sessão de psicoterapia antes do amanhecer, ali mesmo no pronto-socorro, lançando as bases do tratamento.

Em psiquiatria, quando possível, frequentemente arranjamos um tempo para fazer isso, quase instintivamente, mesmo na correria de um turno de plantão, mesmo em locais apertados e desajeitados como o Quarto Oito, naquela noite. Pode ser difícil nos conter, tão difícil quanto impedir cirurgiões de cortar para curar. Todos vivemos, e nos movemos, nas habilidades que construímos para nós mesmos.

Sem a fundamentação correta, nada funciona em psiquiatria. Sem fios estruturais para se tecer sobre eles, não há como criar uma nova tapeçaria. Como psiquiatras, nosso primeiro instinto é começar a conectar e juntar tudo o que a recuperação significará para aquela pessoa — os fios entrelaçados do biológico, do social e do psicológico —, não de forma precipitada, mas conscientes do tempo que será necessário para construir algo forte e estável. Fazemos isso mesmo que nunca mais vejamos esse paciente, como suspeitei naquela noite; eu estava dispensando Mateo aos cuidados de sua família e ao tratamento ambulatorial. Eu continuaria rodando pelo hospital, em meu próprio caminho elíptico, enquanto Mateo seguiria seu percurso em arco pelo universo. Muito provavelmente, nossos caminhos nunca mais se cruzariam.

Mas a quantidade de tempo que eu estava dedicando a isso era extrema, dei-me conta depois que havia se passado quase uma hora. Só quando meu turno acabou, e eu estava indo de carro para casa com lágrimas escorrendo dos olhos que causavam uma difração nas luzes do trânsito, foi que enxerguei um quadro maior — e vi que se tratava também de outro ser humano, outro paciente.

Fiquei tanto tempo com Mateo naquela noite porque estava despreparado para ele, para aquele inferno particular onde eu só estivera uma vez antes disso — e assim a terapia era para mim também, para minhas próprias lágrimas que estavam chegando. Formou-se em minha mente uma conexão com o tempo. Foi somente com aquelas lágrimas que eu enxerguei a relação com Andi, que me havia levado ao mesmo lugar e para quem eu estivera da mesma forma despreparado. Andi, a menininha de anos atrás, com o achado no tronco encefálico — que há muito se fora, numa jornada que ninguém poderia compartilhar.

Dessa vez, eu pensei que poderia fazer alguma coisa — não muito, mas alguma coisa. E isso importa — dar-se conta em algum lugar e em algum momento que você foi chamado para ser o que quer que a humanidade possa ser para uma pessoa. Isso não é pouca coisa.

Anos depois, no decurso de nosso trabalho sobre ansiedade, com optogenética e NLET, uma conexão ainda mais profunda entre Andi e Mateo se revelou. Havia uma curiosa semelhança com esses pacientes, que representavam os dois momentos mais baixos aos quais a medicina me levara, e do quais, para emergir, eu tive de trabalhar duro. O que na realidade levara cada um deles ao hospital nas noites em que eu estava de serviço foram fibras que falharam praticamente no mesmo ponto profundo do sistema nervoso. Esse local era a base e o alicerce do cérebro, a ponte, onde são controlados os movimentos oculares, as lágrimas e a respiração, e onde vizinhos contíguos no cérebro de meus pacientes foram interrompidos — as finas cordas e os finos acordes,* o sexto e o sétimo nervos, de harmonia perdida.

Mas qual o significado disso, se é que existe algum, não sou capaz de definir. Sei apenas que esse lugar é profundo e antigo.

O naturalista Loren Eiseley escreveu que um símbolo, "uma vez definido, deixa de satisfazer a necessidade humana de símbolos". Eiseley coletou observações do mundo natural e registrou as ideias agitadas nele por essas imagens como símbolos — como uma aranha fora de estação, sobrevivendo em pleno inverno, tendo construído uma teia usando uma fonte artificial de calor, um globo que envolve uma lâmpada externa. Ele ficou comovido por essa imagem, apesar de sua quase certeza de que "a aventura dela contra as grandes forças cegas do inverno, seu agarramento a este globo de luz quente, não daria em nada e não teria jeito... Aqui havia algo que deveria ser repassado àqueles que vão lutar nossa batalha final e enregelante com o vazio... *Nos dias de geada, busque um pequeno sol*". A esperança, representada por uma vida complexa lutando diante de um frio inescapável, moveu Eiseley, e move cientistas e artistas da mesma forma. Está próxima do cerne daquilo que nos leva às lágrimas.

Para Mateo, não havia restado uma esperança pela qual chorar, agora que sua mulher e seu bebê haviam partido. Sua ausência de lágrimas era também sua cegueira em relação ao futuro. Mas, de alguma forma, eu sabia, ou pensava que sabia, que ele poderia amar de novo, com o tempo. A esperança não estava morta, embora ele não a pudesse ver, e assim as lágrimas vieram para mim, e não para Mateo.

O verdadeiro fim da esperança aparece apenas como extinção, quando o último membro de uma espécie senciente deixa-se ficar na lama, sozinho. Na história de nossa linhagem, este final teria se tornado real muitas vezes, nos finos ramos perdidos de nossa grande árvore familiar. Os neandertais e outros, nos últimos vestígios de seus últimos dias, viveram essa tragédia, para a qual tudo o mais é metáfora.

Extinção é uma coisa normal. Ao que parece, toda espécie de mamíferos tem, em média, uma duração de cerca de um milhão de anos[16] — com alguns sinais de encerramento sendo atirados no percurso até que a extinção

---

* Aqui há um jogo de palavras em inglês, *chord* podendo significar "corda", ou nervo, e também "acorde". (N. T.)

finalmente aconteça. Até agora, os humanos modernos perduraram por cerca de um quinto desse intervalo — mas já sobrevivemos a algumas crises misteriosas que podem ser inferidas dos genomas humanos, quando o tamanho efetivo da população reprodutora em todo o mundo pode ter despencado para uns poucos milhares de indivíduos.[17]

Tais eventos demográficos por si só poderiam ajudar a explicar a prevalência de traços estranhos, com pouco valor óbvio — comportamentos um tanto não refinados, que não foram (como o choro) completamente adquiridos pela população, devido apenas a um benefício leve. Quando uma espécie atravessa o gargalo do tamanho populacional — onde apenas uma pequena fração sobrevive ou migra —, quaisquer que sejam os traços presentes nos sortudos sobreviventes (ou migrantes), por algum tempo desfruta de prevalências desproporcionais, independentemente de os traços serem ou não extraordinariamente importantes para a sobrevivência. Esse pode ser o caso das lágrimas do choro emocional — e ajuda a explicar a aparente singularidade desse traço em comparação com outros animais.

Por outro lado, talvez precisássemos desse canal verdadeiro mais do que outras espécies aparentadas — por termos construído, com o tempo, cada vez maiores e mais complexas estruturas sociais. O choro pode ter aparecido primeiro como uma projeção mal orientada no tronco encefálico, mas a variante genética responsável pode ter sido adquirida pelas populações em miscigenação da África oriental, à medida que nossa linhagem moderna surgiu, quando usamos dedos e cérebros para erguer casas uns para os outros, construindo comunidades duradouras com um grande custo. Talvez as lágrimas tivessem sido necessárias depois de termos nos saído bem demais na última contrafação, jogando com o último sinal, de fazer caretas ou de se lamentar. Construtores precisam de um terreno sólido; construtores sociais precisam da verdade como solo.

O último neandertal — um quase moderno e contundente humano com cérebro grande, o último membro de um ramo de nossa árvore familiar que enterrava com ritual e carinho aqueles que perdia — morreu um piscar de olhos atrás, agarrado até o fim a cavernas próximas ao que se tornaria o litoral de Gibraltar, escondendo-se em retiros finais, como disse Eiseley, "os primeiros arqueiros, os grandes artistas, as terríveis criaturas de seu sangue que nunca estavam paradas". Talvez tenham chorado em casamentos, em nascimentos

— mas quando o último esfomeado neandertal olhava para o último bebê tentando desesperadamente nutri-lo, pele na pele mas o fluido falhando nos dutos, não restava a esperança de uma dúvida, não havia restado um futuro a questionar ou a temer. Não houve lágrimas então, sob a lua e sem respostas — apenas um leito de rio seco, o recuo de um mar de sal.

2. Primeira ruptura

Os chifres do veado adulto começaram a brotar,
O pescoço esticado, as orelhas longas espetadas,
Os braços eram pernas, as mãos eram pés, a pele
Um couro malhado, e o coração do caçador estava temeroso.
Ele vai embora, célere, e ao ir, maravilhas
Em sua própria celeridade, e finalmente ele vê, refletidas,
Suas feições numa poça tranquila. "Alas!"
Ele tenta dizer, mas não tem palavras. Ele geme,
A única fala que tem, e as lágrimas escorrem
Por faces que não suas. Apenas uma coisa
Lhe restou, sua mente anterior. O que deveria fazer?
Para onde ir — de volta ao palácio real
Ou encontrar algum lugar ou refúgio na floresta?
O medo argumenta contra um, a vergonha contra o outro.

E enquanto hesita, ele vê seus cães de caça,
Pé negro, Farejador de trilha, Faminto, Furacão,
Gazela e Cavaleiro da montanha, Mancha e Sylvan,
Ágil pé de asa, Vale, Filho de lobo, e a cadela Hárpia,
Com seus dois filhotes, meio crescidos, vagueando a seu lado,
Tigresa, outra cadela, Caçador, e Esbelto,

> *Mandíbulas cortantes, e Fuligem, e Lobo, com sua marca branca*
> *Em seu focinho preto, Montanhês e Poder,*
> *O matador, Redemoinho, Branquelo, Pelenegra, Agarrador,*
> *E outros que levaria muito tempo para mencionar,*
> *Cães de caça arcadianos, e de raça cretense, e espartana.*
>
> *Toda a matilha, com sede de sangue pairando sobre eles,*
> *Vem uivando atravessando penhascos e rochedos e ravinas*
> *Onde não passam trilhas: Actaeon, uma vez perseguidor*
> *Neste mesmo terreno, agora é perseguido,*
> *Fugindo de seus velhos companheiros, ele gritava*
> *"Sou Actaeon: reconheçam seu senhor!"*
>
> *Mas as palavras falham, e ninguém é capaz de ouvi-lo.*
> Ovídio, "A história de Actaeon", *Metamorfoses*, livro III

Uma imagem pode criar raízes e crescer. Aqui, é a de um jovem pai com sua filha de dois anos a bordo de um 767, lentamente inclinando-se para seu porto final, aproximando-se da torre de aço em chamas[1] — um fotograma do momento em que ele finalmente sabe a impossível verdade, seu pulso batendo surdamente, mas ela está calma no meio do caos, porque papai disse que não existem monstros. Ele virou com firmeza a cabeça da filha em direção à sua — ela é um frágil e tépido ponto brilhando dentro de uma infinitude de frio — para um momento de silenciosa comunhão antes de sua sublimação.

Uma menininha e seu pai, buscando um ao outro por um momento de graça enquanto o avião ruge de encontro à segunda torre — essa imagem sem palavras tornou-se física, semeada no mundo inteiro pela mente fértil de um homem chamado Alexander, enquanto ele navegava pelas ilhas Cíclades. Acelerada, germinando, essa cena imaginária ganhou forma — invadindo todo o solo de seus pensamentos, arrastando insaciavelmente para si mesma todo o fluido de sua alma.

As regras fundamentais da vida de Alexander tinham sido reescritas pouco antes do começo de setembro, assim é possível que seu cérebro — em repouso durante décadas — estivesse pronto quando o mundo exterior também foi transformado. Em 2001, quando os dias já mais curtos do fim do verão traziam tardes frias e folhas púrpuras à península de San Francisco, Alexander desligou-se, aos 67 anos, da companhia de seguros onde tinha trabalhado por décadas — como um subchefe bastante eficaz, mas já não mais ágil o bastante para o mundo sempre em mutação do Vale do Silício. Seu domínio seria agora apenas o lar, entre as sequoias vermelhas de Pacifica, na casa de vigas que ele e a mulher tinham construído numa nevoenta ravina, vinte anos antes — suficientemente grande para seus três filhos e talvez alguns netos. Era um homem imponente, ligeiramente encurvado, em crescente calmaria.

Nenhuma nota de advertência havia soado em sua vida, não se achou nenhuma história explicativa que sua família pudesse compartilhar quando o encontrei na emergência, seis semanas após o 11 de Setembro. Até então, todo o mundo de Alexander fora despedaçado numa explosão — não a de combustível de avião a jato, mas a de uma feroz, exuberante, imparável mania, que não tinha nenhuma semelhança com nada que acontecera antes em sua vida. Era a primeira ruptura, aquele momento em que a conexão com a realidade se rompe em resposta a uma tempestade de estresse, ou à foice do trauma, ou a outros gatilhos desconhecidos, e o ser humano pela primeira vez fica desarvorado. A primeira ruptura, quando aqueles que padecem de mania, ou esquizofrenia, perdem as estribeiras — com grande perigo — e são levados por sua doença.

Em setembro, quando a maré da tempestade começou a subir, Alexander estivera aproveitando sua aposentadoria — navegando pelo mar Egeu com a esposa, viajando na antiguidade. Agora, menos de dois meses depois, de volta em casa, ele havia se transformado, e fora levado pela polícia e pela família para o meu pronto-socorro. O que tinha sido encontrado e resolvido no processo de admissão no hospital, o que eu vi primeiro, não apresentava uma falha visível. Sem conhecê-lo, vi apenas um homem nitidamente alerta, folheando intensamente um jornal, de pernas cruzadas, junto a sua maca.

O elusivo, multiforme mistério da psiquiatria vem em seguida — descobrir o que foi que havia mudado para essa pessoa, e por quê. Não existe nenhuma tomografia do cérebro que oriente um diagnóstico. Podemos usar escalas de avaliação para quantificar sintomas, mas mesmo esses números são apenas palavras transformadas. Assim, juntamos palavras; é isso que temos. Frases são reunidas e moldadas numa narrativa.

As pessoas envolvidas falaram, todos nós, em diferentes combinações: o paciente, a polícia no corredor, a família na sala de espera. Todos buscando o enquadramento correto. Tratava-se de alguém que não tivera mania no passado ou na família: por que ele, por que agora? Ele tinha vivenciado aquele dia, o golpe no coração de seu país, não mais intensamente do que qualquer outra pessoa.

A dor que ele tinha sentido em sua empatia pelos que morreram, por si só, não explicava essa extraordinária consequência. A morte cai muito mal para seres conscientes, e sempre foi assim. O impensável é universal, mas a mania não é comum. Não obstante, isso aconteceu com Alexander — com algum atraso.

Durante uma semana após o 11 de Setembro, Alexander estava, só um pouco, num modo estoico, reevocando os pensamentos comuns de choque e dor que tinha a seu redor. Leu histórias das vítimas, mas depois começou a se focar em duas delas, um pai e uma filha, um pareamento que não vivenciara pessoalmente. Uma cena emergiu em sua mente e foi ficando mais detalhada, e ele contou a sua família como estava imaginando os momentos finais deles — enquanto, em seu cérebro, começara um remapeamento secreto. De modo ainda misterioso, novas sinapses se formaram e conexões mais antigas foram cortadas. Padrões elétricos mudaram à medida que roteiros eram sobrescritos. Durante uma semana, sua biologia aprendeu silenciosamente sua nova língua, e depois ela se apresentou, finalmente expressiva.

As primeiras manifestações foram físicas. Ele parou quase completamente de dormir, ficando totalmente alerta e cheio de vida 22 horas por dia. Alguém que nunca tinha sido um grande tagarela antes disso, Alexander agora não era capaz de refrear um grande volume de palavras que saíam em pressurizada torrente — turbulenta e entrecortada —, mas, de início, ainda coerente. O conteúdo de sua fala também mudou: era mais provocativo, carismático, inspirador, esclarecedor. Além da linguagem, todo o seu corpo foi afetado; passando a arder numa juventude renovada, ele subitamente tornou-se voraz e hipersexual. Não mais um touro velho solto no pasto, ele era um ser orgânico recém-criado para reagir, para interagir — a superfície de sua pele estava funcionando e disponível. A vida estava mais florida, atraente, sedutora.

A seguir vieram projetos e objetivos. Eram valorosos e numerosos, com um toque de excitação, uma sensação emocionante de risco. Ele comprou uma nova picape Dodge Ram, com um engate para trailer e uma cabine atrelada. Corria toda noite, lia livros o dia inteiro e estudou a teoria da guerra, escrevendo páginas sobre os movimentos de forças e de reservas. O tema do autossacrifício apareceu e ficou mais forte; Alexander escrevia cartas se voluntariando para se juntar à Marinha e certa noite foi encontrado escalando o tronco de uma sequoia em pleno nevoeiro, treinando para a guerra. Estava se livrando de sua crisálida de uma vida inteira, transformando-se numa jovem e emergente borboleta-monarca.

Houve certo charme nessa transição, até certo ponto, mas depois ele enveredou em pensamentos sobre o bem, o mal, a morte e a redenção. Até aquele evento, ele habitara uma espécie de luteranismo inalterado, sem tempestades, modestamente alimentador, com mínima conectividade com qualquer outra parte de sua vida. Agora começara a falar com Deus — primeiro calmamente, depois freneticamente, depois aos gritos. Entre essas preces havia sermões para os outros, durante os quais ficava irritadiço, oscilando entre a euforia e o choro.

Perto da meia-noite, antes de sua entrada no hospital, ele saiu correndo de casa com sua arma de caçar codornas, atirando galhos e cascas de árvore em seus filhos quando eles tentaram detê-lo no quintal. A polícia o encontrou duas horas depois, escondido num matagal junto a um riacho seco, pronto para metralhar o capim. Eles o levaram e o sujeitaram com as mundanidades dos sortilégios médico-legais, toda a energia ainda transbordando atrás de seus olhos como lágrimas.

Exteriormente, aquela fúria tinha amainado durante as várias horas seguintes, no hospital. No momento em que falei com ele, só apresentava um padrão motor rítmico, como o de um leão enjaulado, mas que era uma vocalização, um refrão repetido seguidamente: *Eu simplesmente não entendo.* Com clareza, com segurança em seu próprio modo e papel, ele não conseguia entender a reação da família — por que toda a sua ação não lhes parecia perfeitamente lógica, um exemplo que todos deveriam seguir?

Aquela fixação era impressionante e pura. A primeira ruptura de Alexander tinha sido uma clara separação, sem as bagunçadas e compostas rupturas da psicose ou das drogas. Ele estava deslocado. Sem rumo.

E o que viria a seguir para o novo guerreiro — antagonistas do receptor de dopamina, talvez? Ele não queria ajuda, não via necessidade do nosso processo, e recusou tratamento. No sistema fechado de sua pressionada lógica havia uma clareza pura e um perigo explosivo. Mensageiro irresoluto, vacilei diante dele enquanto ele descrevia a imagem que crescera em sua mente, da menina no avião, o pai segurando sua cabeça gentil e firmemente, mantendo seu olhar fixo de modo que ela só visse a ele até o fim.

Imagens me surgiram, intensas associações. A singular abstração da psiquiatria — ciência com linguagem, medicina com texto, sobre a qual o cuidado mais eficaz se constrói — permitia que eu passasse cada dia imerso em palavras e em imagens, indo mais além da história até a alegoria, mesmo que isso fosse inútil, num diálogo com a história, com a neurociência, com a arte e com a minha própria experiência. A primeira história que me ocorreu, provocada por sua transformação, talvez suscitada pela imagem de Alexander navegando entre as ilhas gregas, foi a do caçador Actaeon, de Ovídeo. O filho de um pastor que foi transformado num veado como castigo imposto pela irada deusa Ártemis depois de ser flagrado espionando-a enquanto ela se banhava num riacho. Actaeon foi dotado de uma nova força, uma nova velocidade, uma nova forma — recebera chifres fortes e cascos velozes —, mas o momento estava errado, o contexto estava todo errado. E ele se tornou presa em meio a seus próprios cães de caça — Pé Negro, Farejador de Trilhas, Faminto, Furacão —, que o fizeram em pedaços. Talvez tenha sido um Actaeon que eu vi na minha frente, transformado pela deusa da Lua, com a polícia e eu sendo os cães arcadianos, cretenses e espartanos — a matilha inteira, com a sede de sangue em nós, uivando por penhascos e rochedos e ravinas onde não passam trilhas.

Mas então... Diferentemente do caso de Actaeon, cuja nova forma como veado não lhe valia de nada, havia um uso sinistro e adequado para a nova forma que fora dada a Alexander. Nesse sacrifício, ele talvez fosse mais uma Joana d'Arc — que, assim como Alexander, nascera longe de uma vida militar. No caso de Joana, foi numa pequena fazenda em Lorena, onde o mistério começou a falar com ela. Sem tentar diagnosticar uma figura histórica — algo sempre tentador, mas geralmente insensato para psiquiatras —, não pude evitar imaginar como essa alteração funcionou bem para ela. Com apenas dezessete anos quando a França começou a cair diante dos Exércitos ingleses, Joana d'Arc assumiu uma nova maneira de ser — não desorganizada como na esquizofrenia, mas direcionada a um objetivo, focada em política continental e em estratégia militar. Ela se convenceu a ficar do lado do Delfim, com a firme convicção de que era essencial e com uma poderosa religiosidade que lhe permitiu infundir a luta com um espírito que foi visto como divino — brandindo estandartes e não espadas, vivendo num redemoinho de dardos de balestra, avançando em meio a seu próprio sangue para a coroação.

A transformação de Alexander também surgiu na tranquilidade pastoral de um país em perigo — e fora criada por esse mesmo perigo —, e essa nova forma era adequada à crise. Alguns detalhes eram imperfeitos — o teor da cultura atual era incompatível com aquilo que ele se tornara — e ele era o componente errado, porém, seria ele menos adequado do que uma camponesa de dezessete anos sem nenhum treino em tática ou em política? No momento em que foi capturada pelos ingleses e queimada na estaca, Joana d'Arc já havia salvado seu país e vencido a guerra. E aqui nós estávamos prestes a curar Alexander, cauterizar essa doença, queimar o espírito. Psiquiatra caipira, eu estava pronto, com meus instrumentos medievais.

E então, nesse momento de incerteza — nós dois presos numa pequena contracorrente pessoal, perdidos numa ampla atmosfera global que, durante meses, tinha sido desfigurada por carne queimada e pelos fluxos de predadores transportados pelo ar — uma fina e frágil gavinha de memória, de minha própria história, aflorou rodopiando na superfície.

Eu estava encostado numa corrente que servia de cerca no perímetro de uma plataforma externa do metrô T, em Boston. Era quase meia-noite, numa fria noite de outubro. Exaurido após um longo dia no laboratório e um experimento fracassado, eu estava fatigado e irritado. A área estava quase deserta, exceto quanto a dois homens que conversavam calmamente no outro lado da plataforma mal iluminada. Um par de silhuetas, uma alta, a outra baixa. Durante um minuto de paz, cerrei meus olhos e inclinei minha cabeça, enquanto esperávamos juntos.

Quando meus olhos se abriram para procurar o trem, vi uma lâmina com vinte centímetros de comprimento, prateada e dourada no brilho do metrô, fina na ponta, até mesmo gentil ao quase tocar minha camisa, quase parte de mim mesmo. Vi apenas aquela bela lâmina, incrivelmente detalhada, e tudo o mais foi apagado; fui varrido para dentro daquilo, não havia mais nada no mundo, e naquele momento tive consciência de todos os eventos e interações e passos com os quais o mundo havia me posicionado ali, e parecia compreender que esse destino tinha sido preparado para mim com carinho e afeição. Eu chegara aonde deveria estar, e uma estranha paz, uma graça, caiu sobre mim.

Entreguei minha mochila, esperando passivamente que ela fosse esvaziada pela sombra mais alta, mantendo meus olhos fixados firmemente na lâmina que a outra sombra segurava. Minha doce misericórdia, a fina lâmina de compaixão que era usada ao final de batalhas medievais, despachando os moribundos em Orleães e em Agincourt. O aço parecia pulsar na luz surreal da plataforma do metrô, cada célula de meu corpo presa no seu ritmo.

O conteúdo da mochila foi exposto — e eu sabia que era apenas uma revista sobre biologia desenvolvimental e 75 centavos para a tarifa do metrô —, e as memórias seguintes são fragmentadas. Uma explosão de palavras raivosas, a faca parecendo se contorcer com intenções incertas, e então de repente eu não estava mais passivo. Lembro de ter lançado meu braço esquerdo para cima e para fora, criando um espaço estreito para sair pela direita. Em minha próxima lembrança consciente, estou a quarteirões de distância, sem saber onde, correndo sozinho pela noite estrelada e fria.

Nas semanas seguintes experimentei uma alta energia, um borbulhar de raiva e euforia dentro de mim, sentindo meu peito como um gêiser que se prepara para uma erupção. Depois essa sensação se atenuou para uma ou duas semanas de uma leve pressão; e depois tudo se destilou para uma tranquila clareza — e finalmente... Nada. Tinha ido embora, para nunca mais voltar — um desvio menor, um passeio, um dia de viagem, real mas fraca dentro de mim, nunca irrompendo.

Quando considerei o estado de Alexander, parecia que o cérebro dele, diferentemente do meu, tinha sido preparado — um solo verdadeiramente em pousio, fértil e aguardando a semeadura. Mas até mesmo ele poderia ter escapado da mania, não fosse o 11 de Setembro; a mania tem um grande custo, e o cérebro de Alexander estabelecera um alto limiar, sintonizado para responder desse modo a uma ameaça aparentemente existencial ao grupo: toda a sua comunidade parece estar em risco, os invasores descendo sobre ela. Sua impassível odisseia do que é útil e bom terminara com torres em chamas, e sua transição, quando iniciada, foi rápida e segura, uma segunda puberdade, remapeando-o uma última vez. Hormônios esteroides de estresse percorreram seu cérebro como hormônios juvenis numa lagarta, varrendo para longe o retorcido e inútil estágio de tempos de paz, os antigos neurônios larvais se matando, involuindo — implacáveis, precisos, meticulosos. Entrando em mania — asas para a mente. Metamorfose.

Talvez me faltassem os genes, o temperamento, a paisagem mental para acelerar totalmente meu processo. Ou talvez minhas circunstâncias fossem diferentes das de Alexander; eu estava sozinho, o assalto fora dirigido apenas a mim, não a minha comunidade — e eu pude correr, precisando apenas de dois minutos de um perfeito borrifo de neuroquímicos relacionados com adrenalina para enfrentar a ameaça, apenas aquela elegante e sintonizada reação de luta ou fuga. Uma mudança estável de comportamento, durante semanas ou meses, não faria sentido. A mania, ao menos nesses casos em que sintomas e ameaças se alinham (como aconteceu com Alexander), mais parece ser uma fúria durável e social, por projeto ou por acaso prolongada para a defesa da comunidade com uma atividade direcionada a um objetivo, mas somente se for necessária uma nova maneira de ser, um estado elevado. Uma elevação do estado de espírito tem a capacidade de gerar energia para construção social[2] — pelo tempo necessário para construir fortificações quando se ouvem rumores de guerra, fazer migrar, durante semanas sem dormir, em direção à água um clã atingido pela seca, colher todo o trigo do inverno quando atacado por gafanhotos — com todo o ímpeto de uma carga positiva, esse sentimento de recompensa necessário para abolir temporariamente prioridades preexistentes, a fim alinhar todo o sistema interior de valores de uma pessoa para enfrentar a crise.

Mas, em nosso mundo, a mania é repleta de perigos: é danosa para o paciente e custosa para a comunidade; é a exceção, e não a regra, que os sintomas pareçam ser apropriados. Frustrada em nosso meio moderno por nossas intricadas convenções e regras rígidas, a borboleta-monarca incompletamente eclodida está aprisionada num invólucro rachado e endurecido — com as novas asas presas, começando a se rasgar no furioso esforço para emergir.

Enquanto conversávamos, eu podia sentir o quarto cheio de energia represada. Em sua irritação e agitação, Alexander, sem saber, estava fazendo surgir cenas imaginadas de sua vida em minha mente, que ganhavam raízes assim como a cena no avião na mente dele, não mencionadas, mas estranhamente claras e detalhadas. Deixei a visão crescer, e vi os olhos dele se abrindo em sua sala de estar — de volta à casa após sua odisseia em outubro — para um cão castrado deitado no tapete com a barriga estufada irritantemente exposta, respirando em estertores fora de sintonia com o Pachelbel que vinha do empoeirado estéreo. O cão era o Alexander dos últimos trinta anos: fraco, infértil, assíncrono. Teria surgido a necessidade de dar um salto e fazer algo — agir.

Sua mulher propôs uma excursão a um estuário na costa para passar um tempo tranquilo em meio à elegância das garças locais, mas o que na verdade importava a Alexander eram os picanços e as pegas-do-deserto, os predadores que sobrevoavam Mazar e Sharif. Convocado para servir, a hora de Kandahar chegara — marchar da Macedônia para o leste uma vez mais. Ele teria sentido um crescente turbilhão de fúria. Não, era de libido. Seus dutos teriam se enchido de fluido, todos eles, com o macio músculo ductal tensionando contra o que ele havia armazenado durante décadas. Espremendo o que ele tinha, o que tinha de dar. Forte como combustível de avião a jato.

Não havia um modo natural de deter o nascimento desse novo ser, assim como parar um parto, e a mania pode durar, sozinha, por semanas ou mais. Mas no hospital qualquer parto pode ser retardado ou estancado por algum tempo. Quando Alexander pediu para deixar a emergência, desencadeando apelos frenéticos de sua família, sob meus cuidados, sua liberdade foi tomada e os direitos civis temporariamente removidos. Assim, virtualmente amarrado num mastro, ele foi medicado com olanzapina — uma modulação de dopamina e serotonina para bloquear o canto de sereia da mania — e em uma semana estava, como dizemos, normalizando.

Mas havia uma sensação de que o resultado não era para ser aplaudido; a normalização dele não era uma vitória clara e nítida. Os comentários da equipe clínica nos rounds não eram de satisfação. Em vez disso, na sala dos médicos só havia conversas hesitantes e fragmentadas sobre o significado da mania, e sobre a ética da intervenção.

A mania não pode ser trivializada ou romantizada. Por mais interessante que seja esse estado — e por mais eufóricos que os pacientes possam estar, elevando o ânimo a sua volta com sua contagiosa crença no que poderia ser possível —, a mania é destrutiva. Nas pessoas vulneráveis, predispostas a transtorno bipolar, a mania frequentemente não é desencadeada por uma ameaça nem sequer chega perto de ser uma utilidade,[3] o que, sim, é imprevisível e pode ser acompanhada de psicose, de uma ruptura no processo de pensar, da catástrofe que é a depressão suicida, e da morte.

Qualquer avaliação da mania é hoje inconsistente, mas estados de energia incrementada são consistentes: uma herança comum da humanidade através de culturas e continentes. Nem todos esses estados se encaixam exatamente na mesma moldura. Variantes podem incluir *amok* na Malásia, um estado de intensa ruminação interior, seguido da ideia de estar sendo perseguido e de um frenesi de atividade, ou *bouffé delirante* na África ocidental e no Haiti, um estado de repentino comportamento agitado, excitação e paranoia.[4] Esses dois estados, e a própria mania como é vista pelo mundo, podem representar finas fatias numa estrutura multidimensional muito mais ampla e complexa, um agrupamento de possíveis comportamentos, de estados alterados. Culturas diferentes usam os próprios cortes transversais para descrever esses estados, cada um num ângulo distinto.

A evolução humana, claramente, não convergiu numa única e ideal estratégia para a sustentação de um humor elevado, se é que pode haver um. E muitos genes diferentes estão ligados ao transtorno bipolar. Contando a história de lutas passadas, na evolução humana, nossos genomas estão carregados de outras correções de primeira instância que ainda precisam ser refinadas. Em grande parte da medicina moderna, fora da psiquiatria, há muito tem sido possível perguntar, e até obter resposta, por que uma doença genética pode ser comum. Para explicar a persistência da doença sanguínea chamada anemia falciforme, por exemplo, podemos contar histórias de nossa coexistência com o parasita microbiano *Plasmodium malariae*, que evoluiu conosco, em adaptação a nossas células sanguíneas e sistemas imunes, num angustiante jogo de solicitação e resposta ao longo de milhões de anos.

A doença falciforme e as doenças relacionadas chamadas talassemias (seu nome clássico, devido a sua distribuição mediterrânea) são cargas carregadas por muitos seres humanos modernos que compartilham raízes genéticas periequatoriais, onde grassam o *Plasmodium* e seu mosquito vetor. Esse fardo assume a forma de mutações na hemoglobina, a proteína em nossas hemácias — ou glóbulos vermelhos do sangue — que fornecem oxigênio às mitocôndrias (assim como o *Plasmodium*, que uma vez foi um micróbio imigrante, nossas mitocôndrias são agora parceiras totalmente simbióticas de nossa sobrevivência). O *Plasmodium* vive em nossos glóbulos vermelhos se conseguir entrar, e essas mutações na hemoglobina trabalham contra um antigo inimigo, suprimindo a malária enquanto bloqueiam a disseminação de *Plasmodium* pelo sangue. No entanto, as mutações também trazem o risco de glóbulos vermelhos disformes que causam sintomas de doença: dor, infecção, AVC.

Como na fibrose cística, os portadores humanos com um gene mutante comumente não apresentam sintomas, e somente quando dois genes mutantes se juntam é que se cria o estado da doença falciforme. Mas, diferentemente daqueles que portam um único gene de fibrose cística (ao menos até onde sabemos atualmente), portadores de células falciformes (os não doentes portadores de apenas uma mutação) têm um claro benefício, a resistência à malária, o que revela uma dura barganha evolucionária: um alto preço é pago somente por quem tem duas cópias da mutação, para o benefício usufruído por outros, que têm apenas uma cópia e não sofrem da doença. Assim, essas mutações são medidas não equitativas, rápidos e contundente golpes, ainda competindo na tortuosa e lenta arena da seleção natural.

A lição das células falciformes é que a doença e os doentes, juntos, só fazem sentido no contexto da família humana e sua evolução. Embora nem sempre seja fácil aos cientistas discernir essas perspectivas, o simples fato de obter uma explicação tem sido importante, ajudando a nos libertar das garras do misticismo e da culpa. A psiquiatria, contudo, continuou sem esse insight. Mais consequencial do que qualquer outro tipo de doença em termos da imensidão da morte, da deficiência e do sofrimento causados pelo mundo, a doença mental, não obstante, permaneceu, dessa maneira, essencialmente inexplicada, e nenhuma explicação definitiva é possível agora.

A neurociência, no entanto, atingiu um ponto de ruptura. Pela primeira vez, explicações científicas para o que são biologicamente essas doenças parecem estar ao alcance — e assim como a célula falciforme, assim como tudo que se refere à saúde e à doença humanas, a prevalência da doença mental seria informada por considerações evolucionárias; como escreveu Theodosius Dobzhansky em 1973, em biologia nada faz sentido, exceto à luz da evolução.

Mas pensar em permutas entre sobrevivência e reprodução pode ser enganoso, se as perguntas feitas são ingênuas ou incompletas. Por exemplo, o dano de doenças psiquiátricas nos pacientes parece claro, mas quem seria o receptor do benefício evolucionário, se houver algum, que permite a esses traços persistirem? No caso da célula falciforme, os que recebem o benefício não são os mesmos que sofrem. Será esse também o caso das doenças mentais, o de que há algum benefício somente para parentes próximos? Ou, alternativamente, será que doentes mentais se beneficiam diretamente — em algum momento, de algum modo?

Devemos reconhecer que o mundo atual não poderia fornecer resposta — a evolução é lenta, enquanto as mudanças culturais são rápidas, e a sociedade não está perto de uma situação estável. Provavelmente, como resultado, não somos perfeitamente adequados para o nosso mundo. Mas há esperança de se chegar ao entendimento; esses nossos traços e estados provavelmente tiveram importância para a sobrevivência até muito recentemente, se é que não até o presente. O que não interessa para a sobrevivência desaparece rapidamente, deixando somente vestígios, pegadas na areia molhada dos genomas, desaparecendo nas ondas das gerações. Na linhagem dos mamíferos, genes da gema do ovo se perderam assim que o leite evoluiu (embora fragmentos quebrados dos genes da gema persistam ainda, até mesmo dentro de nossos próprios genomas).[5] Peixes e salamandras das cavernas — em colônias sem a luz do sol, isolados do mundo da superfície[6] — perderam seus olhos após gerações de escuridão, deixando uma pele esticada sobre órbitas no crânio, relíquias de um sentido não mais necessário.

Para compreender essa estranheza de sua forma, uma salamandra da caverna precisaria ter conhecimento de alguma coisa que está além de seu alcance conceitual — o mundo iluminado de seus ancestrais e o valor dos orifícios gêmeos em seu crânio: caminhos de acesso à informação num antigo mundo de luz, mas apenas vulnerabilidades em seu mundo moderno. Da mesma forma, profundezas inexplicáveis de nossos próprios sentimentos, e nossa própria fraqueza, também podem ser mais bem compreendidas no contexto da longa marcha para nossas formas atuais, mas pouco encontrando nas explicações do mundo atual. No entanto, é preciso ter cuidado: não só nos faltam dados, como também nossa própria imaginação é subjetiva, e nossa perspectiva é limitada e cheia de vieses. As fronteiras que separam o disfuncional do não disfuncional podem mudar, e se embaçar, e até se diluir e sumir quando nos aproximamos.

Atualmente é impossível ser definitivo no que concerne ao papel da evolução na doença mental. Mas, pensando em termos de psiquiatria, as origens humanas e a evolução têm de ser parte do quadro — assim como qualquer coisa na biologia refletindo conflitos e compromissos que surgiram, e foram testados, durante muitas gerações. Um puro caçador-coletor, há mais de 100 mil anos, pode não ter precisado da prolongada intensidade da mania, e teria se beneficiado de simplesmente cortar suas perdas e seguir em frente — de ameaça ou conflito — para novos panoramas além do horizonte. Mas, quando construímos — como temos feito mais recentemente, na forma de casas, fazendas, comunidades, famílias multigeracionais, cultura —, a ameaça existencial pode ser mais bem enfrentada com um elevado estado do ser, mesmo que insustentável.

A neurociência fez poucos progressos na compreensão da mania ou das síndromes do transtorno bipolar que formam um espectro de gravidade, todos compartilhando um estado semelhante ao da mania. Na verdade, a mania é não binária, e sim se estende em graus desde uma leve hipomania (um estado de espírito elevado e sustentável que não necessita de hospitalização) até manias espontâneas recorrentes (cada vez mais graves a cada episódio — até mesmo psicótico, com rupturas na percepção da realidade — terminando num estado semelhante à demência, se não for tratada).

Neurocientistas interessados em mania têm explorado certos tipos de células cerebrais que têm relevância quanto aos sintomas centrais. Por exemplo, neurônios com dopamina vêm atraindo a atenção por seu conhecido papel de orientar a motivação e a busca de recompensa[7] — elementos claramente superabundantes na mania, exibidos no notável sintoma que chamamos de "incrementado comportamento dirigido a um objetivo", e exemplificado nos numerosos projetos, investimentos, planos e energia do renascer de Alexander. Circuitos de ritmo circadiano também foram solicitados, já que uma das mais marcantes características da mania — também usada no diagnóstico, e proeminente no caso de Alexander — é uma profundamente reduzida necessidade de sono. Esse sintoma é especialmente interessante, uma vez que a mania por si mesma não faz dormir mal (nem causa os problemas correlatos que resultam do sono ruim ou da insônia, como letargia, sonolência e semelhantes). Na mania há uma verdadeira redução da *necessidade* de dormir — como experimentou Alexander — e mantém-se um alto funcionamento do cérebro e do corpo por períodos prolongados, com muito pouco descanso, feito ou requerido.

Serão então a dopamina e circuitos circadianos pistas incorporando caminhos que levam a esse mistério que é a mania? Em 2015 a dopamina e os aspectos circadianos foram reunidos por meio da optogenética.[8] Descobriu-se que camundongos com mutação no mecanismo de ritmo circadiano, num gene chamado *clock* [relógio], demonstram um comportamento que poderia ser interpretado como similar à mania, na forma de prolongadas fases com níveis de movimento extremamente altos. Descobriu-se que esse estado ocorre simultaneamente a fases de uma maior atividade de neurônios dopaminérgicos. Poderia esse aumento da dopamina ser causal, levando a níveis de movimento frenéticos no camundongo? Usando a optogenética, a equipe descobriu que o aumento da atividade dos neurônios dopaminérgicos poderia realmente induzir o comportamento tipo maníaco; e mais, a supressão da atividade do neurônio dopaminérgico poderia reverter o estado tipo maníaco do camundongo com o *clock* mutante. Estamos longe de uma compreensão profunda da mania, mas a optogenética ajudou a unificar dois principais mecanismos hipotéticos do circuito. Indo mais além, pode ser útil considerar que a população de neurônios dopaminérgicos não é monolítica, mas sim composta de muitos tipos distintos que podem ser identificados separadamente no início do desenvolvimento do cérebro de mamíferos;[9] futuros trabalhos podem permitir que se mire em subtipos específicos relevantes para a mania, como aqueles neurônios dopaminérgicos específicos que se projetam para regiões cerebrais envolvidas em gerar ações e planos de ação.

Que outros genes relevantes para a mania são encontrados em seres humanos? Transtornos bipolares são hereditários, e ocorrem fortemente em famílias, mas há poucos genes individuais que, por si só, podem determinar o transtorno — na verdade, pode haver dúzias de genes ou mais em que cada um contribui com pequenos efeitos, como o da estatura. Alguns desses genes apareceram, muito consistentemente, ao se escanear genomas humanos em estudos do tipo I bipolar — o tipo com manias espontâneas e graves, entre a mais fortemente hereditária das doenças psiquiátricas. Um desses genes é o ANK_3 que produz uma proteína chamada anquirina 3 (também conhecida como anquirina G), que organiza a infraestrutura elétrica do segmento inicial do axônio[10] — a primeira seção de cada fiação filamentosa de saída, aquela linha de transmissão de informação elétrica que conecta cada célula cerebral com seus receptores em todo o cérebro.

Essas mutações, que contribuem para causar transtorno bipolar em algumas pessoas, provavelmente levam a uma produção insuficiente de anquirina 3. Em 2017 foi criada uma linhagem de camundongos "nocauteados" — com anquirina 3 insuficiente.[11] Como resultado, esses segmentos iniciais do axônio estavam realmente mal organizados nos camundongos nocauteados, de um modo bem interessante. Sinapses inibitórias que normalmente estariam agrupadas nesse ponto crucial do axônio, atuando como amortecedores para inibir uma superexcitação, haviam desaparecido. E os camundongos demonstravam algumas propriedades do tipo maníaco: níveis muito mais altos de atividade física, em termos tanto de movimentação geral como de movimentos especificamente dirigidos para superar desafios estressantes — isto é, um comportamento direcionado para objetivos elevados. Surpreendentemente, esse padrão pode ser bloqueado nos camundongos mediante medicamentos, inclusive lítio, que são altamente eficazes para o transtorno bipolar em seres humanos.

Por mais interessante que seja o ANK_3 para psiquiatras e neurocientistas, nos seres humanos suas mutações não podem, sozinhas, explicar toda mania; e o transtorno bipolar, em geral, está longe de ser compreendido. Tampouco compreendemos a associação da mania com a depressão — o outro "polo" do transtorno bipolar. Manias frequentemente terminam em depressão profunda, e muitos pacientes passam de estados elevados para estados deprimidos: da mania para a depressão, ou da depressão para a hipomania e de volta — mas ninguém sabe por que, e os estudos do ANK_3 não oferecem uma resposta. Haverá um recurso neural de algum tipo que é consumido pela mania, levando a um escorregão para a depressão? Ou talvez, em vez disso, uma hipercorreção feita por um sistema responsável por desligar a mania quando a ameaça já passou, mas ocasionalmente ultrapassando a medida? Uma medida imprecisa, realmente — que no passado podia ser tolerada por nossa espécie como um todo, mas nem tanto por aqueles que viviam com isso.

A evolução da civilização é, de longe, mais rápida do que a evolução da biologia. A busca e o poder global de indivíduos através do espaço e do tempo tornam agora a hipomania e a mania mais perigosas e mais destrutivas. Certas figuras historicamente significantes têm, sem dúvida, como Alexander, carregado esse fardo, ou um parecido com ele, todas tentando enfrentar os desafios de seu tempo — e por breve momento encontraram-se indo para um estado de vigor, otimismo e carisma, que, visto de certa perspectiva, é uma expressão elevada daquilo que um ser humano pode ser. Mas deve ter ocorrido uma tragédia para muitas delas — e para Alexander, nascido no lugar e no tempo errados, não houve uma oportunidade segura para completar a metamorfose, para atender àquele chamado.

Ao receber alta do mundo alterado que é um hospital, como que deixando a terra de Oz, de Baum, todo paciente, de algum modo, parece estar recebendo um presente de despedida. Nos serviços cirúrgicos, alguns pacientes até recebem um coração novo. Como dizemos no hospital, em psiquiatria a maioria dos pacientes são como Dorothy — apenas querem ir para casa. Esse era o único caminho para Alexander: tratamento coagido, renormalização e liberação para voltar a sua comunidade — objetivo comum a todos que se importavam com ele.

No acompanhamento, um ano depois, a mulher de Alexander o descreveu como "melhor do que nunca". A sombra de sua doença tinha sido aquela escuridão que reluzia na luminosidade do *Ulisses*, de Joyce; a escuridão que a luminosidade não era capaz de compreender. Conquanto não fosse mais um maníaco, ele ainda não conseguia repudiar o estado no qual estivera imerso, nem suas ações nesse estado. Ainda não compreendia por que tínhamos agido como agimos. Achei que estava um pouco melancólico com tudo isso, mas, afinal, fora-lhe dado um modo de viver novamente com sua mulher, curtir a aposentadoria sem redirecionamento ou consequência e fazer suas caminhadas na colônia das garças.

3. Capacidade de carregar

> *Tonalmente, a voz de um indivíduo é um dialeto, ela configura seu próprio sotaque, seu próprio vocabulário e melodia, em desafio a um conceito imperial da linguagem, a linguagem de Ozymandias, bibliotecas e dicionários, tribunais de Justiça e críticos, e igrejas, universidades, dogma político, a dicção de instituições.*
> Derek Walcott, As Antilhas, fragmentos de memória épica, a conferência no Nobel (1992)

"Eu tive um teratoma em Paris", disse Aynur. "Começou de um óvulo em meu ovário, e dele brotaram dentes e neurônios vivos e tufos de cabelo, todos retorcidos juntos, crescendo em minha barriga. O médico francês extraiu o tumor, mas após a cirurgia era difícil para eu andar, ou me curvar, ou me sentar com as costas retas. Eu estava vivendo sozinha, e tinha de fazer tudo muito lentamente.

"Estava nesse estado quando recebi pelo correio, de minha mãe, uma carta estranha — com doze fotos de nossa cidade natal, sem explicação. Lembro-me de estar caminhando cuidadosamente pelo meu loft para dispor as fotos na mesa de meu desjejum.

"Senti alguma coisa do calor de casa. Era como se minha mãe estivesse me tocando fisicamente, estendendo sua mão através de toda a largura da Europa e da Ásia. As fotos mostravam cenas familiares, prédios amontoados ao longo das ruas, com nossas janelas arredondadas e varandas de ferro forjado, e pessoas se destacando vividamente contra os céus cinzentos do outono, como gotículas de tinta.

"As cores de nossas roupas... Você nunca poderia ver uma cena assim em Palo Alto. Vermelhos profundos, azuis ricos, amarelos realmente brilhantes — e todos os pigmentos da natureza —, o marrom-escuro da pele da nogueira, o roxo plumoso da tamargueira. Você deveria ter visto essas tinturas em nossas sedas, o tipo uigur, que chamamos de *atlas*, que significa seda graciosa. É macia, porém forte, usada em trajes de mulheres e fitas e panos de parede. O mundo deve saber de nossas sedas, pensei, mesmo se não souber mais nada sobre nós. E há estilos de cor semelhantes em nossas roupas de trabalho cotidiano, mesmo em jaquetas manufaturadas — roxo-claro, e pêssego e laranja e dourado, vestuário de produção em massa que recebemos em caminhões da capital, em Üramqi — é tudo o mesmo espírito, simplesmente nosso gosto, o contraste entre cores fortes.

"Mas havia um problema. Quanto mais eu olhava para as fotos e para a mensagem, mais eu sentia que havia algo estranho. Na breve carta de minha mãe não havia uma explicação, nem um comentário sobre as fotos — e as palavras efetivamente escritas eram apenas uma seca resposta a minha última mensagem.

"Eu lhe havia enviado por e-mail uma longa atualização a respeito de meu trabalho de graduação — e desde então não recebera notícias de meu marido durante duas semanas. Eu tinha perguntado a ela se deveria ir para casa para uma visita. Tornei a olhar a mensagem de minha mãe, e reli suas palavras: "Você não deveria vir. Ainda faz muito calor aqui, e você agora não está acostumada com isso. Faz muito tempo que você está na França, deve ficar aí". Mas na verdade era a França que estava tendo ondas de calor, eu já tinha reclamado com ela sobre isso. O verão daquele ano em Paris tinha sido mais quente do que nunca, e eu podia ver nas fotos que os garotinhos e garotinhas em casa ainda vestiam seus casacos de outono.

"Após alguns minutos, notei outra coisa: não havia homens jovens nas ruas. Muitas crianças, mulheres e motonetas. Mas todos os homens da idade de meu marido tinham desaparecido. Em todas as fotos.

"Lembro-me de que, em minha pressa para sair para procurar um café com internet aberto, quase caí na escada estreita que levava à rua chuvosa.

Uma dor pungente, de minha cirurgia, já começara a aparecer quando cheguei à porta de meu apartamento, mas só quando cheguei embaixo, na rua, eu percebi quão forte ela era. Não conseguiria tornar a subir. Nem sequer era capaz de andar.

"Lá na rua, em Paris, dei-me conta de quão profundamente estava machucada por dentro. Estava escuro, e as pedras do calçamento estavam molhadas. Minha família estava em perigo, e eu estava sozinha. Então descobri, quando não podia andar, que eu podia correr."

Aynur estava animada e exuberante, às vezes sorrindo largamente, de um modo que contrastava com o aspecto sombrio de sua história e com o constante *crescendo* de sofrimento físico e emocional. Comecei a me perguntar silenciosamente que processo natural no cérebro estabelece o timing para a tomada de consciência do sofrimento. Ao mesmo tempo, num fluxo paralelo de pensamento, eu estava secretamente estarrecido com as imagens que ela evocava. Era inesperado, sem esforço, e sua história emanava numa torrente que ia ficando rapidamente mais poderosa.

A percepção e a ciência de qualquer coisa, inclusive de nossos sentimentos interiores — a consciência, diriam alguns —, não podem ser simplesmente ligadas e desligadas, como se controladas por um interruptor. A percepção até mesmo da dor vai se reunindo, parecendo emergir ao longo do tempo, por uma trajetória em arco, de um momento para o outro.

Cada sentimento está intimamente entrelaçado — e talvez até idêntico — com crescimento, crista e diminuição da atividade cerebral. Essa escala de tempo abrange, em algum sentido, centenas de milissegundos, e, em outro sentido, milhões de anos. Sentimentos são, como pessoas, caminhos através do tempo.

Os elementos da subjetividade humana — o que todos sentimos em nossa mente consciente, e quando sentimos — só podem existir no mundo moderno na medida em que esses sentimentos causaram ações necessárias à sobrevivência lá atrás, no passado distante. Assim, tanto para Aynur quanto para mim, com nosso lares em extremidades quase opostas da terra, nossos sentimentos em comum tinham importância — e provavelmente também tinha importância o modo como eram sentidos muitos milênios atrás. O reconhecimento dessa conexão pareceu a mim uma espécie de graça concedida aos nossos antepassados há muito desaparecidos ao longo da fria expansão do tempo — e também parecia ser um conforto no presente: ter consciência de todos os parceiros nessa conversa em família e ver os sentimentos não como injeções clínicas de informação em nossa mente vindas do mundo exterior, mas sim como conexões recíprocas através da expansão dispersa e da longa história não escrita da família humana.

Na outra extremidade das escalas de tempo na biologia, assim como a vivência de Aynur na emergência de sua dor visceral, as experiências que residem em nós, como animais individuais, são também definidas por movimento no tempo — numa fração de segundo. Cada experiência consciente é dinâmica nessa escala de tempo. Ela se manifesta, atinge um pico e persiste — mantendo seu próprio ritmo, separada do estímulo que a fez acontecer.

A consciência precisa de um longo tempo para coalescer — centenas de vezes mais lenta do que a velocidade de sinalização elétrica de células cerebrais em isolamento —, questão de duzentos, e não de dois, milissegundos. Sempre que o mundo nos envia novos bits — uma picada de agulha, um som inesperado, um leve toque — passa-se quase um quarto de segundo para que apareça aquele intenso brilho de percepção consciente. Reflexos são diferentes — processos inconscientes podem ser muito mais rápidos —, mas a consciência, por algum motivo, precisa de mais tempo.

A experiência subjetiva individual, então — no momento de nossa consciência —, pode ser compreendida da perspectiva tanto da evolução quanto da neurobiologia como não representando apenas um despejo de dados do mundo exterior. As águas de montante no oceano sensorial externo não só se infiltram fundo como "juntam-se numa grandeza", como escreveu Gerard Manley Hopkins sobre a grandeza do divino — com um misterioso remoinho através dos pântanos interiores e vias navegáveis do cérebro, para se manifestarem final e completamente. Algo de especial está acontecendo.

Os neurocientistas vieram a conhecer esse estranho fato da consciência dos mamíferos a partir de muitos tipos de experimentos, a maioria baseados em medição direta da atividade elétrica no cérebro. Passam-se duzentos ou trezentos milissegundos até haver resposta a um estímulo,[1] um som ou uma luz inesperados, picos em nosso córtex — essa fina e enrugada cobertura de células que envolve o cérebro de todo mamífero como se fosse um xale.

Isso parece representar éons de silêncio não apenas para um fisiologista celular como eu (acostumado a pensar em escalas de tempo mais curtas, de apenas dois ou três milissegundos, através de sinapses e ao longo de axônios), mas essa longa demora é surpreendente também para não cientistas, para quem quer que tenha observado um gato caçar sua presa, ou um boxeador se esquivar de um jab, ou duas pessoas interagindo numa conversa animada — todos atuando em escalas de tempo muito mais rápidas. Parece que um boxeador treinado se desvia antes do que é aparentemente possível, reagindo a uma trajetória ameaçadora específica em menos tempo do que levaria se a consciência fosse requerida. E, especialmente, parece impossível haver interação social humana à luz desses números. Quão estranhamente lento seria, quão incompatível com o que somos, esperar quase um quarto de segundo para reagir a cada novo bit de informação falada — ou até mais do que isso, se envolver alguma consideração.

E isso apenas no que concerne à fala; ainda mais intrigante é a completude da interação social, com todos os seus fluxos de dados. E quanto à integração dos inputs visuais, tão ricos em bits, que transmitem as trocas de olhares, os movimentos da mão, as posturas? E quanto a cada tímida subangulação de um lábio, ou mudança na orientação corporal — no reconhecimento de cada estímulo visual essencial para a geração de uma resposta apropriada? Esses fluxos de informação precisam uns dos outros para fazer sentido, assim como pessoas precisam umas das outras para significar. E quanto às interações maiores: numa equipe, ou numa prefeitura? Grupos humanos estão repletos de desejos conflitantes, mentiras polidas ou malévolas, mudanças de alinhamento. Cada fluxo de informação não só ocorrendo simultaneamente como envolvendo os outros para gerar significado e exigindo constante reinterpretação e cointerpretação enquanto seus locutores — e seus modelos do mundo, e um ao outro — todos mudam com o tempo também.

Insights profundos têm licença para levar mais tempo e podem vir muito mais tarde — depois que toda a informação tiver chegado, após semanas ou meses de incubação, como uma lagarta em seu casulo de substância branca, abrigada na seda de axônios entrelaçados — até que um dia surge uma nova conscientização, irrompendo livre e completamente formada.

"Por mais três meses", contou-me Aynur, "a partir daquele momento, não tive contato com meu marido. Eu estava com tanto medo. Meus pais também estavam com medo, mas muito cautelosos. Mesmo quando eu finalmente conversei com eles numa chamada de vídeo, não disseram nada. Não consegui saber se meu marido estava vivo. Se eles tinham ouvido alguma coisa, não me disseram. Não pude perguntar diretamente sobre as fotografias — não sabia se seu envio tinha sido proibido ou se alguém poderia estar ouvindo nossa conversa. Mas é de esperar que uma mulher pergunte sobre o marido, penso eu. Teria sido muito estranho eu não perguntar. De qualquer maneira, não faria diferença se eu perguntasse a meus pais sobre ele. 'Não sabemos', eles respondiam a toda pergunta, e isso foi tudo.

"Tudo era desconhecido. Após dois meses, perdi a capacidade de dormir. Não era só o fato de não saber. É que não havia nada que pudesse ser feito quanto a isso. Eu não podia ajudar meus entes queridos. Estava paralisada. Estava sendo comida viva por dentro — não há nada semelhante a isso que seja possível compreender. Tudo era o oposto de sua vida agora, na qual você controla tudo.

"Alguma coisa havia rastejado para dentro de mim e começava a roer minha espinha e a me tornar oca de dentro para fora. Não havia nenhum conhecimento, nenhum poder, nada restava dentro de mim. Nada a fazer e ninguém a quem contar. Foi quando pela primeira vez comecei a pensar em suicídio.

"No entanto, cheguei a esse ponto lentamente. Acho que por etapas. Primeiro, dei-me conta de quão melhor seria enfrentar um medo real, um atormentador concreto. Lidar com um inimigo conhecido, mesmo a morte com prazo fixo, pareceria, em contraste, ser um paraíso. Cheguei a sonhar com essa morte, sonhando acordada, nos dias e nas noites do outono, e nas profundezas do inverno. Depois pensei em assumir um controle violento dela, em ser a pessoa que poderia estabelecer a data e o momento exatos, num passo final que ninguém seria capaz de evitar, e com isso assumir novamente o controle sobre mim mesma. E isso, uma vez concebido, era muito desejado.

"Não sei se estava deprimida. Penso que essa é apenas uma palavra que usamos quando ouvimos falar de suicídio. Sei que você gosta de usá-la em psiquiatria, aqui no Ocidente, em seu Ocidente. E tudo bem, pode chamar de depressão, se quiser. Claro que eu não estava feliz. Mas permita que eu lhe mostre uma outra maneira de olhar para isso.

"Nas plantações de algodão de meu lar, no nosso ocidente, o que você chama de Xinjiang, os agricultores têm alguns problemas com pulgões, e na escola os estudantes interessados em biologia — como eu — aprendemos sobre as vespas que o governo estava trazendo para exterminar os pulgões. Muitas crianças dos uigures foram orientadas para esse campo — o partido estava buscando novas formas de emprego para nosso povo, não porque se importasse conosco, na verdade, mas para evitar uma radicalização.

"Uma guerra de vespas como essa faz algum sentido — cada tipo de vespa é específico, restrito a uma espécie-alvo, de modo que há pouco risco de causar novos problemas. A vespa fêmea injeta seu ovo diretamente no pulgão que ela captura; o ovo passa pelo que seria seu ferrão, chamado ovipositor (às vezes também é injetado um paralisante), e depois do ovo nasce uma larva de vespa que vive no pulgão, e cresce, e come parcialmente suas entranhas, com o cuidado de não danificar os órgãos vitais do pulgão.

"Depois a larva da vespa irrompe do ventre do pulgão, mas ainda assegurando que ele continue vivo, e fica perto, debaixo dele, e tece seu casulo formando com o indefeso pulgão um escudo vivo — o pulgão está paralisado mas capaz de fazer alguns movimentos simples se algo se aproxima, para proteger sua invasora, defender sua assassina — até que uma nova vespa adulta emerge do casulo, e só então é permitido ao pulgão, finalmente, morrer.

"Assim, deixe-me fazer-lhe uma pergunta: se esse pulgão pudesse ficar ciente, chegar a compreender sua situação e escolher a morte primeiro, ele faria isso? Claro que faria. E se o pulgão pudesse assumir lentamente uma consciência, perceber e sentir toda a agonia de sua situação, como um humano é capaz de fazer, ao considerar a morte, você diria que o pulgão está deprimido? Eu acho que você diria, mas isso não mudaria nada — pois nenhum medicamento, nenhum tratamento concebível valeria a pena, mesmo se ele mudasse o sentimento interior.

"Isso não importa; são apenas palavras. Eu queria morrer, e planejei minha morte. É isso que importa."

Foi a essa altura que comecei a me dar conta da responsabilidade e do privilégio que me haviam sido oferecidos — ter encontrado esse ser humano e sua história. Eu não merecia isso, ser aquele a ouvir aquela história, mas o destino tinha criado um incrível cruzamento de tramas importantes — histórica, médica, emocional — naquele momento, no espaço e no tempo, e por isso eu não podia interrompê-la quando o tempo da consulta se esgotou. Deixei que sua história se desenrolasse completamente, suas imagens tomando forma dentro de mim, sua experiência conectando-se com o que eu sabia na ciência e na medicina.

Desde o momento de nosso primeiro encontro, Aynur estava completamente à vontade, e parecia compelida a compartilhar ricas histórias pessoais, adotando um estilo interpessoal mais condizente com encontros de antigos colegas de classe numa reunião na escola. Isso por si só poderia ser uma bandeira vermelha, tanto para o paciente como para o terapeuta — e sua interação —, mas acabei não achando nenhum indício nela, ou em mim mesmo, daquilo que um psiquiatra poderia procurar em casos assim. Por exemplo, nunca identifiquei padrões interpessoais vividos por ela que eu pudesse estar evocando — um professor de formação, ou um irmão mais velho, ou um médico local — nem percebi qualquer padrão em minha própria vida que ela pudesse estar suscitando em mim. Isso é sempre um risco, o paciente e o psiquiatra encaixando em papéis e evocando sentimentos de experiências passadas — frequentemente um problema, e às vezes uma solução, em relacionamentos terapêuticos.

Tampouco havia em Aynur indícios de transtornos de personalidade ou humor. Traços de personalidade borderline e histriônica estariam perto do topo da lista, a princípio — juntamente com hipomania, esse estado estavelmente elevado no espectro do transtorno de humor —, mas não havia nada que os corroborasse. Aynur simplesmente apresentava suas narrativas intensamente pessoais numa moldura natural de amizade, num enquadramento social de uma pureza e um engajamento que eu jamais tinha visto ou imaginado, numa fala rica e texturizada com anedotas, tudo isso, de certa forma, numa língua que ela não dominava bem, num país que tinha conhecido fazia menos de um ano.

Aynur me parecia ser um arquétipo do estado social que nossa linhagem, para permiti-lo, teve de desenvolver, e, enquanto a ouvia. eu pensava nos custos incorridos — a conta metabólica paga todo dia, os recursos cerebrais alocados em cada indivíduo — para que esse estado fosse possível, e também onde tudo isso começou para os mamíferos sociais, em nossa ancestralidade, talvez nas tropas dos primeiros primatas. Penso que esses custos tenham sido substanciais, já que não há nada tão incerto, e portanto tão desafiador para ser computado, quanto a interação social em biologia — nem mesmo a caça a uma imprevisível presa. O gato não pode prever qual direção o rato vai tomar, mas as possibilidades não são, nem de perto, tantas quanto as que existem numa interação humana. E sem agendas ocultas — o rato quer viver, mas que diabo quer o interlocutor numa conversa? E, é claro, o rato comumente só pode expressar em duas dimensões sua compulsão por viver, correndo no plano do solo. Da mesma forma que para o boxeador só existem uma mão esquerda e uma direita com que se preocupar, e certas sequências e trajetórias para cada uma delas.

Mas o cérebro social precisa de um novo modo de funcionar, ainda exigindo rapidez, mas também operando em um número enorme de dimensões, funcionando num regime em que um pouquinho de informação nova — qualquer desvio do modelo atual, talvez captado e codificado em apenas umas poucas células — seria capaz de dar ao observador uma dica de um modelo melhorado do outro indivíduo, e à interação uma dica de uma linha do tempo mais previsível. Mas, também, o cérebro do observador não deveria ser superexcitável, e deveria, na verdade, resistir a algum ruído no sistema que pudesse causar uma mudança para um modelo incorreto. Ainda seria importante suprimir a ignição espontânea de uma percepção falsa, de uma perspectiva danosa que pudesse surgir de centelhas aleatórias de um disparo neural.

Assim como qualquer coisa em biologia, a importância desse processo pode ser avaliada pelas consequências de sua ausência. Conhecemos a barreira, a falta de conexão — distância e desconfiança — quando um contato visual é, até mesmo só por um instante, breve demais. Mas um efeito arrepiante também surge de um contato visual um segundo mais longo, se não for acompanhado de um sinal social de calor. Uma precisão temporal é claramente essencial, tanto para a interação social quanto para qualquer outra coisa em biologia — pressionando severamente o circuito responsável por impor o estranho e pesadamente lento ritmo da consciência, aquele retardo de duzentos milissegundos.

Uma possível solução para acelerar esse toma lá dá cá seria uma pré-modelagem, uma inconsciente antecipação de possíveis eventos no cérebro. Essa façanha seria alcançada se o ser social dispusesse de muitos modelos do mundo — e do parceiro social — funcionando ao mesmo tempo sob a superfície, que previssem as ações e os sentimentos do outro, bem longe no futuro.

Uma função-chave — talvez a função mais importante — do córtex dos mamíferos é a de resolver esse problema de previsão, acionar modelos do presente e do futuro, reunindo o máximo possível de informação contextual do mundo para informar esses modelos. Ao mesmo tempo, o sistema cortical teria de detectar com grande sensibilidade até mesmo pequenas surpresas — desvios do modelo atual que indicassem a necessidade de pular para outro. Executar esses incontáveis modelos paralelamente tornaria desnecessário calcular e desenrolar uma linha do tempo nova na mente consciente a cada novo acesso a um pouquinho de informação, já que cada modelo proveria e prescreveria ações, respostas, bifurcações adentrando o futuro — movimentos e contramovimentos — em muitos intervalos de tempo, num *hyperchess** condicional da mente social.

A energia computacional requerida no cérebro para acionar constantemente esses modelos inconscientes preditivos seria imensa. Talvez esse elemento descartável seja o recurso do circuito neural que se exaure rapidamente num introvertido ou em pessoas — a maioria delas — que se cansam da prolongada interação social. Por outro lado, pessoas com recursos especialmente profundos para esse estado cerebral seriam os verdadeiros extrovertidos, vicejando num constante contato humano — como Aynur, como ficou claro até mesmo na fase inicial do tempo que havíamos programado, no que seria supostamente uma avaliação normal e rápida, uma espécie de check-in ocasionado por sua breve tendência ao suicídio quando estava vivendo na Europa. Foi uma entrevista singular em minha experiência — não só devido às lancinantes circunstâncias de sua vida, mas também por sua disposição intensamente social — e no cerne disso tudo estava um ser humano que tinha querido morrer.

"Parece que há duas maneiras que podemos escolher para fazer isso", disse Aynur. "Em minha cidade natal os prédios não tinham altura suficiente para fazer com que o salto do alto de um deles levasse à morte certa, mas em Kashgar isso é possível, e certamente em Paris. A outra maneira, bem, a seda *atlas* é muito forte. Eu tinha muitas faixas e pode-se facilmente empilhar tijolos

---

* Variante do jogo do xadrez, com movimentos diferentes das peças. (N. T.)

ou livros e derrubá-los com um chute, debaixo de uma viga, ou talvez de uma treliça, num jardim ao ar livre.

"Por que não fiz isso? Acho que por causa de minha mãe. Mesmo se eu fosse obrigada a desistir de todos os meus sonhos como cientista, e só pudesse ter um pedaço de pão por dia pelo resto de minha vida, eu aceitaria isso, se pudesse estar com minha mãe.

"Os parisienses dizem que são mais sociáveis do que os americanos, e eles são, de algumas maneiras — passam muito mais tempo com suas famílias e seus amigos. Mas nada como os uigures. Você vai rir, mas, após meu casamento, eu ainda dormi entre meus pais, na cama deles, durante meses, como tinha dormido toda a minha vida até então. Isso seria impossível em seu Ocidente — algo não aceitável por parte de uma mulher, ou pior do que isso. Mas mostra como nos sentimos próximos uns dos outros. Eu não poderia dar cabo de minha vida por causa de minha família, porque não seria capaz de ferir aquelas pessoas tão próximas de mim. Não poderia assassinar esses relacionamentos com minhas próprias mãos.

"Assim, segui em frente, sozinha em Paris, corroída por dentro, e então, quando de algum modo eu ainda estava viva três meses depois, num inverno abissal, eles soltaram meu marido, e ele conseguiu fazer contato comigo. Como todos os homens jovens de lá, meu marido tinha sido enviado a um campo de concentração. Deve haver outra palavra para isso em inglês, não sei, já que ele não foi morto, não de verdade.

"Quando o soltaram, ele ligou para mim, tivemos uma conversa por vídeo. Estava muito mais magro, a cabeça raspada, a voz muito fraca. Não sei se tinha sido torturado, mas estava tão mais quieto, ainda mais oco do que eu, e não me contaria o que havia acontecido. Disse-me que estava sendo levado para Xinjiang, para trabalhar em cidades mais próximas à costa. Foi tudo o que conseguiu dizer, seria transportado para o leste, e não tinha certeza se ou quando nos encontraríamos novamente. Essa é a situação agora, ele vive como numa concha, fazendo movimentos toscos.

"É assim que ainda estão as coisas, na maior parte. Isso foi no ano passado, antes de eu transferir meus estudos de Paris para cá, quando o governo ainda negava que esses campos existiam. Este ano eles estão admitindo sua existência, mas os chamam de centros educacionais. Pessoas são enviadas para lá por não terem aprendido e pronunciado o juramento de lealdade em mandarim. Ou por serem hipócritas, terem duas caras, como eles chamam — dizendo todas as palavras corretamente mas de algum modo não demonstrando em suas ações a paixão esperada, ou um profundo comprometimento com o Estado.

"Ah, e eles derrubaram as mesquitas na cidade, enquanto os jovens estavam nos campos."

Como Aynur era minha última paciente naquela manhã eu não tive de interrompê-la para ver outro paciente, apenas precisei sacrificar minha hora de almoço — decisão fácil de tomar. Minha avaliação, havia muito tempo, era clara, e completa: ela só tivera problemas no passado — sintomas de ansiedade e um transtorno de ajustamento devido a eventos extraordinariamente estressantes na vida —, sem um diagnóstico psiquiátrico atual. Num paciente que tivesse dificuldade cognitiva em domínios fora do social (Aynur não tinha nenhuma, e estava trabalhando para o pós-doutorado em biologia evolucionária) e mostrado certas características faciais, eu teria considerado a síndrome de Williams, um transtorno de deleção cromossômica. Apesar da ansiedade e da deficiência cognitiva, pacientes com síndrome de Williams podem parecer extremamente adaptados socialmente[2] — exibindo narrativa rica e expansiva e um vínculo pessoal imediato (embora de profundidade incerta) até mesmo com estranhos.

A síndrome de Williams ainda é misteriosa até hoje e fascinante. Mas minha especialidade clínica era mais focada em cuidar do outro extremo da aptidão social — tratar seres humanos em estados cerebrais menos inclinados a interação social e menos proficientes nisso, no espectro do autismo. Essa foi uma de minhas duas paixões clínicas (juntamente com o tratamento da depressão). Desde os primeiros dias de minha prática médica, quando pela primeira vez saí do período de residência como psiquiatra assistente, a equipe clínica da triagem estava instruída a encaminhar a meus cuidados pacientes que precisassem de avaliação para um possível diagnóstico de autismo. Também pedi à equipe de triagem que me enviasse pacientes com casos desafiadores — pessoas já diagnosticadas nesse espectro, mas com complicações, por um ou outro motivo, e encaminhadas por médicos externos (o mesmo processo que trouxe casos de depressão para minha clínica). Desse modo, seguindo o mistério das doenças subjacentes, fui me tornando um médico especializado em dois transtornos quase intratáveis com remédio: autismo e depressão resistente a tratamento.

Sabendo que não existia tratamento médico para o autismo em si, eu buscava ajudar, de algum modo, uma grande e cada vez mais subatendida população: pacientes de autismo adultos, não mais sob os cuidados de seus médicos pediatras. Esses pacientes quase sempre sofriam de condições tratáveis que ocorrem junto com o autismo — comorbidades, como as chamamos, tal como a ansiedade. Minha consideração ao dar início a essa clínica foi que esses transtornos eram com frequência profundamente afetados, e certamente moldados, pelo próprio autismo, e assim poderiam ser mais bem tratados por um médico com alguma especialização em função social alterada.

O autismo severo é definido por uma incapacidade, parcial ou total, de usar a língua. Mas o autismo na extremidade mais "alta" do espectro — socialmente ainda o inverso do estado de Aynur, embora com boas aptidões para o uso da língua — também vem com seus próprios desafios. Como esses indivíduos no espectro do autismo têm uma compreensão social prejudicada, eles podem enfrentar dificuldades ao viver sua vida. Com a aptidão para língua e a inteligência geralmente intactas, e com uma típica (ou até mesmo excepcional, no mundo moderno) aptidão para ter um emprego, prossegue a interação com a comunidade mais ampla, mas essa interação pode ser confusa e provocar intensa ansiedade, levando, em alguns casos, a novos e sérios sintomas.

O âmbito social e a sociedade em geral — dominados como são pelos caprichos do comportamento humano — podem ser um mistério, até mesmo um campo minado, para esses pacientes com autismo. Como aquela pessoa sabia o que dizer exatamente naquele momento? Como é que se chega a um consenso num grupo? Para onde se espera que eu olhe quando essa pessoa está falando? Para esses pacientes, o inferno pode realmente ser — como observou Sartre — os outros.

Pessoas são sistemas complexos, mas sistemas complexos por si só não constituem problema para esses pacientes, nem mesmo sistemas complexos que mudam com o tempo — enquanto a dinâmica for previsível. Linhas de código, um trem se movimentando ao longo de um trilho uni ou bidimensional num quadro de horário, a entrelaçada arquitetura de rua de uma cidade, conquanto complexos, podem ser atraentes em virtude de sua previsibilidade, especialmente para pessoas que vivem com autismo. Por outro lado, a imprevisibilidade — exemplificada na interação social — pode ser altamente aversiva, especialmente para os que estão nesse espectro,

A compreensão do sentido exato no qual a interação social pode causar mal-estar, pensei, é importante para a subjacente neurociência, e para ajudar seres humanos que vivem com autismo (todo o espectro que fica no polo oposto da aptidão social da síndrome de Williams, e de Aynur). Será que a evitação social no autismo não resulta da exaustão de algum recurso computacional ou energético, e sim surge de um medo da incerteza, ou de outras pessoas? Ou talvez haja algo mais sutil e difícil de expressar em palavras que funcionem aqui. Para mim, esta última possibilidade salientou a magnitude do desafio do autismo: como pacientes já limitados em expressão linguística vão nos contar o que está acontecendo por dentro, se nem mesmo nós somos capazes de pôr isso em palavras — e, pior, se as palavras nem sequer existem, de qualquer maneira?

Há muito tempo tenho aproveitado a oportunidade de falar com meus pacientes com autismo de alto desempenho e boas aptidões de linguagem. Após construir uma aliança terapêutica durante meses de trabalho com eles como pacientes externos e tratando de suas comorbidades tanto quanto possível, eu fazia, em consultas clínicas de acompanhamento, perguntas sobre a natureza de sua experiência interior. Mas por onde começar? Eu não podia simplesmente pedir aos pacientes que explicassem seu autismo. Em vez disso, comecei de maneira simples e concreta: perguntando aos pacientes sobre sua experiência de um único sintoma físico. De todos os traços comportamentais nos transtornos do espectro do autismo, evitar o contato visual era para mim o mais impressionante, e talvez pudesse ser o mais esclarecedor: às vezes uma breve cintilação de contato, depois os olhos flutuam e escapam, como codornas afugentadas — para o chão, para o lado.

Um paciente chamado Charles me deu a resposta mais clara sobre esse sintoma. Jovem especialista em tecnologia da informação, ele tinha o que costumávamos chamar de síndrome de Asperger — no espectro do autismo, mas com excelentes aptidões de linguagem — e uma extrema e proeminente tendência a evitar contato visual. Em minha clínica, passei dois anos tratando sua ansiedade (com sucesso, no sentido de que ele não mais sofria de ataques de pânico e de ansiedade no local de trabalho). Ao mesmo tempo, porém, não houve o menor vislumbre de mudança nos sintomas do autismo, inclusive em seu padrão de contato visual. Certa manhã, eu perguntei a ele: "Qual é a sensação quando você faz um breve contato visual? Isso o faz se sentir ansioso ou temeroso?".

"Não", disse ele. "Não tenho medo."

"É avassalador?", perguntei.

"Sim", disse Charles, sem hesitar.

"Fale-me sobre isso, Charles, se puder."

"Bem, quando estou olhando para você e falando, se seu rosto muda eu tenho de pensar no que isso significa, e como devo reagir a isso e mudar o que estou dizendo."

"E depois disso?", pressionei levemente. "O que exatamente faz você desviar o olhar?"

"Bem", disse Charles, "depois isso sobrecarrega. Sobrecarrega o restante de mim."

"Então é como se fosse informação demais, e isso o faz se sentir mal?"

"Sim", disse ele imediatamente, "e se desvio o olhar é mais fácil."

Para mim, como neurocientista e psiquiatra, foi um momento transcendente. Embora tivesse diante de mim um paciente com um caso grave de evitação de contato visual e claramente suscetível à ansiedade, tinha-me sido permitido ouvir algo que poucos cientistas tiveram o privilégio de saber inequivocamente: que a questão do contato visual não se devia à ansiedade. Essa conclusão era fortemente sustentada pelos destinos totalmente separados dos dois sintomas (ansiedade e contato visual) que estavam sob meu tratamento — um foi curado e o outro em nada foi afetado. Para aquele paciente, pelo menos, essa separação entre ansiedade e contato visual também foi confirmada diretamente por sua própria descrição, nas palavras de um ser humano tão precisamente posicionado no espectro do autismo a ponto de ser fortemente sintomático, e ainda assim, fortuitamente, verbalmente expressivo o bastante para compartilhar sua experiência interior. Para mim, de algumas maneiras, esse momento único justificava toda a progressão da carreira que eu havia escolhido, e os anos a mais de treinamento para mestrado e doutorado, todo o sofrimento e os desafios pessoais no estágio, todas as chamadas noturnas como pai solteiro, preocupado em deixar meu filho sozinho. Só isso já era o bastante.

Em vez de ansiedade ou medo, um processo muito mais interessante, e sutil, parecia estar acontecendo. O cérebro de Charles estava detectando sua própria inaptidão para acompanhar o fluxo dos dados sociais — mas consciente de que deveria acompanhar, de que era uma situação na qual o processamento dos dados era essencial. E mais: seu cérebro tinha criado uma conexão desse desafio informacional com um estado interior subjetivo de valência negativa, o estado de se sentir mal.

Os mistérios permaneciam, como sempre. Por exemplo, esse sentimento negativo era inato ou adquirido? A conexão entre taxas elevadas de informação e o se sentir mal poderia ter sido ensinada pela vida, condicionada, com o tempo, por repetidas e emocionalmente difíceis falhas na interação social. Ou estaria essa aversão presente desde o início de sua vida, sem treinamento? Será que o sentir-se mal era um mecanismo evolucionário que ajudava as pessoas a se esquivarem da torrente de dados, orientando-as a se desengajar de uma participação plena em situações em que outros estariam esperando uma resposta correta aos dados, e cujo fracasso teria consequências sociais — até mesmo danosas? Seria então essa sensação desagradável simplesmente desencadeada pela imprevisibilidade do fluxo de dados — essencialmente uma resposta à alta taxa de informação em si mesma?

Essa era uma ideia que poderia importar, um possível insight que fora oferecido exatamente do paciente certo — nascido no polo oposto ao de Aynur, mas ainda verbal o bastante para nos contar sua história.

"É tão injusto", continuou Aynur. Somos pessoas boas. Não somos próximos apenas de nossos familiares. Se temos hóspedes em nossa casa, nós os colocamos na cabeceira da mesa de jantar. A qualquer visitante, não importa quem, é oferecido esse lugar de honra. Isso nunca poderia acontecer na Califórnia — tampouco na França. Para mim é engraçado ver como vocês são. É como se vocês tivessem medo de que o hóspede fosse tirar a casa de vocês.

"Vocês realmente ficam preocupados com isso? A casa é sua. Ninguém vai tirá-la de vocês. Se temos um hóspede, nós lhe damos, naquela noite, o melhor assento. E isso cria um laço forte. Há muita força nesse gesto, que não custa nada e cria uma conexão profunda que vai durar para sempre.

"Eu me pergunto se essa parte de nossa cultura é interpretada como fraqueza. Mas não são só os uigures, todas as comunidades agem assim, na cadeia de assentamentos por toda a parte central do continente — nós a chamamos de Rota da Seda, e vocês também chamam assim, eu acho —, mas creio que foi assim que sobrevivemos, porque pudemos ser uma cultura social. E somos fortes de muitas outras maneiras — não só em laços sociais. Quando eu tinha treze anos, lutei sozinha com sete garotas han.

"Estávamos em nosso dormitório e elas estavam conversando. Eu sabia que elas não cogitavam que eu as pudesse entender. Eu sempre compreendi outras línguas muito mais do que as pessoas imaginavam — estudei mandarim, francês e inglês, cada uma delas em semanas, só ouvindo e observando. E essas garotas estavam reclamando que alguém tinha deixado um prato de comida do lado de fora, na área comum, e estavam me culpando. Depois, uma que estava no banheiro, diante do espelho, penteando o cabelo, disse algo terrível sobre minha família, meus entes queridos, que ela nunca conheceu, e falou que minha mãe cheirava mal. Eu desci num pulo do beliche e arrastei a garota pelos cabelos para fora do banheiro. As outras todas pularam em cima de mim mas ficaram surpresas, até eu me surpreendi, por eu ser mais forte do que todas elas juntas. Até aquele momento eu não tinha ideia de que minhas pernas fossem tão poderosas. Elas caíram sobre mim como gotas de chuva, uma tempestade que passou rapidamente — e nunca mais ouvi uma palavra rude naquele ano.

"Hoje sinto-me culpada em relação àquelas garotas. Eu agi com violência primeiro. Parecia que eu tinha de defender minha família, mas agora tenho o dobro da idade, e percebo que elas eram apenas crianças. E talvez eu tenha piorado as coisas, talvez tenha prejudicado a percepção que elas tinham de nossa cultura. Os han são pessoas boas, e não os culpo pelo governo que têm. Mas agora me pergunto até mesmo se existe um caminho em frente para eles, para seu país, para seguirem uma nova direção, não serem mais parte desse sistema. Será que podem evoluir para melhor ou caíram em algo do qual não existe escapatória?

"Depois de começar o meu mestrado, estudei mais sobre os pulgões e aprendi a história das vespas, animais muito bem-sucedidos que se distribuem em mais espécies do que qualquer outra ordem de animais na terra. De onde vem esse sucesso? Você sabia que formigas, abelhas, vespas e vespões vieram todos da mesma vespa ancestral, no tempo dos dinossauros, quando uma pequena mosca comedora de planta, como a mosca-serra, nasceu com uma estranha mutação que fez com que seu ovo fosse mais facilmente depositado em animais, através de seu ovipositor, esse tubo para depositar ovos parecido com um ferrão? E naquele momento ocorreu uma incrível irradiação de animais a partir de um ancestral, porque ele era poderoso a ponto de ser capaz de depositar ovos em qualquer ser vivo — numa aranha, num pulgão, em outra vespa.

"Aquela cintura de vespa incrivelmente fina, como um fio de cabelo[3] — o minúsculo conector que liga uma parte do corpo à outra — foi criada por uma mutação casual. Depois a seleção natural assumiu o processo, acelerando a expansão das espécies de vespa — a disseminação da "vespicidade" —, usando aquela cintura fina para permitir que houvesse contorções do corpo, para posicionar e orientar ovipositores cada vez mais longos, alcançando larvas de besouros bem fundo nas árvores, fundas cavidades dentro do corpo de grandes lagartas.

"Porém a mais surpreendente parte final dessa história, e que aqui importa, é que vários ramos da família das vespas — formigas e vespões e abelhas, todos os grupos sociais — mais tarde saíram desse ciclo vital,[4] abandonando completamente a deposição parasitária de ovos em outros organismos que tinha feito com que eles fossem o que eram. Na evolução, partes complexas do corpo são facilmente perdidas se não forem necessárias e jamais são recuperadas; é raro que organismos que foram uma vez parasitários e evoluíram para planos de corpo extremamente reduzidos escapem desse buraco evolucionário. Mas esses escaparam de maneira diferente, ao serem sociais, ao dependerem uns dos outros. Encontraram uma forma de viver juntos — e o comprometimento com esse modo de vida social os libertou.

"Eles ainda mantêm essa muito reduzida cintura de vespa — dá para ver isso nas formigas, e muito claramente nessas jaquetas amarelas* que existem aqui — embora não precise mais ser tão fina. A cintura da vespa é uma marca de seus ancestrais, mas seus ovipositores se converteram em ferrões para defender sua família. Elas usam poderosas estruturas e ligações sociais para cuidar de suas larvas e não precisam mais introduzir sua cria em outro ser vivo.

"Sabia que levou 50 milhões de anos para as vespas conceberem como viver em grupos, até mesmo grupos familiares? Comportamento social é uma coisa difícil. Antes disso, só 17 milhões de anos tinham sido gastos na invenção da

---

* *Yellow jacket*, jaqueta amarela, é uma espécie de vespa predatória da América do Norte; apesar de diferirem das *wasps*, "vespas", são referidas também como vespas em outros países. (N. T.)

cintura da vespa, e depois só mais 30 milhões de anos foram necessários para transformar o ovipositor num ferrão (aliás, é por isso que a maioria das abelhas são fêmeas: o ferrão surgiu daquele órgão reprodutor feminino, o ovipositor, e assim somente as fêmeas podem defender a família) — mas, mesmo então, o desafio social ainda não tinha sido resolvido.

"Depois de desenvolver o comportamento de paralisar hospedeiros com veneno, e depositar ovos neles ou perto deles — onde quer que acontecesse de o animal hospedeiro cair —, levou 50 milhões de anos para desenvolver níveis mais elevados no transporte do paralisado hospedeiro para um lugar seguro e oculto, e construir um ninho onde os jovens se desenvolveriam, e se expandir para outros tipos de recursos alimentícios que exigiam mais trabalho, como pólen e folhas, e finalmente defender o ninho como um grupo, como uma família.

"Comportamento social é raro, e muita coisa tem de acontecer ao mesmo tempo para que ele funcione — começando com prolongados cuidados com as crias, mas depois o sucesso é contingencial e ainda depende de muitos outros fatores, todos precisando, de algum modo, ser atendidos juntos —, como ter um ferrão pronto para defender o grande investimento do grupo social. E quando tudo está no devido lugar e funcionando, um mundo inteiro — o mundo inteiro — se abre."

Nesse ponto Aynur fez uma pausa. Isso era raro com ela. Descruzei minhas pernas e sentei-me um pouco mais ereto, juntando as mãos em meu colo.

"Tive um sonho difícil sobre um bebê", disse ela finalmente, "depois que cheguei na Califórnia." Ela parecia estar lutando com a memória.

Eu lhe dei algum tempo, evitando o risco de redirecionar o fluxo de seu pensamento mesmo que levemente. Enquanto esperava — como não era um especialista em insetos — fiquei pensando em mamíferos, cujas estreitas interações entre pais e prole poderiam ter servido como um guia para a criação do comportamento social em nossa linhagem também. Naquele mesmo ano de 2018, pesquisadores que estudavam a paternidade em camundongos tinham usado a optogenética para desconstruir essa complexa interação[5] — encontrando conexões neuronais individuais que controlavam suas subcaracterísticas, inclusive projeções através do cérebro que proviam motivação para uma busca desesperada pelas crias, contra outras projeções que orientavam as ações efetivas de cuidados com as crias —, cada ação poderosamente governada por uma conexão diferente através do cérebro, irradiando-se de um ponto de ancoragem, assim como tínhamos descoberto na junção das diversas características da ansiedade, cinco anos antes.

A intensa e antiga díade parental havia criado esses fundamentos de circuito neural, os quais podem ter sido usados novamente para novos tipos de interações sociais. Um inseto que é capaz de cuidar de suas crias talvez mais facilmente se torne um inseto capaz de cuidar de seus parceiros de ninho — e a mesma ideia poderia se aplicar a um camundongo, ou a um dos primeiros primatas — ao se dar um novo propósito aos mesmos circuitos neurais. E todas essas técnicas de cuidar das crias, de um bom exercício da parentalidade, também podem ter surgido primeiramente de um redirecionamento do propósito de circuitos (essa reciclagem parece explicar muita coisa quanto à evolução) — nesse caso inserindo o outro indivíduo, a cria, na própria estrutura de necessidade e de motivação, criando dentro de si uma simulação residente, como um truque para usar os processos internos próprios a fim de rapidamente modelar e inferir as outras necessidades.

Mas um comportamento social não familiar pareceria ser fundamentalmente mais complexo, pois nas famílias as motivações tanto do cuidador como da prole permanecem — em sua maior parte — certas e constantes. Em contraste, o desafio mais interessante de uma verdadeira interação social não familiar é o de manter um modelo interno que muda rapidamente, a cada poucas centenas de milissegundos, para prever ações de outro ser que têm objetivos altamente incertos. E embora muitos mamíferos demonstrem um comportamento social não familiar, ele é um frágil constructo; de leões a suricatos e camundongos, mamíferos sociais frequentemente estão a poucos momentos de se matar uns os outros.

"No sonho, eu era eu mesma", continuou finalmente Aynur, "um ser humano normal como você. Eu era também uma progenitora, o que era estranho — a única coisa que carreguei dentro de mim na vida real foi um teratoma. Mas os bebês também eram diferentes no sonho — nasciam menores do que um polegar, mais como um pinhão, minúsculos e quase sem cabelos, como os bebês marsupiais que surgem pela primeira vez quase como se fossem pequenas gotas de um líquido cor-de-rosa com patas dianteiras, nascidos já com destreza o bastante para se arrastarem ao longo do pelo da barriga da mãe e encontrar leite e sobreviver.

"No sonho, todos os bebês humanos eram assim, só que muito mais indefesos. Se você fosse um progenitor humano nesse mundo, claro que não teria bolsa, nem pelo em sua barriga, e o trato seria, aparentemente, que se você tiver um bebê terá de carregá-lo em suas mãos.

"Os bebês eram tão pequenos que pareciam ser todos iguais, como são os embriões. Mas, se tivesse alguns, você saberia, decididamente saberia, que eram seus — em parte porque não poderia abandonar seus bebês, assim teria de tê-los sempre consigo e carregá-los em suas jornadas, aonde quer que levasse seu caminho, ao longo da praia, do lago, ou atravessando a taiga, carregando suas pequenas gotas de calor humano.

"Em meu sonho eu perdi meu bebê no chão da floresta. Não sei como ele me escapuliu, nem quando. Tentei procurá-lo ao longo do caminho que eu havia tomado, mas o solo estava coberto das folhas mortas do fim do outono. Peneirei freneticamente por toda a esteira de agulhas e cascas de árvore caídas, mas sem esperança, pois havia muito espaço onde procurar, e meu bebê era muito pequeno.

"Meu filho estava indefeso, e frio e morrendo no solo, em algum lugar, separado de mim. Enquanto procurava eu podia sentir um fino fio a nos conectar — o bebê era eu, uma parte de mim, separado e precisando de mim, embora eu não conseguisse ver para onde, no mundo exterior, o fio se projetava. Porém, dentro de mim, a perda tinha um lugar definido, uma posição no espaço que eu podia sentir. Era em meu peito, atrás de meus seios, nesses músculos profundos que movimentam os braços. O sentimento interno da perda de um filho tinha sido, de algum modo, mapeado ali — era onde a evolução havia instalado esse sentimento, era desse modo que isso deveria ser sentido, para fazer com que eu fizesse o que precisava ser feito. Eu me sentia devastada enquanto cavava, e estendia os braços para buscar o pedaço de meu coração que eu mantivera por tanto tempo. Era uma lacuna, uma lacuna cruel, e ela me fazia cavar."

O conforto de Aynur com a complexidade não estava apenas no domínio social. Ela parecia sintetizar todo o fluxo de informação disponível, de todos os tipos — seus sonhos, suas memórias, sua ciência. Tudo era relatado, tudo junto importava, e ela teceu tudo sem esforço. Na extremidade oposta, talvez num padrão a isso relacionado, o fluxo de informação social que para Charles foi avassalador não era o único tipo de informação que lhe era aversivo. Como acontece com muitas pessoas no espectro autista, ele tinha problemas, de forma mais ampla, com eventos imprevisíveis no meio ambiente (sons ou toques repentinos, por exemplo, eram mais perturbadores para ele do que para outras pessoas — eram até mesmo dolorosos). E, assim, o posicionamento de diferentes pessoas no espectro do autismo poderia resumir-se ao processamento de todos os tipos de informação — não apenas social; os sintomas eram talvez só mais claros no domínio social devido a sua singularmente alta taxa de fluxo de informação.

Considerar, dessa maneira, que a taxa de toda informação, e não apenas a taxa da informação social, é o que constitui o desafio poderia também ser útil para explicar a imprevisibilidade como o problema-chave no autismo. Apenas os dados imprevisíveis são realmente informação; se uma pessoa compreende um sistema a ponto de prever acuradamente tudo o que se refere a ele, é impossível informá-la mais ainda quanto ao sistema. O desafio com o autismo, então, parecia ser referente à própria taxa de informação.

Eu não sabia, quando estava tratando Charles e também Aynur, nem sabemos agora, quanta informação exatamente está representada no cérebro — pelo menos não com a mesma certeza de código decifrado que temos quanto ao modo como a informação genética (no nível mais básico) é codificada no DNA. Mas sabemos que a informação neuronal é transmitida por sinais elétricos que se movimentam dentro de células estimuladas, e por sinais químicos que se movimentam entre essas células. E muitos dos genes ligados ao autismo são relacionados com esses processos de excitabilidade elétrica e química[6] — codificando proteínas que criam, e enviam, e orientam, e recebem os sinais elétricos ou químicos.

Assim, a evidência genética que eu conhecia era, ao menos, consistente com o conceito de processamento alterado de informação no autismo. A ideia por si só não é específica o bastante para ser útil na orientação de diagnóstico ou tratamento, mas inúmeros outros sinais e marcadores apontam para um fluxo de informação alterado no autismo. A média das pessoas no espectro do autismo exibe sinais de uma excitabilidade aumentada no cérebro,[7] ou de uma atividade elétrica passível de ser desencadeada — como na epilepsia, uma forma de excitação não controlada que assume a forma de convulsão. E ao medir ondas cerebrais mediante um eletroencefalograma, ou EEG (com eletrodos externos capazes de registrar a atividade sincronizada de muitos neurônios no córtex cerebral), certos ritmos cerebrais de alta frequência, chamados ondas gama, que são oscilações que ocorrem entre trinta e oitenta vezes por segundo, mostram uma força incrementada em seres humanos com sintomas de espectro autista.

Como resultado dessa evidência, tem sido amplamente especulado que um tema unificador no autismo poderia ser o poder incrementado de excitação neuronal — relativo a influências que funcionam como contrapeso, como inibição.[8] Essa hipótese era bem articulada e atraente para muitos dos que atuam nesse campo, em parte devido a sua flexibilidade, uma vez que diversos mecanismos — alterações em neuroquímicos, sinapses, células, circuitos, ou até mesmo em toda a estrutura cerebral — poderiam acarretar tal mudança no equilíbrio entre excitação e inibição. Por exemplo, como o cérebro contém tanto células excitatórias que estimulam outros neurônios e causam aumento de atividade quanto células inibitórias que desativam outros neurônios, uma forma atraente dessa hipótese seria a ideia de que os sintomas do autismo podem surgir de um desequilíbrio entre as próprias células excitatórias e inibitórias, favorecendo especificamente as células excitatórias.

Mas como poderia tal hipótese de equilíbrio excitação/inibição ser testada? Malgrado a disponibilidade de estratégias clínicas para refrear a atividade geral do cérebro, como remédios para tratar convulsões e ansiedade, essas drogas (por exemplo, uma classe chamada benzodiazepinas) desativam a atividade de todos os neurônios — não apenas das células excitatórias.

Exatamente como a hipótese do equilíbrio excitação/inibição iria então prever, as benzodiazepinas são, portanto, geralmente ineficazes nos sintomas essenciais do autismo. O autismo, claramente, não é apenas uma atividade incrementada no cérebro. Para Charles, por exemplo, que sofria de ansiedade, eu tinha receitado benzodiazepina durante muitos anos, mas esse tratamento — como eu esperava — não tivera nenhum efeito em seus sintomas de autismo, apesar de ter eliminado sua ansiedade.

A formulação celular da hipótese do equilíbrio excitação/inibição, intestável durante tanto tempo, finalmente ficou acessível com o advento da optogenética. Se o relevante desequilíbrio no autismo — ao menos em algumas formas — envolvia tipos de células excitatórias e inibitórias, a optogenética, idealmente, poderia ser um meio adequado para testar essa ideia. Poderíamos aumentar ou diminuir a excitabilidade dos tipos de células excitatórias ou inibitórias — tendo como alvo certas regiões no cérebro, como o córtex pré-frontal, que manipula cognições avançadas — usando genes microbianos de canal iônico ativado pela luz, chamados canalrodopsinas, e enviando luz de laser por fibras ópticas.

Camundongos, como pessoas, em geral preferem estar um com outro, mesmo em pares não relacionados com parentesco ou cruzamento; em vez de ficarem sozinhos, geralmente vão escolher um ambiente que contenha outro (não ameaçador) camundongo. Camundongos também parecem expressar um verdadeiro interesse um pelo outro, com episódios prolongados de contato social e exploração. E as mutações humanas conhecidas por causar autismo, quando imitadas em camundongos com o uso de tecnologia genética, podem causar rupturas na sua sociabilidade.

Assim, com o sucesso generalizado da optogenética em camundongos, em 2009, tornou-se evidente que essa tecnologia poderia ser usada para ajudar a esclarecer o comportamento social dos mamíferos. Realmente, em 2011 nós descobrimos que se elevando optogeneticamente a atividade das células *excitatórias* no córtex pré-frontal, causava-se um enorme déficit no comportamento social de camundongos adultos.[9] Importante, essa intervenção não afetou certos comportamentos não sociais, como a exploração de objetos inertes (e como tal, bem previsíveis).

O efeito, então, era específico, e na direção certa, como previsto pela (e com isso sustentando a) hipótese do equilíbrio entre os tipos de célula. De maneira ainda mais intrigante, e se encaixando na hipótese também, elevar optogeneticamente a atividade das células *inibitórias* — nos mesmos camundongos já modificados para restaurar seu equilíbrio celular — corrigiu o déficit social.

Crucial para esse experimento tinha sido a criação por nós das primeiras canalrodopsinas impulsionadas por luz vermelha, para complementar as conhecidas versões impulsionadas por luz azul. Esse avanço nos permitiu, em 2011, modificar a atividade de uma população de células (as excitatórias) com luz azul e outra população (inibitórias) com luz vermelha nos mesmos animais. Esse experimento tinha demonstrado que a elevação da atividade de células excitatórias poderia causar déficits sociais em mamíferos adultos saudáveis e que esse efeito poderia ser amenizado com a elevação, ao mesmo tempo, da atividade de células inibitórias, para reequilibrar o sistema.

Em 2017 (pouco tempo depois de eu ter tratado Charles, mas antes de conhecer Aynur), aplicamos essa abordagem em camundongos atípicos — que tinham sido induzidos a carregar mutações em genes que correspondiam às encontradas em famílias de autismo humano. Esses camundongos (alterados num único gene chamado *CNTNAP2*)[10] tinham déficits em comportamento social inatos, se comparados com camundongos não mutantes. Descobrimos que esse déficit social relacionado com autismo poderia ser *corrigido* mediante intervenções optogenéticas,[11] que eram logicamente o oposto do que tínhamos feito para *causar* déficits sociais em 2011. Tanto o incremento da atividade de células inibitórias quanto a redução da atividade de células excitatórias no córtex pré-frontal (seria previsível que ambas as intervenções levassem o equilíbrio celular de volta aos níveis naturais) corrigiriam o déficit de comportamento social relacionado com o autismo.

Além dessa prova de princípio — o teste causal da hipótese do equilíbrio celular —, estávamos intrigados com a demonstração de que para esses déficits sociais tanto uma causa como uma correção poderiam ser aplicadas numa idade adulta. Isso não era, de forma alguma, óbvio, e certamente o resultado poderia ter sido outro. Poderia ter sido que um desequilíbrio relevante ocorria apenas em algum inacessível e irreversível momento muito anterior na vida. Se fosse esse o caso, o insight ainda seria válido, mas as intervenções para tratamento seriam mais dificilmente contempláveis. Nossas descobertas não descartavam nenhuma possível contribuição de antes do nascimento, mas mostravam que ao menos em alguns casos a ação na fase adulta poderia ser suficiente para tanto causar como corrigir um déficit social.

Esses resultados — propiciar ou inibir um comportamento social mudando o equilíbrio entre células excitatórias e inibitórias — também haviam ilustrado o valor mais amplo de um tipo particular de processo científico, além do valor intrínseco da descoberta científica. Aqui, a psiquiatria ajudou a orientar experimentos fundamentais da neurociência, o que por sua vez ajudou a iluminar processos que podiam continuar dentro de mentes humanas incomuns na psiquiatria clínica — fechando o círculo para lançar luz sobre momentos clínicos tão emocionalmente complexos e intelectualmente profundos quanto a imersiva história contada por Aynur.

"Sei que já ultrapassamos nosso tempo em uma hora", disse Aynur, preenchendo uma pausa que só percebi ter existido no momento em que terminou. "Sinto muito por você ter perdido sua hora de almoço. Obrigado por ter me ouvido, eu só queria explicar. Os médicos franceses quiseram que eu continuasse a partir daqui, mas eu agora não tenho tendências suicidas. Tive um momento de fraqueza, foi tudo.

"Não pretendo ser dramática demais quanto a nada disso, apenas dizer: eu poderia ficar fraca assim novamente. Agora sei que preciso de minha família e não posso viver sem eles. Foram esses laços que criaram o modo humano de viver, que talvez nos tenham permitido sobreviver, e também podem ter criado uma vulnerabilidade. Não estou querendo dizer que todos nós reagiríamos da mesma maneira, mas sei que nunca senti a fraqueza tão fortemente quanto nesses três meses em que quase fui destruída por alguma coisa que não tem relação com alimento, ou abrigo, ou mesmo reprodução. Quase morri, embora pudesse facilmente ter encontrado meios para permanecer no Oeste, com novos amigos e novos parceiros.

"Eu ainda poderia. Havia homens que olhavam para mim. Houve um homem para o qual eu olhei também.

"Nós nos encontramos e conversamos uma noite num café ao lado do estádio. Parecia que as coisas iam explodir. Como descrever isso para você? Eruptivas, eu diria, mas não sei se é a palavra exata. Plenas? Tantas possibilidades. Eu então não pensava em inglês — isso foi há mais de seis meses —, mas não importa, nenhuma das línguas que conheço tem as palavras certas.

"Seja como for, nada aconteceu. Apenas tomamos café em desengonçadas xícaras roxas. E me dei conta, quando depois fui embora, de que nossas ligações sociais só fortalecem uma força que já construímos dentro de nós.

"Eu sabia algo que o homem com quem tomei café não sabia, que a estrutura social veio só depois do ferrão venenoso. Os biólogos evolucionários pensam que dispor desse ferrão foi crucial para propiciar a evolução do comportamento social na linhagem das vespas, ao prover um notável nível de defesa para o que antes fora um animal pequeno e frágil. E eu concordo — você só pode ser social se tiver armas fortes para proteger seu ninho e sua prole. Essa força pode livrá-lo de ter de machucar os outros. A necessidade de se conectar com outros é força — não fraqueza."

Pessoas extrovertidas como Aynur, e políticos naturais com sua quase inexaurível sociabilidade, extraem energia de conversas e evitam ficar sozinhos

— um sistema de valores inverso ao de quem está no espectro do autismo. E assim como Aynur e Charles, muitas pessoas que tendem a um extremo da intensidade social podem sentir que uma exposição forçada ao outro extremo seja desagradável, como animais noturnos obrigados a estar ao sol do meio-dia.

A evolução ajudou os mamíferos noturnos a ter aversão à luz diurna, porque esse sentimento negativo faz acontecer o comportamento correto — que é recuar da luz e esperar por condições que sejam mais adequadas ao modelo do animal, e portanto menos perigosas, e mais recompensadoras. Da mesma forma, é possível que estados cerebrais sociais, ou não sociais, possam ser prejudiciais quando presentes em condições ambientais erradas, o que poderia favorecer que condições incompatíveis (durante os longos períodos de tempo da evolução) se associem com sentimentos de aversão ou negação.

Assim como diferentes estratégias de sobrevivência se adaptam para uma vida noturna ou, ao contrário, para uma vida diurna, também pode haver modos cerebrais fundamentalmente distintos para diferentes taxas de processamento de informação — cada modo com seu valor, mas não mutuamente compatíveis (ao menos, não ao mesmo tempo). O modo de lidar com um sistema dinâmico, imprevisível (por exemplo, interação social), pode ser incompatível, ou ao menos estar em tensão, com outro modo do qual podemos precisar em outras ocasiões. O segundo estado seria um que nos permitisse avaliar tranquilamente um sistema que não está mudando — uma ferramenta simples, uma página de código, um algoritmo, um calendário, um horário, uma comprovação — qualquer coisa estática e previsível, para cuja compreensão a melhor estratégia é dar-se tempo para olhar o sistema a partir de ângulos diferentes, confiando em que ele não mudará entre uma e outra inspeção. Estados cerebrais diferentemente adaptados a essas duas situações podem precisar ser ligados e desligados de um momento para outro (com uma relativa preferência por um estado tendo sido sintonizada ao longo de milênios de evolução, e com a força e estabilidade de cada estado variando de indivíduo para indivíduo).

Nossos resultados de excitação/inibição na optogenética foram mais tarde replicados em linhas independentes de camundongos, mas uma questão-chave permaneceu: haveria uma conexão entre esse desequilíbrio celular que se demonstrou causal nos déficits sociais em camundongos e a crise informacional experimentada por Charles (e talvez outras pessoas no espectro do autismo)?

A optogenética ajudou a desencavar uma ideia de como essa conexão pode funcionar; em nosso trabalho inicial sobre excitação/inibição, em 2011, também relatamos que o ato de causar alta excitação das células excitatórias pré-frontais (uma intervenção que provocava déficits sociais) reduziu efetivamente a capacidade das próprias células de carregar informação de um modo que conseguíssemos medir com exatidão, em bits por segundo.[12] Assim, aquele mesmo tipo de equilíbrio alterado de excitação/inibição que rompera a interação social também estava fazendo com que fosse mais difícil para as células cerebrais transmitir dados com altas taxas de informação — corroborando o que Charles nos tinha descrito em seu relato, de que uma informação vinda por meio de contato visual *sobrecarrega o restante*.

Outra questão remanescente é a da origem da qualidade aversiva que tem a sobrecarga de informação — tão poderosamente experimentada como desagradável por Charles e por outros no espectro. Ser incapaz de acompanhar a informação social é uma sensação ruim para esses indivíduos, mas não é óbvio o porquê disso. A sobrecarga de informação não precisa ter, de todo, qualquer valência emocional, ou talvez até pudesse ser positiva — um sentimento de liberdade por constatar que não se pode acompanhá-la, com um consolo e uma espécie de paz no isolamento daí resultante. Aqui, no entanto, eu compreendi, em parte por estar ouvindo meus pacientes, quão difícil pode ser seguir seu caminho na vida com os outros esperando constantemente um insight social que você não é capaz de prover rotineiramente. Assim, a aversão pode ter sido condicionada socialmente, aprendida por meio de uma vida de interações levemente estressantes, devastadores mal-entendidos, e tudo o que existe entre isso e aquilo.

Mas, em vez dessa aversão que precisa ser adquirida, poderia o excesso de informação ser inatamente aversivo em si mesmo, quando acima da capacidade de carga de uma pessoa? Com certeza todos, desde indivíduos tipicamente sociais até os simplesmente introvertidos no espectro do autismo, podem vivenciar aversão após uma interação social prolongada, quando os circuitos sociais ficam em alguma medida exauridos. Em termos evolucionários, pode fazer sentido que espécies há muito sociais como a nossa tenham desenvolvido um mecanismo integrado de aversão, fornecendo motivação para se retirar de interações sociais importantes quando o sistema está fatigado, e provavelmente começar a causar erros de compreensão ou de confiança.

"Mais uma coisa", disse Aynur, quando nos levantamos ao mesmo tempo — pensei que eu tinha iniciado essa ação, finalmente tendo de me preparar para minha consulta das treze horas, mas ela reagiu tão rapidamente que nos movimentamos em perfeita sincronia, e eu então já não tive certeza de quem tinha sido o primeiro. "Sei que eles só queriam que eu tivesse uma única avaliação com você, e assim provavelmente não nos veremos novamente — mas você perguntou antes, quando estávamos falando sobre minha família, como fazemos para que a seda tenha essas cores, e eu não voltei a falar disso.

"Essa parte é realmente interessante, lembro que quando era pequena eu gostava do cor-de-rosa claro das sedas de tamargueira. Isso me fazia sentir estar vendo a própria árvore em floração; a cor parece ser muito delicada, mas a seda é forte, assim como a árvore. Não sei se você já viu alguma. A tamargueira é um maravilhoso pedaço de vida. Um abeto do deserto, sempre verde, mas também colorido.

"Aliás, há vespas que põem seus ovos na tamargueira. Então forma-se em torno do ovo um novo tipo de madeira — uma excrescência, um fel, uma bola retorcida de noz e raiz. É como um teratoma, mas não machuca a tamargueira. A árvore não precisa combatê-lo.

"Outro dia eu estava lendo que a tamargueira é agora uma espécie invasiva aqui. Vocês a chamam de cedro salgado. Eu gosto desse nome. Dizem que no início foi trazida da Ásia para cá só como árvore decorativa, e agora está se apoderando de partes do Oeste americano. A árvore prospera no sal, e faz o solo ficar salgado também,[13] o que lhe propicia uma vantagem em relação a salgueiros e choupos.

"Em algumas áreas por aqui, parece que estão pedindo que caminhantes arranquem os brotos de cedro salgado onde quer que os vejam, para proteger as plantas nativas e os animais. Pássaros estão perdendo as árvores em que costumavam viver — mas parece que os pombos concordam em nidificar na tamargueira —, beija-flores também. Em outros lugares as pessoas desistiram de lutar e agora deixam as coisas seguir seu curso. Assim, há uma inundação de cor de cedro salgado em partes do deserto ocidental. Eu vi uma foto, você realmente precisa ver. Eu gostaria de poder te mostrar.

"Seja como for, o que nós fazemos para ter a seda — só posso lhe contar sobre o modo tradicional que minha mãe me ensinou, de como fazemos isso lentamente, à mão. Não sei como se faz na produção em massa. Nós primeiro classificamos os casulos; os manchados e com formatos estranhos temos de ferver; todos adquirem a mesma tonalidade na água.

"Depois nós mexemos com um pedaço de pau, separamos os fios e torcemos os fios para formar cordões; são necessárias algumas dúzias de fios para formar um longo cordão. Para obter a cor, nós mergulhamos cada cordão em pigmentos diferentes, tingindo um de cada vez. Lembro que isso tudo é muito lento, especialmente para obter aqueles finos cor-de-rosa e púrpuras, as cores pálidas e claras da tamargueira."

Uma parcela cada vez maior de toda a interação humana parece não ter a cor vívida de uma informação social natural. Ao suprimir uma rica multidimensionalidade social, nós nos aliviamos de seu fardo mental (embora possamos sentir falta de, ou até mesmo almejar, esse fardo uma vez descartado). Nós suprimimos o fluxo visual de informação quando estamos ao telefone, ou simplificamos todo o fluxo de dados sociais usando e-mails e posts e textos; cada um desses métodos de redução de dados-mediante-interação confere uma espécie de isolamento e permite uma taxa maior de eventos sociais individuais, se assim desejado (embora permitindo que mal-entendidos sejam mais frequentes).

A tendência para um aumento no número de parceiros e de contatos sociais com menos bits de dados transmitidos em cada contato pode já ter alcançado um limite prático, aproximando-se do modo de um bit por interação (com ou sem um *like*). Esse bit remanescente ainda pode estar imbuído de imensa intensidade, arrogando atenção, provocando paixão e intriga — porque o bit está carregado de contexto social e de nossa imaginação: isto é, de modelos preexistentes em nosso córtex, prontos para uso. De algum modo a conexão humana é agora possível mediante apenas algumas palavras ou alguns caracteres, até mesmo o giro binário de um interruptor — evitando algumas das pressões da complexidade social e da imprevisibilidade.

Talvez pudéssemos agora afrouxar categorizações de sociabilidade (por estarem um pouco obsoletas) que definem o que é saudável ou ótimo com base apenas na alta taxa de informação em interações pessoais. Pessoas com autismo (ao menos os da extremidade mais elevada do espectro) podem parecer mais proficientes se a interação é tirada do tempo real — para uma taxa reduzida de bits, como ocorre num texto. Embora todo estilo de interação encerre o risco de comportar erros e mal-entendidos, a comunicação pode parecer melhorada quando se lhe concede a graça do tempo.

Os bits a serem transferidos podem ser preparados calmamente, sem pressa, e depois descarregados quando prontos, com um simples toque; não é preciso haver uma resposta imediata. Esses bits podem então ser colocados pelo destinatário num contexto mais amplo — em minutos, horas ou dias — para serem avaliados de diferentes ângulos. Possíveis respostas podem ser consideradas, e cenários avançam, como num jogo de xadrez, em dois ou vinte lances, sem o relógio — até que uma resposta possa surgir, um ou dois toques, quando pronta; Morse para o humano moderno tardio.

O espectro do autismo, então, não precisa ser visto inteiramente como um desafio da "teoria da mente" — o que tem sido uma ideia popular e útil, ao sustentar que no autismo há um problema fundamental até mesmo em conceituar a mente dos outros. Em vez disso, a ideia da limitação da taxa de bits (que a optogenética ajudou a revelar) talvez se encaixe mais completamente nas experiências de muitos pacientes, que são capazes o suficiente, mas precisam de tempo para fazer funcionar seus modelos, para adequar suas próprias capacidades de fazê-lo.

A psiquiatria e a medicina em geral — embora ainda construídas em torno de comunicação interpessoal — podem sobreviver e operar bem com muito menos informação social do que aquela fornecida pela tradicional entrevista presencial. Cheguei a esse entendimento primeiro como residente no hospital local da Administração de Veteranos, onde (sob a implacável pressão de plantões noturnos) descobri que a singular conexão humana necessária na psiquiatria pode se formar, primeiro, mediante um tênue canal de áudio, essa projeção de poucas dimensões que é uma ligação telefônica, se prolongada no tempo.

Depois, redescobri isso por mim mesmo, também num momento de necessidade, como assistente durante a pandemia global do coronavírus, de 2020. A psiquiatria de emergência, constatei isso repetidas vezes, embora de alguma forma me surpreendesse a cada vez, pode ser conduzida com precisão mesmo ao telefone, através dessa solitária e única linha.

O hospital da Administração de Veteranos eleva-se, como um milagre, de relvosos sopés de montanha, junto à universidade. Um oásis de contradições, esse sistema AV inspirou o livro de Ken Kesey [e o filme] *One Flew Over the*

Cuckoo's Nest [Um estranho no ninho], mas agora a maior parte de sua equipe é constituída de médicos com o mais alto padrão nesse campo e ligados à universidade — e assim até hoje o AV ainda evoca simultaneamente tanto o distante e turbulento passado pré-científico da psiquiatria quanto a promessa que a neurociência trouxe para o futuro próximo.

O psiquiatra de plantão no AV é apelidado de NPOD [em inglês, neuropsychiatrist on duty, neuropsiquiatra em serviço]. Os principais deveres do NPOD (um residente para todo o hospital, a noite inteira) são controlar as admissões na emergência, atender a consultas de pacientes internados e cuidar dos pacientes de psiquiatria internados nas unidades fechadas. No entanto, um trabalho paralelo importante é atender a chamadas provenientes da comunidade de pacientes externos, no âmbito da imensa área de captação desse principal hospital, abrangendo todos os militares veteranos que possam ligar para lá de casa — especialmente os que sofrem de PTSD [transtorno de estresse pós-traumático] (uma doença comum e mortal que frequentemente é resistente a tratamento por medicamentos).[14]

Contate o NPOD: um apelo quando tudo o mais fracassou. Em meio a outras emergências, o NPOD recebe uma ligação de um veterano que está além dos muros do hospital: a incursão, em busca de algo, de um ser humano que está estressado e culpado e impotente, precisando apenas falar com alguém, qualquer um, que seja capaz de compreendê-lo. Achei que essas ligações podiam exigir uma hora ou mais de atendimento. Seria menos tempo se o contato fosse pessoal, era preciso haver um modo diferente para essas conversas puramente de escuta, mas ainda assim sensíveis e vitais, com o sombrio espectro do suicídio à espreita.

Quando a ligação entrava, aparentemente sempre por volta das três da manhã — talvez no meio de uma caótica movimentação entre a enfermaria de internos e a emergência, ou às vezes exatamente quando eu ia tentar dormir por alguns minutos na árida sala dos plantonistas —, no início de meu treinamento era difícil abafar um sentimento de raiva, especialmente porque a ligação não tinha um objetivo concreto, ao menos que um combatente veterano pudesse descrever tipicamente. O paciente só precisava falar — e assim eu aprendi a me transformar de médico eficiente num parceiro puramente empático. Tanto o veterano como o paciente quanto eu como NPOD, dei-me conta, estávamos travando uma nova batalha de maneiras diferentes, cada um tentando não trazer para o presente sentimentos de um trauma pessoal anterior, não transferir suposições e imputações de um contexto para outro.

Frequentemente eu atendia essas ligações na sala de descanso, encolhido num impossivelmente duro e estreito colchão de plástico — ainda vestindo o jaleco e pronto para qualquer convocação urgente para a unidade fechada e seus pacientes com dores no peito ou sujeitos a restrições —, mas debaixo de um fino cobertor hospitalar para me guardar daquele desespero pré-matinal arrepiante, o telefone desconfortavelmente encaixado entre a face e o ombro. Não era um arranjo propício a uma conexão profunda, mas de algum modo, no fim de cada ligação, comumente o paciente e eu podíamos seguir em frente — para a próxima interação, o próximo desafio, ou talvez até mesmo para um fragmento superficial de sono — numa espécie de paz, uma dádiva de calor vinda de outro ser humano, após uma verdadeira interação social realizada através da linha.

A disseminação do coronavírus pelo planeta, anos após meu serviço na AV, forçou uma outra narrativa dessa história, de uma nova maneira. Quando populações inteiras, dos centros urbanos às zonas rurais, se fragmentaram, por estratégia, para gerenciar o contágio, muitas interações humanas ou foram obrigadas a se realizar à distância ou foram simplesmente sacrificadas. Assim, a cultura da psiquiatria tradicional parecia, no início, vulnerável. Consultas por vídeo e por telefone (desesperadamente necessárias como substitutos de visitas à clínica durante a crise) foram pela primeira vez amplamente aprovadas e agendadas; essa normalização de interações psiquiátricas virtuais já era possível fazia muito tempo, mas enfrentaram a resistência das estruturas clínicas estabelecidas devido a um inegável defeito: faltava-lhes a taxa de informação total da comunicação presencial.

Pacientes mais jovens ficaram imediatamente à vontade com as consultas por vídeo na internet, considerando essa interação tão natural quanto qualquer outra (e até mesmo preferível), porém alguns de meus pacientes mais velhos não se sentiram confortáveis com a ideia e preferiram o telefone. Durante uma dessas consultas somente por áudio — com o sr. Stevens, um homem com cerca de oitenta e tantos anos que eu conhecia havia alguns anos —, fiquei espantado com a imediata reativação dentro de mim daquela intensidade de foco e percepção, tudo isso centrado na palavra falada: esse fluxo de informação puramente auditiva, esse fino rabisco de um som que varia ao longo do tempo, que por necessidade tinha orientado grande parte de meu cuidado psiquiátrico durante meus plantões na residência.

O sr. Stevens tinha recaído em depressão quatro semanas antes (antes que a pandemia de covid-19 se instalasse na Califórnia), e eu havia aumentado a dose de um de seus medicamentos. Agora, quando trocávamos amenidades no início da ligação (dando um tempo antes de discutir os sintomas de sua doença, sabendo que se o suicídio fosse um risco eu nunca o veria presencialmente a tempo). Notei que eu havia adotado aquele familiar foco de vida ou morte no timbre e no tom de sua voz, e nas pausas e nos ritmos que eu tinha aprendido com os veteranos na AV — e que eu já sabia tudo que precisava saber sobre seu estado mental. Quando chegamos a sua efetiva descrição de sintomas e sensações, descobri que estávamos apenas confirmando o que para mim já ficara claro, quantitativamente e com certeza: que sua depressão havia aumentado cerca de 20%.

Os mais socialmente aptos entre nós fazem isso o tempo todo — esses cuja capacidade está além da minha, que sem esforço ou treinamento ou atraso podem enxergar através da vasta avalanche de dados sociais no ângulo exato para descobrir, sem erro, o significado do momento. Mas cada parte de nós contém o nosso todo, se estiver nela refletido. Mesmo com pouca capacidade de carregar informação, com o tempo, ainda ocorre conexão.

"Sinto que quero contar mais coisas a você", disse Aynur, quando estávamos à porta de meu escritório. O corredor estava silencioso e o carpete tinha um aspecto sombrio e turvo. "Seria bom conversarmos novamente, mas meu palpite é que nunca mais faremos isso. Sinto muito. Sei que não há tempo, mas quero dizer mais uma coisa: tive um momento final sobre o qual você deveria saber, na manhã em que estava prestes a deixar a Europa. Não olhando para um homem, e sim olhando para uma mulher.

"Eram seis horas da manhã e eu estava olhando para fora, pela janela de meu pequeno loft, acabando de tomar o meu chá, preparando-me para ir ao aeroporto e tomando um minuto para fazer uma pausa e refletir — prestar minhas homenagens, por assim dizer. Na verdade, não era uma vista da cidade, apenas apartamentos cinzentos no outro lado da ruela, mas assim mesmo eu sentia que era uma despedida de Paris, um silencioso momento de homenagem.

Eu tinha aprendido muito e mudado muito, e os médicos franceses talvez tivessem salvado minha vida. Enquanto olhava lá fora, através da tênue neblina matinal, o prédio no outro lado da rua, uma menina com dez ou onze anos, usando um hijab, apareceu sozinha na estreita varanda.

"Eu já a tinha visto antes, e sua família, de passagem, em vislumbres ocasionais, esses instantâneos que nos acontecem. Parece que ela tinha uma irmãzinha, e elas moravam com sua mãe e seu pai, que usavam roupas tradicionais, não o estilo tipicamente francês, embora eu não soubesse qual era o país. Mas eu nunca a tinha visto antes tão cedo no dia, e ela estava sozinha. Olhava para fora na direção do leste, e seguiu-se uma rápida espiadela para trás, para o apartamento no escuro. Seu rosto estava rígido e sério; ela não estava ali para curtir o nascer do sol.

"Depois ela se movimentou na varanda, até a beira, e virou de costas para o sol, olhando para oeste. Prendi a respiração — por ela. Muitas vezes, olhando pela mesma janela, eu tinha visionado a mim mesma na mesma situação, e depois pulando.

"Ela pegou um telefone, curvou-se sobre ele por um momento e segurou-o a sua frente. Num instante toda a sua atitude mudou; ela se tornara uma atriz de cinema, o rosto brilhando com ostensivo glamour. Era apenas uma selfie.

"Depois ela voltou a se inclinar para o telefone, olhando a imagem. Ficou nessa posição por quase um minuto, e depois olhou rapidamente para a porta de vidro deslizante que dava acesso à casa, e que tinha deixado parcialmente aberta; pelo visto, achou que estava tudo bem, ainda estava escuro lá dentro.

"Durante os dez minutos seguintes fiquei olhando, encantada, enquanto ela ia e vinha entre as duas posições. Sua próxima selfie foi cheia de alegria também, depois uma com uma expressão boba e gaiata, depois outra com a língua para fora, os dedos num sinal de paz, formando um V horizontal que acenava debaixo do queixo. Após cada uma delas, ela se curvava abruptamente num estado intenso de imóvel escrutínio. Seu foco, sua intensidade eram impressionantes. Aquilo parecia ser uma rara oportunidade aproveitada por ela — talvez sua mãe estivesse no chuveiro e aparecesse a qualquer momento. Ela ia para a frente e para trás e continuava, quase como um fantoche na estereotipia de suas transições. Eu sempre a tinha visto, a interpretado, como um menininha com sua boneca, mas ali estava ela sendo sacudida para a frente e para trás por alguma outra coisa, um novo ímpeto, açoitada por uma necessidade nada infantil.

"Eventualmente, ela ficou satisfeita. Voltou para dentro e desapareceu.

"Senti uma tristeza profunda, e alegria, e ciúme, tudo junto. Em inglês existe uma palavra para isso? Eu havia sentido isso antes, essas três coisas juntas. Deveria haver uma palavra. Todas as três camadas de emoção, embaixo e em cima e dos lados, todas embrulhadas numa compacta e desorganizada e pequena bola.

"O ciúme — embora compartilhássemos a mesma fé, o mesmo gênero, a juventude... Nossas culturas eram muito diferentes. Ela ainda estava abençoada, era talentosa, capaz de dar início a uma jornada que eu nunca conseguiria assumir. Eu estava ligada firmemente demais a meu próprio aprisionado e agora torturado povo.

"Minha alegria vinha de saber que aquele era o início de sua jornada, que ela estava começando a sair da terra natal que era sua família, preparando-se para tecer um novo tecido de sua cultura, percorrer seu próprio caminho para a autonomia.

"Embora momentos como esse, é claro, devam ocorrer milhares de vezes por dia, todo dia, em todo o mundo, minha tristeza talvez tenha advindo da constatação de que seus pais nunca iriam saber o que tinha acontecido na varanda, do jeito que eu soube, eu, uma completa estranha; aquele fora um momento pungente e oculto de uma menina soltando-se das mãos de sua mãe, e ele nunca seria compartilhado. A tristeza também vinha, acho, de meu próprio egoísmo — de me sentir conectada a essa menina de muitas maneiras, mas dando-me conta de que nunca iria conhecê-la profundamente. Eu ainda estava me sentindo vulnerável, ou vazia — de meu teratoma. De tudo.

"Eu a encontrei e perdi quase que no mesmo momento. Nunca existi para ela, e nunca existiria, e ela acabou sendo apenas uma espécie de fio cruzado em minha vida — marcando um momento —, embora com um fio forte e durável, como nessa fita áspera que você tem aqui, com elevações e vãos se alternando, chamado gorgorão, em que a trama é ainda mais grossa que a urdidura.

"É estranho dizer, mas a espessura do único fio daquela menina formava um vão em torno do qual nada mais poderia se aproximar. Eu a conheci profundamente, embora só tivesse levado uns poucos minutos, e agora sinto que a perdi. Não sei como, mas preciso descobrir um jeito de voltar para ela."

4. Pele quebrada

Tão disposta a sentir dor quanto a gerar dor, a sentir prazer quanto a dar prazer, a vida dela era experimental — desde que os comentários da mãe a fizeram voar escada acima, desde que uma grande sensação de responsabilidade fora exorcizada na margem de um rio com um ponto fechado no meio. A primeira experiência lhe ensinou que não havia outra pessoa com quem pudesse contar; a segunda que tampouco poderia contar consigo mesma. Ela não tinha centro, não tinha ponto em torno do qual crescer.
Toni Morrison, *Sula**

Henry, dezenove anos, tinha sido encontrado rolando nu no corredor de um ônibus municipal. Quando os paramédicos chegaram, ele lhes disse que estava se imaginando comendo pessoas e tinha visões de si mesmo consumindo carne e se banhando em sangue. Mas, após ser transportado rapidamente pela polícia para nosso departamento de emergência, Henry, em vez disso, deu a mim, o psiquiatra de plantão convocado para avaliá-lo, uma história mais relatável, com temas mais universais. Descreveu um amor perdido que o levara ao desespero, ao corredor daquele ônibus, a pensamentos suicidas e a mim.

* Trad. Débora Landsberg. São Paulo: Companhia das Letras, 2021. p. 124.

Sem ao menos tentar adivinhar um diagnóstico — ainda havia possibilidades demais — deixei minha mente trabalhar livremente, imaginando a cena enquanto Henry descrevia seu primeiro momento mágico de conexão romântica, três meses atrás. Em seu casaco curto forrado de pele, Shelley tinha se ajoelhado no assento de vinil rasgado do ônibus de excursão da igreja, se inclinado bem pertinho e o beijado — exatamente quando um raio de sol atravessou inesperadamente o pálio formado pelas copas das árvores e pela neblina. Mais acostumado com o pervasivo frio do início da primavera entre os arvoredos costeiros de sequoias, ele ficou surpreso e encantado pelo súbito e denso calor em sua pele, através do vidro da janela. A tepidez da própria Shelley, o excitado calor de seus lábios vermelhos e famintos a trouxeram para ele, junto com o sol. Ela o estava conectando com todas as coisas e se conectando com tudo o que havia nele.

Mas agora, nem três meses depois, tudo se perdera novamente — e o sol mais quente de verão de algum modo tinha se congelado. Henry gesticulava, mostrando para mim como tinha coberto os olhos — as mãos juntas, dedos entrelaçados — para bloquear a visão dela saindo com o carro do estacionamento do restaurante onde tinham jantado, onde se encontraram para ela romper com ele, apenas dois dias antes. Ele estava se escudando da imagem das luzes traseiras de um vermelho brilhante, enquanto ela o deixava para ir se encontrar com outro. Nada restava para Henry — não tinha conexão com ela, nem com ninguém mais, assim parecia.

O bloqueio que Henry impôs à cena da partida dela parecia ser uma defesa estranhamente imatura, pensei, mais adequada a uma criança pequena do que a um homem adulto. Ele estava no meio desse desempenho, reencenando aqui no Quarto Oito — olhando para mim em vez de para suas mãos, acompanhando de perto minha reação. Enquanto eu observava, e ele erguia os braços mais alto, as mangas de seu folgado moletom escorregaram até os cotovelos, expondo antebraços riscados com talhos recentes de uma lâmina — paralelogramas escarlates, crus, brutais. Uma grande revelação, aparentemente intencional, de agonia e sensação de um grande vazio. Seu árido cerne agora era visível através da própria pele retalhada.

Naquele momento uma imagem assomou em minha mente, rotulada com a breve expressão de um diagnóstico. Todos os fios enigmáticos de seus sintomas, cada um deles por si mesmo misterioso, faziam sentido devido a sua mútua interseção naquele instante: a violência sangrenta de seus pensamentos sobre outros, o corte de sua própria carne, seu comportamento bizarro no ônibus municipal — e até mesmo o ato de cobrir os olhos para não ver Shelley ir embora.

A expressão era *transtorno de personalidade borderline* (um rótulo do momento na psiquiatria, que pode mudar com o tempo para algo que reflita melhor os sintomas, como *síndrome de desregulação emocional* — mas que, independentemente de ser um rótulo, descreva algo constante e universal, uma parte fundamental do coração humano). Essas três enganosamente simples palavras esclareciam para mim o caos de Henry, davam algum sentido a sua desnorteante complexidade e, particularmente, explicavam o posicionamento de sua mente no limite entre o irreal e o real, entre o instável e o estável. Ele estava bloqueando o percurso das luzes traseiras para afastar a dureza da mensagem que aquilo encerrava, protegendo suas profundezas cruas e lesionadas, afirmando um rude controle do que poderia fluir para seu corpo através da fronteira de sua pele.

Conquanto cada caso seja diferente, e eu nunca tivesse visto uma pessoa com uma combinação de sintomas igual à de Henry, novos detalhes começaram a se encaixar no padrão à medida que eu fazia mais perguntas. Ele posteriormente descarregou novamente as fantasias de comer pessoas com as quais tinha chocado os paramédicos — nunca machucando efetivamente os outros, mas odiando estranhos na rua simplesmente por serem humanos. Quando via pessoas, ele via o interior delas, e o interior delas dentro dele.

O sol machucava, era frio e forte — e assim, para recriar o sentimento original de quando Shelley o havia beijado na excursão da igreja, Henry se despiu num ônibus municipal, aparentemente tentando descobrir algum pedaço de pele onde sentir o sol como sentira então. Estava vendo sangue por toda parte, estava nadando, mergulhando, se afogando. O bastante para a polícia levá-lo, código estadual 5150, à emergência mais próxima, para mim.

Algumas das pessoas que chegam pelo 5150 esperam poder evitar a internação no hospital, enquanto outras buscam ser admitidas. Meu papel era marcar a fronteira do real hospitalar, descobrindo quem necessitava de ajuda para continuar vivo. Minha decisão obrigatória como psiquiatra dos pacientes internados era binária: enviar Henry de volta para a noite lá fora ou admiti-lo numa alegação legal — em nossa unidade fechada — por até três dias sem direito de ir embora, um paciente compulsório.

Agora, diagnóstico em mente, era tempo de pensar em escrever uma nota, completando minha avaliação, e estabelecer um plano — e isso significava começar com as primeiras palavras dele. Olhei minhas anotações e retornei ao momento no qual tinha entrado na vida de Henry.

Antes de o dinheiro do nosso mais recente *boom* tecnológico ter inundado a região e levado à modernização do departamento da emergência, o pequeno Quarto Oito tinha servido por mais de vinte anos no vale como um importante portal para receber pacientes psiquiátricos agudos. Muitos dos indivíduos que projetaram e criaram nosso densamente conectado mundo do silício tinham passado, num ou noutro momento, por esse quarto isolado do tamanho de um toalete. O vale era seu lar, e este, o seu hospital, e o Quarto Oito, sem janelas, servia como portal para tratamento agudo de saúde mental — e, assim, como uma espécie de janela no mais humano, mais vulnerável coração do vale. O Quarto Oito era importante; numa casa, é importante o que se pode ver pela janela.

Mas o Quarto Oito era escuro e apertado, grande o bastante apenas para a maca do paciente. Do lado de fora, em seu blazer, um amável guarda. Dentro, uma única cadeira para o psiquiatra, o mais perto possível da porta; a situação numa emergência pode ser imprevisível, e psiquiatras na emergência (assim como outros especialistas em tratamentos médicos agudos) são instruídos a identificar possíveis roteiros de fuga para si mesmos e a se posicionarem perto de rotas de fuga, no caso de a interação com pacientes desandar.

Em meu primeiro contato com Henry, planejar um caminho de fuga parecia ser relevante. Vestindo jeans e com um boné de beisebol, Henry era mais alto e mais pesado do que eu; não era atlético mas era musculoso — e seu rosto parecia se contorcer com repugnância ao me ver. Tentei manter minha expressão impassível, mas reagi sentindo meu abdome cheio de nós e contraído. Eu tinha deixado a porta aberta e, enquanto me apresentava, sentava e perguntava o que o havia feito me procurar, a familiar cacofonia da emergência chegava até nós: acompanhamento para as primeiras palavras de seu monólogo, o qual, segundo ditava meu treinamento médico, deveria constituir a linha de abertura de minhas anotações.

Os psiquiatras começam sendo médicos do corpo inteiro, em emergências e em unidades de medicina geral, diagnosticando enfermidades de todos os sistemas orgânicos, tratando doenças que vão de pancreatite a infartos e a câncer, antes de se especializarem no cérebro. Nessa fase de um ano de estágio em todas as especialidades, logo após a graduação, consolidam-se os rituais médicos — inclusive os ritmos de como repassar toda a informação sobre um paciente, exatamente na ordem esperada pelo médico responsável (o médico sênior a quem o caso é apresentado). Essa sequência canônica começa com a trilogia sexo, idade e, obviamente, a principal queixa, ou preocupação — o motivo apresentado pelo paciente, nas próprias palavras do paciente, para ter procurado a emergência naquele dia. A fórmula *mulher com setenta e oito anos, queixando-se de uma tosse que vem piorando há duas semanas* é declarada antes de qualquer outra coisa, antes da história médica, do exame físico ou dos exames laboratoriais. Esse ritual faz sentido em medicina, estabelecendo o foco na questão ativa de modo que seja útil — especialmente no caso de pacientes com muitas condições crônicas que, se fossem consideradas juntas, desviariam a atenção.

Mas as tradições em medicina nem sempre são facilmente traduzidas para a realidade da psiquiatria, especialmente no ano seguinte de treinamento em especialização, que se segue ao internato. Leva algum tempo até que os recém-emplumados residentes, agora numa fase de reajuste e reaprendizado, transponham esse ritmo médico para o novo espaço, uma vez que a primeira coisa que um paciente psiquiátrico diz, quando perguntado, pode ser estranho demais para ser redeclarado como a primeira linha de um registro médico: *homem de vinte e dois anos, queixa principal: "Posso sentir suas energias dentro de mim"; mulher com sessenta e dois anos, queixa principal: "Eu preciso de Xanax para chorar em terapia"; homem com quarenta e quatro anos, queixa principal: "Esses porras tentando me controlar. Você não pode me seguir na morte agora, pode? Foda-se".* Mesmo assim, nós anotamos isso.

Eu havia arrancado a principal queixa de Henry usando meu abridor de memória, perguntando o que o havia trazido até aqui, até a emergência — e conscienciosamente registrei sua resposta, a primeira linha de minha anotação:

Homem de dezenove anos trazido pela polícia, queixa principal: "Meu pai disse, 'Se você vai se matar, não faça isso aqui em casa. Sua mãe ia pôr a culpa em mim'".

Lembro-me de terem surgido muitas perguntas naquele momento, mas Henry não fez nenhuma pausa — ele estava apenas deixando rolar, liberando as emoções. As palavras tinham fluído rapidamente, de modo fluido e organizado — e tudo, em retrospecto, encaixava com o diagnóstico de transtorno de personalidade borderline. Responsabilizava aquele relacionamento rompido como a causa raiz de seu desespero suicida, amor perfeito perdido que havia começado havia apenas alguns meses com um beijo numa excursão campestre de igreja, e terminou há dois dias com o rompimento num jantar em Santa Rosa. A partir daí, ele tinha contado o resto da abreviada, torturada odisseia que dominara os últimos dois dias — aprendendo a se cortar em segredo, indo à casa do pai para mostrar-lhe o resultado, e após a chocante declaração de seu pai, correndo pela porta e descendo a rua, procurando desesperadamente por um ônibus, buscando freneticamente sentir o que tinha sentido naquele dia com Shelley. Ao longo desse relato, Henry incluiu a história do divórcio de seus pais quando tinha três anos, completando com lembranças de ter pulado para o colo da mãe gritando *não quero ter esse novo pai* — mas o rosto dela permanecendo composto e armado, impassível, confortável diante das lágrimas do filho. Ele descreveu o caos que resultou da casa dividida, quando as pessoas que mais se amavam reciprocamente se tornaram da noite para o dia aquelas que mais se odiavam. Como todos os valores humanos, positivos e negativos, foram invertidos, inexplicavelmente, inexoravelmente. Como ele aprendeu a viver com dois mundos separados, em duas casas que nunca poderiam interagir, como ele não podia falar sobre o pai com a mãe, e vice e versa, como era obrigado a criar e manter duas realidades distintas e incompatíveis para sobreviver.

E finalmente, antes de silenciar, ele confiou a mim as visões que tinha descrito aos paramédicos e ao pessoal da emergência — imagens de sangue e canibalismo, e sua repulsa por outras pessoas. Não apenas o desejo de manter distância, mas uma aversão a toda a humanidade.

Antes, quando era estudante de medicina, eu poderia ter diagnosticado erroneamente como esquizofrenia, ou depressão psicótica — desalojado do mundo real, num caso ou no outro. Mas Henry estava lúcido, e seus pensamentos, organizados; ele não estava totalmente alienado. Somente uma pessoa com borderline pode passar da realidade para a distorção e voltar, falando ambas as línguas com dupla cidadania — não exatamente delirante, mas com um enquadramento alternativo — para ajudar a gerenciar uma realidade hostil e imprevisível.

Às vezes pode parecer que tanto o "eu" quanto o que está fora de "mim" ainda não está completamente definido na mente dos pacientes borderline — não está bem resolvido como entidades que têm propriedades e valores constantes. Os valores relativos de situações diferentes no mundo, e de diferentes níveis de interação humana, parecem não ser facilmente comparáveis — levando a reações que carecem de sutileza, como um pensamento catastrófico sobre possibilidades improváveis, ou reações extremas a um natural dar e receber nos relacionamentos humanos. É como se ainda estivessem na etapa inicial do desenvolvimento de um tipo de moeda de troca que permita que valores humanos de diferentes categorias sejam comparados de forma justa — e com isso orientar sentimentos, e ações, de maneira comedida.

Mas esse padrão de extremas e aparentemente descabidas reações (que também podem estar presentes em outras condições, e aparecer ocasionalmente em qualquer uma) também parece constituir uma estratégia prática para sobreviver ao trauma precoce que tantos pacientes borderline sofreram, um reflexo de sua realidade de que não existe um único ou consistente sistema de valor que faça sentido no mundo. E outros aspectos de desenvolvimento pessoal podem parecer estar congelados em estados primevos também, como o uso, ainda em idade adulta, de objetos transacionais como cobertores, ou animais de pelúcia, itens que acalmam uma criança quando elas os agarram com força, com isso permitindo que a segurança de um certo ambiente seja portável para um espaço inseguro. O gesto de Henry para se proteger da visão da partida de Shelley foi o gesto de uma criança, bloqueando em vez de encarar uma realidade insuportável, inaceitável. Todos esses comportamentos podem ser inquietantes para os amigos, a família e os cuidadores — mas com reflexão, e com experiência, também podem suscitar compaixão.

Muitos pacientes borderline (e aqueles que não são pacientes, mas convivem com alguns desses sintomas) conseguem manter privada essa fragilidade: as repentinas oscilações, num doloroso vazio; alguns são reservados ainda quanto a uma maldição secreta, que também é uma silenciosa libertação: o rompimento intencional de sua própria pele, o corte intencional de braços, pernas e abdome. Essas são feridas que nunca precisarão ser mostradas — exceto quando úteis. Qual necessidade Henry estava satisfazendo aqui, com a exposição aparentemente deliberada de sua pele cortada? Estaria revelando isso por saber o que seria desencadeado no sistema — no meu sistema, em mim? Pacientes borderline podem parecer mestres em provocar emoção, gerando avassaladores sentimentos negativos ou positivos — aproximam-se dos seus próprios, mas dentro dos outros. Essa habilidade pode trazer resultados desejados, uma espécie de recompensa, inclusive ser admitido no hospital (às vezes esse é objetivo subjacente, mesmo quando não há intenção suicida).

Quanto mais eu agora pensava sobre os gestos que Henry fazia com os braços, enquanto ficava claramente observando minha reação, mais eles pareciam manipulativos naquele momento, uma tomada de força. Ele não corria na verdade risco de suicídio, pensei (meu pensamento oscilava com a natureza demonstrativa do gesto), nem estava desvairado com sangue, nem queria comer pessoas. Nem era um óbvio criminoso, ou um antissocial; até onde a história que me contou tinha revelado, Henry nunca havia machucado um ser humano a não ser ele mesmo — nem mesmo um animal. E como ele nunca tinha realmente tentado se matar, eu assegurei a mim mesmo que Henry provavelmente não queria morrer, ao menos ainda não. Embora seu sofrimento fosse real, a exibição de sua autoflagelação era outra coisa, um se agarrar frenético nas fronteiras reais e irreais para encontrar cuidado e conexão humana, alcançando os outros através da própria pele, mergulhando agarrado freneticamente ao cálido cobertor da interação humana que poderia esfriar a qualquer momento, procurando o vínculo profundo que nunca mais voltaria. Pele na pele. A fisionomia da sua mãe, impassível.

Eu estava em meio a casos clínicos urgentes — atuando ativamente em interconsulta [consult-liaison], pacientes que chegavam transferidos de outros hospitais, e um possível sangramento gastrointestinal acontecendo na unidade fechada. Minha capacidade não era infinita. Talvez Henry tivesse suspeitado disso, e estava contando sua história estrategicamente, sabendo que se fizesse isso direito eu não poderia facilmente despachá-lo naquela noite, sozinho, para a fria várzea de Palo Alto. Ele apenas queria algo de mim, algo imensamente precioso: eu — meu tempo e minha energia.

Quando me dei conta disso, senti um formigamento me subir pelas costas, naquela sensação de fúria defensiva que sentimos na pele quando nossas fronteiras pessoais são violadas. Mesmo sabendo que sua dor era real, àquela altura minha compaixão era apenas clínica e intelectual. Manifestou-se em mim um profundo e compartilhado estado ancestral que não dava a mínima para a minha compaixão. Os cabelos arrepiavam, do pescoço ao couro cabeludo, naquela antiga e furiosa e privilegiada experiência dos mamíferos — um sentimento que define nossa pele, nossas barreiras e nossos eus.

* * *

    Toda emoção tem uma qualidade física, como a borbulhante sensação torácica de se apaixonar. A fúria de uma invasão territorial é sentida em nossa fronteira física, na pele. Em nossos ancestrais essa sensação pode ter surgido como uma postura, a exibição de pelos eriçados para aumentar a aparência do tamanho, mas agora, para humanos quase desnudos como nós, essa sensação serve apenas internamente, como um legado invisível sentido pessoalmente, para nosso próprio uso interno. E Henry evocou isso em mim, ele alcançou meu interior, suscitando a mesma sensação que nossos antepassados sentiram há cem milhões de anos, assim que houve cabelo a ser eriçado. Os órgãos da pele ao longo do pescoço espremem as cavidades que sustentam os pelos, eles se eriçam, o corpo cresce, a forma exibida ao mundo se expande — este sou eu; há mais de mim, você deveria saber. Eu tenho mais importância. Eu sou mais.
    Esse sentimento — sem nome, universal, convincente — é um emaranhado estado interior de positivo e negativo, um requintado formigamento de prazer e fúria. Elevada e expandida, minha percepção aumenta e me sinto crescendo também — um surto, enquanto os pelos se eriçam. Estou encorajado; agora se pode enfrentar o perigo — o risco é tudo; nesse momento sou capaz de enfrentar as consequências e carregá-las comigo aonde quer que elas me levem. O limite é o sentimento, e o sentimento é o limite. E então os pelos em meu pescoço e em minhas costas lentamente baixam e se acomodam; tenho licença para praticar medicina; sou um profissional que veste um jaleco branco, num planeta civilizado, com limites. A onda cresce e recua. O sentimento, com seu domínio primordial, se atenua.
    Eu havia sentido isso antes com pacientes borderline, mas talvez Henry não pudesse saber que estava provocando isso agora. Bebês também motivam fortes sentimentos nos pais sem sequer terem sido ensinados a fazer isso. Henry era jovem e pouco instruído, um bebê borderline. Era um mamífero humano de uma toca quebrada — quebrada quando tinha três anos, e renascera então como borderline — congelado no tempo, com defesas infantis, mas com instrumentos prontos para romper minhas próprias fronteiras, atravessar minha fronteira, ficar debaixo de minha pele e tocar meus recursos até meu estado interno mais profundo e antigo.

A pele é ao mesmo tempo fronteira e sentinela. Ela surge do ectoderma, nos embriões;[1] ectoderma é nossa fronteira inicial, camada superficial de células, que cria a mais fundamental linha fronteiriça [borderline] entre o eu e o não eu. Nossa percepção de sentir, a torre de vigia na fronteira entre o eu e o mundo, é feita de ectoderma, com órgãos incorporados à pele que detectam toque, vibrações, temperatura, pressão e dor. E o próprio cérebro, embora hoje seja um órgão interno, também é feito de ectoderma, e assim essa camada acaba estabelecendo todas as fronteiras do indivíduo, tanto psicológica como fisicamente.

Cabelo e pelagem também são feitos de pele, e provavelmente vieram, primeiramente, de vibrissas, fibras no focinho de nossos mais antigos ancestrais em suas tocas, escondendo-se de dinossauros habitantes da superfície durante quarenta milhões de anos, até que o impacto de um meteoro pôs fim a tudo,[2] enviando mamíferos para a superfície que se esvaziara, sessenta e cinco milhões de anos atrás, quando a maior parte de outras vidas ia em direção à extinção. Esses pelos primevos sentiram a forma das tocas no escuro, a dimensão da abertura por onde passar a cabeça — avaliando se era possível entrar para se aquecer ou para escapar, projetados para tomar as medidas da intimidade da terra.

À medida que as vibrissas evoluíam para números mais espessos e densos, para uma sensação cada vez mais rica ao navegarem em nossas tocas escuras, nós esbarramos numa nova maneira de construir fronteiras. Foi descoberto o isolamento térmico com pelos, depois levado a todo o corpo pela seleção natural, com toda a sua força cega. Os mamíferos em suas tocas, nascidos com vibrissas sensoriais mais densas, também retinham uma energia mais vital — gerenciando melhor, no frio da noite, seu dispendioso estilo de vida de sangue quente e rápido metabolismo — e sobreviveram ao súbito frio de um sol bloqueado.

Esses pré-projetados órgãos sensoriais da pele espalharam-se depois pelo corpo durante milhares de milênios[3] — quando ainda mais usos foram descobertos. Sob ameaça, pelos se eriçavam na nuca e nas costas, servindo como alerta para uma cascavel; nossos primeiros órgãos de pele, como sentinelas de fronteira, agora também estavam respondendo à invasão como conceito no mundo externo, como território cruzado, como nova topologia. E, embora pelos eriçados fossem um sinal para fora, com a intenção de advertir outros a se manterem afastados, na época em que nós (mamíferos capazes de descrever sentimentos) surgimos, esse sinal visível acompanhava outra coisa abrigada internamente. Uma sensação interna fazia parte daquele estado, tornando-se um sinal mais útil para o eu. Pelos — um mero órgão periférico da pele longe do cérebro — agora estavam relatando integridade territorial pessoal, podendo ser tanto psicológica quanto corpórea, e sinalizando a invasão tanto para o mundo quanto, de volta, para nós.

Nós (como humanidade) acabaríamos perdendo mais uma vez a maior parte de nossos pelos corporais, mas a sensação em si permaneceu, essa primorosa carga de ameaça e crescimento — talvez o primeiro estado interno distinto de mamíferos, verdadeiramente primordial, um sentido nascido há muito tempo em túneis escuros.

Percebemos e definimos nossas próprias bordas com a pele: fronteira, sentinela, pigmento, sinal. A pele é onde somos vulneráveis, onde nosso calor é perdido e onde temos de fazer contato para viver e nos acasalarmos; a pele desempenha muitos papéis, e assim tem suas próprias diversidades e contradições. Nas tenras laterais de nosso ventre, ao longo da linha mediana que vai da garganta ao abdome e à pelve — a parte frontal de um ser humano, que deriva do aspecto de um réptil ou de um mamífero primevo com quatro patas e com o ventre voltado para o solo —, o sangue flui para a superfície no rubor e no inchaço, para ajudar a se aproximar, para acionar uma função, para acasalar. Mas nossa sensação — furiosa, violadora de fronteiras — de eriçar dos pelos, de formigamento, é, em vez disso, sentida e expressa dorsalmente, ao longo das costas — o lado mais secreto e menos visível dos seres humanos, paradoxalmente voltado para o lado contrário em relação ao indivíduo que nos está confrontando —, mas em nossa história evolutiva, antes de nossa postura ereta, esse era o lado mais perceptível, voltado para cima, onde, como nas dobras no pescoço e nas costas de gatos e lobos, pelos se eriçavam para ajudar-nos a expandir nossa presença.

Quando os pelos se eriçam com fúria — reagindo à perda de integridade territorial —, alguns psiquiatras, ao perceber que também são atingidos por esse sentimento, usam isso para ajudar a diagnosticar transtornos de personalidade como borderline. Esse truque clínico, raramente formalizado, é uma arte na psiquiatria, se não bastante científica — ouvir a si mesmo, perceber os sentimentos negativos evocados pelo paciente, constatar que esses sentimentos são provavelmente uma resposta compartilhada de outros na vida do paciente, e usar esse insight no tratamento. Portanto, notavelmente, um vestígio evolucionário é também uma ferramenta diagnóstica, com todas as ressalvas que se possa imaginar, inclusive a possibilidade de estar errado — e assim o médico sábio mantém o foco simplesmente no fato de que o paciente provavelmente evocará esse sentimento defensivo nos outros também, o que pode ser fonte de dificuldades na vida, e portanto o tema de uma terapia profícua.

Essa transferência funciona com sentimentos positivos também. Para o bem ou para o mal, o paciente ou o psiquiatra pode se encaixar num papel do passado que foi criado e desempenhado primeiro por outra pessoa, na vida de outrem.[4] Por acaso ou intencionalmente, nós às vezes descobrimos que somos como que cavilhas quadradas para orifícios quadrados, e se o papel é positivo, a conexão terapêutica pode ser fortalecida — desde que a transferência seja identificada, e monitorada, e não permita distorcer o processo de cuidado. E de fato, quase inevitavelmente em retrospecto, já no fim de sua fala, Henry deixou escapar uma única sentença que me ajudou a me conectar com ele — involuntariamente, ou talvez me manipulando perfeitamente. Eu tinha começado a encerrar a entrevista, já mais convencido de que havia pouco risco de que ele se ferisse naquela noite, mas ainda incerto sobre admissão ou alta, quando ele disse, *Eu só quero que meus pais fiquem juntos*.

Ali, bem ali, entre truques e desorientação, pelo menos isso era verdade. Essa era a única coisa que importava. A esperança latente de conectar as margens esgarçadas e reparar o eu fragmentado. Como pai solteiro, ouvi a voz de meu filho — e senti novamente, por um longo momento, a fragmentação de nosso lar quando ele tinha dois anos.

Ciente da transferência, e lembrando a mim mesmo que eu pouco podia fazer — e ainda menos compreender —, admiti Henry no 5150, completei a papelada, liguei para a unidade e o internei para mantê-lo seguro e aquecido.

Geralmente sem resposta a medicamentos, o borderline é uma desconcertante mistura de sintomas que podem parecer não se relacionar entre si: medo frenético de ser abandonado, intensas oscilações de humor, inevitáveis sentimentos de vazio, bizarras exibições em público, visões mórbidas. O suicídio é mais comum no borderline do que em qualquer outro transtorno psiquiátrico,[5] e a autolesão não suicida — como no corte deliberado da própria carne — pode se tornar poderosa e recompensadora, até mesmo desesperadamente buscada. Esse é um comportamento que poucos podem, honestamente, alegar compreender totalmente, mas o ato de se cortar é comum — e, portanto, significa algo sobre nós, sobre a humanidade.

Diferentemente do que ocorre em outras doenças psiquiátricas — como a esquizofrenia, em que sintomas bizarros compelem ao desligamento, repelem outras pessoas e isolam o paciente —, os sintomas de borderline podem frequentemente envolver, entrelaçar e atrair outras pessoas, ao menos por algum tempo. Ações autolesivas, como as de Henry, podem realmente enredar outros dessa maneira, mas parecem servir também, internamente, a algum propósito do paciente. Já existe outro sofrimento, de tipo diferente — e a autoflagelação pode funcionar contra essa dor, essa mágoa mais profunda.

Sabemos que muitos desses seres humanos carregam um fardo injusto: um trauma psicológico ou físico quando muito jovens,[6] às vezes atribuível a seus próprios cuidadores. A única fonte de calor de Henry, em seu minúsculo ninho familiar, no frio de um arvoredo de sequoias, tinha sido não apenas interrompida como também derrubada — seu valor invertido — e o que quer que tenha efetivamente acontecido com seus pais, a percepção e interpretação de Henry era clara: tinha sofrido muito quando ainda era muito jovem. Porém carinho junto com sofrimento ainda equivale a sobrevivência, num cálculo de praticidade para se adaptar a um mundo hostil e confuso. Se aqueles em quem confiamos, em quem devemos confiar, tornam-se imprevisíveis ou nocivos, se fronteiras são cruzadas, se valores se invertem de modo fundamental, então é necessária uma estranha nova lógica para permanecer. A sobrevivência requer o engajamento com quem cuida de nós, e nem tudo precisa realmente fazer sentido contanto que também aqueça. Uma ordem mundial fragmentada resulta numa vida emocional fragmentada, onda nada é estável mas tem de ser estabilizado, e onde a conexão humana se torna uma dialética: tanto desesperadamente necessária quanto tendo de ser totalmente evitada. Sob essa luz, a capacidade de trabalhar com realidades alternativas, em si mesmo e nos outros, começa a fazer algum sentido.

As correlações entre esses diversos sintomas são reais e podem ser quantificadas por epidemiologistas. Para pacientes borderline, o trauma durante um período em que são dependentes — no início da vida, quando calor e carinho são necessários a todo custo — prenuncia autoflagelação não suicida mais tarde.[7] E o período de dependência humana é longo. Temos de construir vastos e intricados cérebros, e temos uma civilização diversificada a ser assimilada — uma babelizada complexidade de costumes e cognição humanos —, o que pode ser mais bem-feito com a confiança e a rapidez e aceitando a natureza dócil do cérebro infantil. Nosso cérebro está construindo uma estrutura básica — o isolamento elétrico, a mielina[8] que dá à substância branca a sua brancura, que orienta os caminhos da comunicação elétrica através do cérebro — até os vinte anos e além. Como primatas, e como seres humanos, mantemos nossa pele exposta — a dérmica ou a neural, bordas ou cérebros —, disponível, para uso ou abuso, o máximo que pudermos.

E assim a evolução do primata em direção aos humanos modernos trouxe-nos uma infância dramaticamente mais longa, com o tempo de dependência e vulnerabilidade muito prolongado. A infância é agora levada aos seus limites, já mais longa do que a expectativa de vida de nossos antepassados recentes, até as fronteiras da fertilidade e além delas. Em nenhum lugar esse fenômeno é mais claro do que na própria prática da medicina, com seu interminável período de treinamento. Os corredores de hospitais-escola são preenchidos por pequenos grupos de médicos ainda em residência ou bolsas de treinamento, estudando em compactos e vulneráveis aglomerados de jalecos brancos. Estão todos no meio de sua idade adulta, mas ainda tentando aprender, tentando encontrar o amor e tentando não morrer — seus cabelos um afloramento grisalho da pele e do eu, sinalizando mais fragilidade do que autoridade.

Embora saibamos por que nosso período vulnerável pode ser tão prolongado, ainda não compreendemos a biologia da personalidade borderline nos níveis de células ou circuitos. Como sempre, para abordar essa questão cientificamente, temos de optar por simplificar, reduzindo a questão selecionada a uma medida confiável, um só aspecto observável. A recompensa da dor, de se cortar — embora não exclusiva do borderline —, está ligada ao transtorno, e serve como um parâmetro notavelmente claro, sobre um estado interno humano poderoso e alterado.

O que faz com que um ser humano se corte? Já é uma pergunta difícil, mas pode-se levá-la a um nível mais profundo: o que leva qualquer ser a fazer qualquer coisa em geral? Em diferentes cenários, a resposta pode ser reflexo, ou instinto, ou hábito, ou uma tentativa de evitar desconforto ou dor, ou de obter um pouco de prazer, a sensação de ser recompensado... Mas em vez disso poderíamos imaginar um mundo onde todo comportamento é guiado pelo sofrimento e pela tentativa de se livrar do sofrimento. Às vezes somos movidos pela busca de um sentimento positivo, mas um indivíduo pode, em vez disso, ser guiado principalmente pela supressão do desconforto interno como motivação para agir.[9]

Será que o comportamento poderia ter como motivo forte o bastante a sobrevivência se uma espécie ou um indivíduo tivesse de agir sem [visar ao] prazer — e em vez disso usar apenas uma redução temporária do sofrimento como motivação para o comportamento correto? Ao se empreender uma ação adequada para promover a sobrevivência ou a reprodução, um sofrimento interior poderia ser reduzido — mesmo que apenas por um momento. Se fôssemos deuses projetando seres, essa estratégia poderia funcionar. Qual seria o aspecto e como agiria um ser humano cujo traço básico fosse o sofrimento psíquico e cujas ações fossem dirigidas para reduzir ou desviar dessa dor?

Podemos postergar o prazer a qualquer momento, mas não somos capazes de ignorar prontamente o sofrimento. Talvez, então, a dor seja uma força ainda mais poderosa na orientação de nosso comportamento. Reduzir o sofrimento interior, ou desviar dele a atenção, pode funcionar como uma motivação para simplesmente despertar toda manhã, ou socializar com amigos, ou proteger crianças — embora os maneirismos para isso possam parecer-nos estranhos, do jeito que somos agora construídos. O estilo e a melodia e o ritmo de cada ação pareceriam fora de lugar, bizarros e voláteis, de um ser vivendo em agonia e agindo para sua redução. Mas tal existência, ao menos para alguns, pode já ser uma realidade. Essas pessoas podem não parecer muito diferentes de pacientes borderline — podem ser nossas irmãs e nossos irmãos e filhos e filhas, terrivelmente sobrecarregados com estados interiores negativos.

Esse insight também pode propiciar esperança para a compreensão e o tratamento, porque estados internos e sistemas de valores podem ser mudados e até projetados para uma fácil mudança. À medida que um ser cresce, que o meio ambiente muda, que a espécie se adapta e evolui, as valorações atribuídas a circunstâncias do mundo — como o valor de possuir uma coisa, ou de estar em determinado lugar — também devem se adaptar. Esse valor interno é uma moeda como qualquer outra, e não deveria estar fixada a um padrão imutável capaz de evitar o crescimento. Em vez disso, o valor deve ser estabelecido por decreto — o que for bom para a sobrevivência — e com facilidade, precisão, rapidez. Desde o nascimento, à medida que mudam as dimensões do eu e da vida, os perigos existenciais — até mesmo ameaças à vida, predadores — tornam-se aborrecimentos menores, ou objetos de beleza, ou presas. O ímpeto de medo e horror tem de se esvair, deve se transformar em alegria, deve se metamorfosear na emoção de sair numa perseguição.

A mudança de valor em qualquer escala de tempo — rápida num novo e instantâneo insight, lenta no crescimento e no amadurecimento, mais lenta ainda ao longo de milênios em que o mundo e espécies evoluem juntos — permite a adaptação às mudanças nas condições ajustando as taxas de câmbio internas para as moedas concorrentes do sofrimento e da recompensa. As experiências de pacientes borderline e os insights da neurociência moderna, juntos, mostram que a valência — o sinal negativo ou positivo da experiência, aversivo ou apetitivo, ruim ou bom — está projetada para ser mudada, e prontamente.

Os neurocientistas podem agora estabelecer essas taxas de câmbio, ajustando com precisão qual a probabilidade de que um animal faça qualquer coisa, com a optogenética tendo como alvo células e conexões específicas em todo o cérebro. Por exemplo, dependendo de quais sejam os circuitos específicos visados, podemos fazer com que animais fiquem mais ou menos agressivos, defensivos, sociais, sexuais, famintos, sedentos, sonolentos ou energéticos[10] — inscrevendo com a optogenética uma atividade neural (em outras palavras, determinando apenas que alguns ímpetos de atividade ocorram num punhado de células ou conexões definidas).

Quando o comportamento de um sujeito muda, a favor de uma busca em detrimento de outra e, portanto, aparentemente mudando de um sistema de valores para outro, às vezes um psiquiatra não pode deixar de pensar em pacientes borderline. Esses indivíduos podem ser rápidos em reagir fortemente com atribuições ou mudanças de valores[11] — por exemplo, tratando um novo conhecido ou um novo psiquiatra como um arquétipo da categoria: o amigo mais profundo, o melhor médico. E essa categorização positiva tão poderosamente expressa pode ser apagada ou revertida em um instante — numa transição (após perceber o erro de um cuidador, ou após a atenção de um parceiro ser percebida como inadequada) do melhor para o pior, culminando no que é catastroficamente negativo.

Essa mudança binária nas pessoas é às vezes atribuída a uma atuação habilidosa e intenção manipuladora — mas minha visão (compartilhada por muitos) é que esses estados lábeis são verdadeiramente sentidos, esmagadoramente. Reações extremas refletem sentimentos de tudo ou nada, estados subjetivos adaptados à experiência de vida incerta. As habilidades de sobrevivência de uma criança traumatizada — embora isso não descreva todos os pacientes com transtorno de personalidade borderline — tornam-se as distorções que existem num ser humano adulto que sofre, vivendo a vida numa negatividade crônica, com tudo enquadrado em termos do que pode ser forte ou puro o bastante para desviar a atenção das implacáveis sirenes do sofrimento psíquico transmitidas por todo o mundo interno do paciente.

Há profundas e poderosas estruturas cerebrais através das quais esses efeitos podem se confirmar. Alguns desses circuitos e dessas células (como as células dopaminérgicas junto ao tronco encefálico) irradiam amplamente sua influência, enviando conexões para quase todo o cérebro — inclusive para as recentemente evoluídas regiões frontais, onde ocorrem nossas tomadas de decisão mais integrativa e cognições complexas, bem como às regiões mais antigas que manifestam os impulsos de sobrevivência em suas formas mais básicas. Um valor positivo ou negativo pode ser facilmente anexado por essas células dopaminérgicas até mesmo a itens tão neutros como um aposento totalmente inexpressivo. Com a optogenética, o ato de desligar a atividade elétrica dos neurônios dopaminérgicos no mesencéfalo, produzindo um flash de luz toda vez que um camundongo entra num recinto neutro, faz com que o animal comece a evitar aquele recinto inofensivo, como se fosse a fonte de intenso sofrimento.[12]

Esse experimento pode estar acessando um processo natural, uma vez que uma estrutura cerebral profunda, diferente, mas interconectada, a habênula (uma estrutura — tão antiga que é compartilhada com peixes — que dispara durante situações desesperançadas, incontrolavelmente negativas e decepcionantes), atua desligando naturalmente os neurônios dopaminérgicos no mesencéfalo, assim como a optogenética faz experimentalmente.[13] Esse circuito é capaz, assim, de impor um sinal, ou valência, onde nenhum estava presente antes.

Descobriu-se que o estresse e o desamparo no início da vida podem aumentar a atividade da habênula,[14] e pacientes borderline podem estar presos a uma constante e incontrolada negatividade de sua conexão neuronal habênula – dopamina – ou outro circuito relacionado. Fixados num patamar de sofrimento, eles podem vivenciar uma lição duramente aprendida sobre como é o mundo, que só poderia ser internalizada pelos jovens.

O ato de se cortar pode revelar essa negatividade no estado interior dos pacientes borderline. Esse comportamento pode recalibrar essa negatividade, introduzindo um novo, agudo e ainda não experimentado sofrimento que é controlado e compreendido, em vez daquele descontrolado (e inexplicável) sentimento na infância. Assim, o sofrimento de toda a vida, ao menos por um momento, é renormalizado para quase nada, em comparação com a nova sensação autoprovocada. Essa intensa negatividade – contanto que venha de uma ação voluntária, com controle, com um motivo – pode ser buscada desesperadamente.

A neurociência moderna pode assim começar a revelar como Henry, e aqueles como ele, poderiam chegar a habitar nesse estado, com um trauma da infância semeando uma predisposição à valência negativa no arável campo de uma mente jovem e vulnerável, e semeando profunda instabilidade na valorização da conexão humana. O estudo de peixes e camundongos, nossos primos, com os quais compartilhamos ancestrais-chave, demonstra quão poderosa e instantaneamente valores absolutos podem ser acessados e modificados pela atividade em algumas células e circuitos específicos no cérebro de vertebrados – e assim muito provavelmente em nosso cérebro.

Cada um de nós tem uma narrativa em nossa mente, um desenho em progressão a ser apresentado e pronto para explicar nós mesmos e os outros, para justificar nosso senso de nós mesmos e nosso relacionamento com o momento. Carregamos conosco essa representação, e também as de nossos amigos e nossa família e de outras pessoas que nos são importantes, como imagens que consultamos de tempos em tempos. Para quem mais ama e estima o paciente borderline é difícil construir essa imagem – realmente, criar e manter um modelo interno que espelhe a narrativa e o sofrimento de seu ente querido. Mas com uma pequena ajuda da neurociência moderna esses amigos, familiares, os cuidadores e outros podem agora começar a imaginar, e talvez quase compreender, que se viva uma vida dessa maneira.

Traumas no início da vida podem acontecer a qualquer animal, mas nossos filhotes podem ser os mais vulneráveis, porque eles têm mais a ser internalizado. Nossa estratégia evolutiva (e cultural) de aprendizagem tem sido prolongar a infância e assim, como efeito colateral, prolongar o risco. Outros animais podem, por outros motivos, passar a viver em negatividade também, sem meios ou motivo para sinalizar esse estado interno ao mundo exterior, mas sintomas tipo borderline podem se revelar mais prontamente no contexto das complexas redes sociais da vida humana — e quando nossa singular capacidade de planejar e de criar ferramentas permite a descoberta de comportamentos como o corte. Até mesmo Henry, como descobri mais tarde, não se deparou com essa inovação por conta própria.

Henry tinha muitos cortes superficiais nos braços, que estavam sarando rapidamente, sem complicações. Como costuma acontecer com borderlines, seu caso ainda era brando, ele ainda estava descobrindo. Mesmo seu conhecido trauma infantil não era tão grave, ao menos que eu soubesse, ao menos em comparação ao que eu tinha visto em outros casos — um divórcio difícil, certamente, mas coisas muito piores podem acontecer.

E, no entanto, o sofrimento de Henry era real. Sua família estava destruída e todas as experiências que ele compartilhou foram distorcidas de alguma forma por essa perda fundamental, que era um fardo acumulado por inteiro, não resolvido, dobrando sua forma interior, criando confusões opostas de positivo e negativo, branco e preto, realidade e imaginação, até que a única dialética que importava era a que estava, para ele, no cerne de tudo: conexão e abandono, água e óleo, imisturáveis.

Nos primeiros três dias em que o mantivemos lá foi acionado um mensurado processo de atendimento — com ritmo e duração estabelecidos, como em qualquer 5150. O paciente, o recém-chegado, é mantido aquecido e depois tornado acessível, como uma nova cria de leão sendo apresentada à alcateia; primeiro o paciente recebe uma cama e, depois, num ritual firme e constante, ele é visitado por membros da equipe de cuidados. Passam-se vários dias dessa gentil e insistente atenção — desde auxiliares de enfermagem, enfermeiros, estudantes de medicina, residentes, terapeutas ocupacionais e fisioterapeutas, psicólogos clínicos, equipe de consulta médica, assistentes sociais, médicos de plantão — ao lado dos outros pacientes, todos estranhos mantidos juntos, e cada um com diferentes motivos para ter ido parar lá. É no todo a mais complexa e desafiadora ninhada para a qual se possa estar preparado, por instinto ou intuição.

O tempo que qualquer paciente passa numa enfermaria fechada é, em geral, de alguns dias apenas, o que parece ser tempo insuficiente para que células ou circuitos mudem fundamentalmente, ou para modificações comportamentais significativas devido à terapia. No entanto, toda manhã, uma avaliação de vida ou morte tem de ser feita pela equipe clínica na enfermaria fechada. À medida que avaliamos pacientes sujeitos ao 5150, não é fácil distinguir entre os que estão realmente se recuperando e os que estão simplesmente negando. Tudo o que temos para fazer essas avaliações são interações e palavras humanas, juntamente com estatísticas publicadas e experiência clínica individual acumulada. Não é suficiente; ainda assim, em grande perigo estimamos o risco, porque não há mais nada a fazer nem há ninguém que saiba mais. Todo dia temos de decidir se mantemos ou liberamos o paciente.

Ainda mais inquietante é a pressão do prazo que se esgota. Na manhã do terceiro dia a retenção expira, e o paciente é automaticamente liberado para o mundo, mesmo que o perigo continue — a menos que se tomem medidas adicionais. A numerologia parece ser a única consideração relevante para esse limite de três dias, já que essa duração não se refere a um processo médico ou psiquiátrico específico. Três dias, convincentes e bíblicos, no Antigo ou no Novo Testamento: *três dias e noites no ventre da besta, três dias e noites no coração da terra.*

Se uma aguda tendência ao suicídio persiste, pode-se buscar mais duas semanas de tratamento num outro tipo de detenção chamado 5250, pelo código da Califórnia. Mas então realmente ocorre uma avaliação, na forma de um elemento de fora não médico com direito de passagem no território psiquiátrico. É o oficial de audiência, um juiz, que vem à unidade — seguido por outro visitante, o "advogado do paciente", cujo papel de defensor é pressionar pela liberação. O médico (se ainda achar que a liberação não é segura) pode argumentar a continuidade do cuidado, a manutenção do controle — só que agora isso enfrenta oposição. É uma farsa incômoda, um médico argumentando contra alguém que se diz o defensor do paciente — quando toda a vocação e senso de si do médico são construídos para ajudar o paciente a se curar com segurança. No entanto, o médico e o advogado do paciente têm de se enfrentar, de modo civil e gracioso, mas com tufos de pelos se eriçando secretamente, pescoços coçando.

Quando animais de uma espécie entram em conflito, mecanismos naturais de antigos circuitos podem agir para minimizar os danos. Rituais que sinalizam tamanhos (como a dimensão de bocas escancaradas, de um contra o outro, nos hipopótamos e nos lagartos) frequentemente permitem que o adversário menor fuja com segurança e ambos economizem energia. Essa prevenção de conflito funciona quando as apostas não são vida ou morte, como em muitos conflitos de acasalamento, quando outras oportunidades como essa estão presentes, ou podem ocorrer mais tarde. Mas se essas oportunidades são escassas, a escalada do conflito é mais difícil. Na audiência numa unidade fechada, nesses rituais, nenhum recuo é possível nessa escalada, e o que está em jogo é existencial — na verdade, vida ou morte, mas não para os combatentes. Aquele que tem interesse vital no resultado, o paciente, está esperando em outro quarto, não tem presença nem voz.

Eu tinha vencido quase todas as audiências antes dessa, e esperava conseguir o mesmo com Henry. Mas, após somente alguns minutos, a decisão do auditor, expressa com uma terminalidade divina, foi que eu tinha perdido. O decreto para Henry foi dispensa: liberdade e perigo.

Sem participação pessoal na decisão, eu poderia facilmente ter deixado rolar; mas neste caso o resultado foi duro para mim, e me vi remoendo o caso e a audiência em minha mente repetidas vezes. Objetivamente eu podia compreender a decisão do oficial de audiência. Embora preocupado com o fato de que Henry não se comprometera com sua segurança — recusou prometer que não tentaria o suicídio —, sua automutilação até então tinha sido inegavelmente não letal. Esse fato foi suficiente para o oficial de audiência e talvez devesse ter sido suficiente para mim.

Eu também deveria ter ficado contente por se ter, com essa decisão, valorizado tanto a autonomia pessoal, já que eu também dava muito valor à liberdade. Compreendi — todos os lados compreenderam — que se um suicídio estava sendo secretamente planejado, ele agora poderia seguir adiante com isso, mas nesse caso a liberdade pessoal tinha sido considerada de maior significado do que aquele pequeno risco, no equilíbrio entre dois valores fundamentais categoricamente diferentes. Este subtexto é o conflito central de toda audiência desse tipo — a liberdade do paciente versus a segurança do paciente — e, assim, ambos os lados são os defensores do paciente, num sentido real. Defensores da autonomia ou da segurança: não existe conflito mais antigo ou mais profundo, e nenhum que esteja mais próximo do pulsante coração do borderline.

Lutei contra esse veredicto, mas compreendi a origem desse meu conflito interior; não estava alheio à transferência. O paralelo com minha própria vida não era sutil — pelo menos em um aspecto, o colapso precoce da vida do lar — e não pude evitar pensar em meu próprio filho, com apenas cinco anos na época em que tratei Henry. Embora meu filho nunca tivesse apresentado nenhum indício do que afligia Henry, eu não tinha essa percepção no dia da audiência — e Henry desenvolveu seus sintomas tardiamente. Foi somente após seu rompimento, no verão, aos dezenove anos e com o sol ainda frio em sua pele, que ele assistiu a um filme em seu laptop mostrando explicitamente uma menina de treze anos se cortando — e o conceito deu um estalo, duro, em sua mente. Ele tentou isso imediatamente, copiando o ato de se cortar, com ferramentas brutas e golpes grosseiros, atrás do ginásio comunitário da faculdade, e depois foi diretamente mostrar a seu pai.

Por que foi primeiro até seu pai, para revelar suas feridas? Talvez fosse, simplesmente, para que se soubesse de sua dor, para se conectar mediante choque e sangue. Mas por que não começar com sua mãe, em vez disso? Ela era a única que ele parecia culpar, em primeiro lugar: ele a tinha apontado como aquela que abandonara a família, aquela que havia abandonado o ninho. A principal queixa de Henry — *"Meu pai disse:' Se você vai se matar, não faça isso aqui em casa. Sua mãe ia pôr a culpa em mim'."* — seria esta a pista-chave, uma significativa atribuição de patologia a seu pai, não nele, de um modo que ainda não compreendíamos?

Esses são mistérios que não se desvendam em poucos dias; ainda obscura, a história de Henry não tinha sido verdadeiramente contada. Não houve tempo para uma conexão profunda. Em seus dois dias e meio na unidade Henry tinha, de algum modo, revelado pouca coisa de importância, algo que assim mesmo pudéssemos captar. Ele exibia uma forma superficial de progresso, uma espécie de decrescendo — gradualmente atenuando sua linguagem violenta, as descrições de seu desejo de morrer, de se afogar em sangue. Mas eu sabia quão prontamente ele poderia apresentar histórias diferentes em momentos diferentes, dependendo do que fosse necessário, e não fiquei tranquilo. Eu queria tempo para poder ajudá-lo.

Se eu tivesse atuado de modo diferente na audiência, talvez pudesse encontrar um jeito. Na Califórnia, detenções podem ser aplicadas ou estendidas não apenas por haver tendência ao suicídio, mas também por oferecer perigo a terceiros, e por deficiência grave. Mas, apesar de sua fúria, Henry não era violento, e nunca tinha sido, em relação aos outros; suas visões sangrentas eram apenas isto: uma agitação de imagens violentas não acompanhada do forte golpe de uma ação. Isso só deixava aberta a rota para descobrir evidência de uma deficiência grave; talvez um argumento plausível pudesse ser imaginado a partir de sua nudez no ônibus, um caso a ser feito para sua incapacidade de satisfazer ao menos uma necessidade básica da tríade: alimento, vestuário e abrigo. Mas Henry inegavelmente dispunha, e sabia como acessar, recursos que satisfaziam todas as suas necessidades. O incidente do ônibus, como o ato de cortar, era sério mas não letal, e assim Henry deixou a unidade numa brumosa manhã de domingo.

Eu o observei enquanto caminhava pelo corredor em direção à escada rolante e à principal saída do hospital, mochila de lona no ombro. Não estava curado, nem mesmo tratado, mas eu disse a mim mesmo que não havia muito mais que pudesse ser feito. Seu transtorno não era sensível ao tratamento com medicamentos, ele quis ir embora logo após a admissão e, na alta, recusou até mesmo meu encaminhamento ambulatorial para uma terapia comportamental em grupo.[15] A literatura clínica previa que o futuro de Henry incluiria mais desses atos parassuicidas, como se cortar, que eram vingativos e recompensatórios de um modo que eu nunca compreenderia totalmente. Suas feridas cicatrizariam e depois reapareceriam, já que o alívio continuava a vir do ato — uma lesão desejada, um contra-ataque contra um sofrimento interno que estava além de minha imaginação. Henry não tinha escolha; por algum tempo ele continuaria a buscar essa *stigmata*, e outras — não pele a pele, mas do "eu" para o "eu", forçando o calor humano a atravessar espaço e tempo.

Seu destino a longo prazo poderia ser o abrandamento dos sintomas borderline que comumente vem com a idade — mas o tempo poderia, em vez disso, trazer o suicídio, o fim do "eu", a uma taxa de 15%: a maior incidência de qualquer doença, qualquer fardo da humanidade. Havia uma esperança, a de que as pessoas que cuidam dele fossem capazes de se valer do estado que ele era capaz de evocar nelas, projetando aquele antigo sentimento do eu invadido, cem vezes aumentado, de volta a suas próprias representações interiores de Henry. Uma poderosa empatia pode ser alimentada de centelhas de raiva.

    Meu próprio lampejo de fúria tinha desaparecido havia muito, embora eu soubesse que ainda era vulnerável a ele, e sempre seria. Henry se projetou dentro de mim, e estava próximo a mim, como uma palavra escrita está próxima do papel. Mas senti que eu lhe havia exibido apenas um agradável ludibrio, na seriedade com que tentava reduzir seu sofrimento. E por algum tempo eu não conseguia ver meu filho sem pensar em Henry. Ele havia escrito sua história por cima da minha, como um monge medieval inscrevendo um novo texto num pergaminho raspado e reutilizado, esculpindo símbolos de juízo e de revelação numa pele de animal esticada finamente.

5. A gaiola de Faraday

Hegel tornou famoso seu aforismo de que tudo que é racional é real e tudo que é real é racional; mas há muitos de nós que, não convencidos por Hegel, continuam a acreditar que o real, o realmente real, é irracional, que a razão se constrói sobre irracionalidades. Hegel, um grande formulador de definições, tentava, com definições, reconstruir o universo, como aquele sargento de artilharia que disse que um canhão era fabricado pegando-se um buraco e o cercando de aço.
Miguel de Unamuno, Del sentimento tragico de la vida

Os novos pensamentos chegaram com toda a certeza de uma mudança de estação, numa reunião de sinais. Como o ar do início do outono, as primeiras semanas pareciam trazer uma mudança na pressão em sua mente, com a sugestão de um vento que se revelava — um tremeluzir de suas folhas mais altas, um farfalhar na cúpula neural.

Ela podia sentir a mudança em sua pele também, um tênue formigamento, um frio de início de outono. A sensação evocava uma lembrança de doze anos atrás: Wisconsin em setembro, com seus irmãos AJ e Nelson, caçando gansos do Canadá ao longo da margem do lago. Winnie tinha completado dezessete anos após aquele verão de quimio por causa de um linfoma. Nada, nunca, tinha parecido ser tão carregado quanto seu retorno ao ar livre naquele outono, depois do metotrexato — tudo em torno dela e dentro dela, mesmo para os pulmões, e para o cérebro, uma névoa da estação parecia infundada, clara e cristalina. Em remissão, tinham dito, uma provável cura, e estavam certos.

Mas desta vez, com o farfalhar das folhas, vieram intimações inquietantes, lá no alto como uma pipa flutuando no mesmo vento fantasma — e havia uma sensação de abertura, de vulnerabilidade, que não era totalmente positiva. Ela decidiu abruptamente tirar um mês de licença, o que era sem precedente para alguém com seu número de casos. A equipe resmungou, inclusive seu supervisor, mas Winnie tinha construído para si uma séria credibilidade, até mesmo uma espécie de celebridade, conseguindo um subsídio após outro, construindo propriedades de patentes a partir do caos — empunhando sua mente como se fosse uma arma treinada tanto na lei quanto na engenharia, única em sua capacidade de lidar com famílias de propriedade intelectual de inteligência artificial interligadas. Sua equipe de advogados e de funcionários tinha registrado 1700 patentes — contando todas as divisionárias e continuações — apenas de seu principal cliente, no último ano. Mas agora ela precisava de um mês de licença; havia questões prementes a encarar. Ela estava exposta.

A primeira delas era Oscar, que morava ao lado, na casa geminada. Ele tinha instalado uma antena parabólica no telhado, acima de seu deque — e parecia estar se preparando para baixar os pensamentos dela. Winnie precisava que alguém lhe fizesse uma visita, desmontasse a antena e o levasse preso; seria natural convocar a segurança de sua associação de proprietários de imóveis, mas eles provavelmente eram aliados de Oscar. O mesmo acontecia com a polícia. Ela precisava achar uma solução tipo faça-você-mesmo, para cuidar de si mesma como sempre havia feito.

Um truque lhe veio à mente, uma contramedida temporária contra a antena parabólica — uma rápida gambiarra, mas com probabilidade de realmente funcionar. Ela arranjou um gorro de tricô preto e pesado, aquele com o logo refletivo dos Raiders que ganhara na faculdade, e que não tinha usado desde seus tempos de Berkeley. Vestiu o gorro e o puxou para baixo, cobrindo as orelhas. Imediatamente tudo pareceu estar mais contido. Foi uma grande surpresa constatar que tinha funcionado tão bem, apenas com aquele logo prateado de um time de futebol americano como um isolante de campo eletromagnético, mas não havia dúvida — parecia ser menos provável que o sinal do satélite penetrasse, ou que seus próprios pensamentos vazassem. O aperto do gorro ajudava a moldar o ar em torno de sua cabeça, a separar e definir fronteiras.

Essa vulnerabilidade era corrigível, então, e uma solução mais permanente residia na engenharia. Havia mudanças estruturais que ela poderia fazer na parede do quarto de dormir, para reforçar aquela fronteira com um material condutor — instalando uma verdadeira gaiola de Faraday moderna como um escudo contra o sinal da antena parabólica.[1] Começou a trabalhar na parede, e seu kit de ferramentas domésticas expandiu-se gradualmente com algumas breves idas à loja de hardware no outro lado da cidade em busca de itens mais especializados — um pé de cabra, um pedaço de tela de arame, chapa metálica, um voltímetro.

Porém outros desenvolvimentos nessa nova e estranha fase eram mais perturbadores e mais difíceis de abordar. Fora de sua especialidade. Mais biológico. No centro de tudo isso estava Erin, assistente de Larry, o sócio sênior, mais moça que Winnie e há cinco meses na firma. Erin tinha engravidado, claramente para zombar dela, fazendo dela um alvo por viver sozinha e não ter filhos. Não era uma atitude profissional da parte dela, era embaraçoso para Winnie, e um pouco assustador, considerando a proximidade de Erin ao poder na firma.

Aqui não havia uma clara solução de engenharia para enfrentar esse comportamento ofensivo. Winnie teria de se dirigir ao próprio Larry. Larry era a única pessoa que poderia disciplinar Erin, e ele precisava ser informado e desafiado a agir. Assim, durante um fim de semana, Winnie planejou uma incursão nos níveis mais altos de sua própria firma de advocacia — o andar da classe C, com todos os chefes e capitães. Ela concebeu com detalhes seu plano de acesso e ensaiou a conversa com Larry — a maior parte, primeiro, mentalmente, sem usar o computador ou a internet, pois era plausível que Erin tivesse hackeado tudo que era dela, e obtido, há muito tempo, acesso a seus e-mails.

Muito de seu planejamento consistia agora em rabiscar no papel elaboradas reconstruções de posições de escrivaninhas e localização de banheiros da memória, mas depois ela ficou inquieta, precisando movimentar o corpo, fazer algo físico, e assim Winnie retornou por diversos dias a suas contramedidas em relação à antena parabólica — removendo placas de reboco da parede, retirando o isolamento da parede voltada para o leste para ver o que havia por baixo, e começando a ajeitar a nova blindagem metálica.

Então vieram novos e sombrios subtons da mudança de estação, e alguns eram francamente apavorantes. No segundo fim de semana de sua licença, ela percebeu a presença daqueles sinistros seres de lábios cinzentos — vampiros de informação. Sólidos, grossos e fortes como corações de boi, à espreita nas sombras atrás das lixeiras, eles começaram a drenar sua energia e seus pensamentos, diretamente de dentro dela. E com isso ela foi além, para uma nova fase. Essa nova estação não era somente o vento fazendo tremeluzir suas folhas. Não mais apenas gentis dedos fantasmas acariciando suavemente, agora pareciam mais dedos taciturnos pinçando rudemente, agressivamente, suas células como se fossem uma pitada de grãos, sua caixa craniana um indefeso, atarracado saleiro.

E então, finalmente, uma nova voz surgiu no domingo, de dentro de sua cabeça — de tonalidade mediana, ambiguamente sexy —, a repetir intermitentemente a palavra *desconecte*. A voz parecia ser de algum modo familiar, com uma qualidade que ela reconheceu ter escutado na adolescência, quando ouviu uma vez os próprios pensamentos naquele tom, só que agora muito mais alto e claro. Era um som alienígena, mas, de certa forma, profundo dentro dela, um grito entre suas têmporas.

Na manhã de segunda-feira ela decidiu que era Erin, e sabia que já havia suportado o bastante. Arregimentou forças, saiu da casa geminada e entrou em seu carro. O percurso transcorreu suavemente, passando sem incidentes pelas caçambas do ensombrecido estacionamento, embora houvesse uma nitidez surpreendente no sinal de Pare, quando ela entrou em El Camino Real, destacando-se de um modo significativo. A acuidade que ela notou em seus oito lados exigia atenção — mas uma buzina soou atrás dela. Sobressaltada, seguiu adiante.

Dez minutos depois, Winnie chegou aos terrenos de Page Mill Road, com seus carvalhos esparsos, onde ficava a sede de sua firma de advocacia. Saiu do carro cuidadosamente. No estacionamento, um parafuso jazia, achatado, no concreto. Ela soube, assim que o viu, que eles o tinham posto lá como um sinal: sabia que ela estava chegando e pretendiam ferrá-la.

O dia escureceu subitamente — a atmosfera era agora sinistra — e ela quase deu meia-volta e voltou para o carro. Um pensamento inquietante lhe ocorreu: o parafuso revelava que eles tinham acesso total a seus planos, uma vez que sabiam que ela estaria ali, e portanto sabiam muito mais — sua vida pessoal, seus assuntos privados, até mesmo seu plano de saúde. E ela tinha passado por um aborto fazia apenas alguns dias... Embora, ao pensar nisso, seu sangue pulsando forte, Winnie sentiu que perdia o domínio sobre sua própria experiência. Passou a não estar completamente, cem por cento, certa de que tinha havido um aborto. Não conseguia visualizar essa experiência, ou quaisquer detalhes; subitamente, ficou um pouco difícil lembrar o que havia realmente acontecido... Como se aquele vento interior, escalando para um tornado, tivesse deixado seus galhos quase nus, e suas memórias estavam agora, em sua maioria, perdidas para aquele ciclone de dedos cinzentos, que descia em redemoinhos de uma nuvem escura, pesada e impregnada de chuva.

Winnie fez uma pausa, tremendo, de pé sobre o parafuso, apertando as têmporas para processar tudo isso, para se focar, para considerar todas as ramificações e incertezas. Um assistente jurídico que ela conhecia de longe — Dennis, ou algo assim, que uma vez ela achara ser "namorável"— passou por ela a caminho do prédio principal. Lançou um olhar estranho em sua direção, procurando algo. Ela se virou, tornou a pôr seus óculos de sol e enfiou mais fundo e apertado seu gorro dos Raiders.

Antes que os outros, qualquer um — advogados, administradores, assistentes —, possam complicar as coisas, você tem de entrar agora, disse a si mesma, pronunciando as palavras clara e nitidamente em sua mente, como se estivesse dando uma palestra. *Você não vai recuar e correr. Esta mensagem do pequeno parafuso veio de Erin. Larry pode ser convencido; Larry vai ficar do seu lado.*

Ela se estabilizou e entrou no prédio deliberadamente, mantendo-se o mais longe possível das paredes; com um sorriso tenso, mostrou seu crachá ao segurança no balcão, foi até o elevador e subiu para o quarto andar, onde ficava Larry. Passou pela porta da sala de Larry, cuidadosa para evitar contato visual, e conseguiu marcar Erin na mesa da administração, procurando confusão. A primeira missão tática de Winnie tinha sido perfeitamente cumprida — identificar o que Erin estava usando, aquele disforme vestido amarelo. Depois ela se dirigiu ao banheiro, entrou num dos boxes, fechou a porta e esperou, posicionando sua linha de visão de modo a ver, pela fresta da porta da cabine, quando Erin entrasse, e sabendo que ela não iria demorar.

Esperou quase uma hora, mas eventualmente um lampejo de amarelo cintilou. Winnie se levantou com calma, abriu a porta de seu boxe logo após a de Erin se fechar. Foi diretamente até a porta do banheiro, saiu à esquerda, baixou o gorro deixando-o bem apertado e caminhou de volta para a sala.

Ela tinha trabalhado com Larry em alguns dos espinhosos casos internacionais da firma, mas somente à distância. Eram dois tipos diferentes de seres humanos — um diplomata e um introvertido, um conversador e um analista quantitativo — e mesmo assim ele hoje a reconheceria, e percebia a urgência quando ela começasse a falar. Ela passou pela escrivaninha vazia de Erin, bateu à porta fechada de Larry e entrou. Ele ergueu os olhos de seu laptop e fez contato visual. Ela se sentou, confiante, numa cadeira diante da escrivaninha dele.

Então seguiu-se uma grande confusão. Dificilmente poderia ter sido pior, e no momento seguinte ela estava sentada numa bagunçada sala ao lado do escritório de recursos humanos, esperando por uma ambulância, com o que deve ter sido toda a equipe de segurança da empresa, transpirando em seus blazers, vigiando-a.

Ela tinha sido enérgica porém escrupulosamente polida com Larry, apresentando factualmente a situação — descrevendo como a gravidez de Erin era um gesto não profissional planejado para humilhá-la, fornecendo detalhes do hackeamento de seu e-mail, que se revelara desde então, contando até mesmo sobre o parafuso e como fora aterrorizante vê-lo —, mas também tinha mantido, assim pensava, uma calma e um tom racionais, o rosto inexpressivo, sólido como concreto — com o cuidado de não perturbá-lo com emoção ou com gestos —, mas tudo isso pareceu sair de controle após alguns minutos. Larry estava ao telefone, depois chegou o primeiro homem de blazer, em seguida as mãos firmes em seus cotovelos. Com a visão escurecendo de tanta humilhação, ela foi conduzida para fora, passando bem em frente a Erin. Winnie assegurou-se de não deixar transparecer nada, seu rosto como uma máscara, sem contato visual — e saíram, indo para esse quarto sem janelas que ela nunca soube que existia.

A ambulância chegou alguns minutos depois. Apareceram dois homens com luvas de látex roxas trazendo uma papelada e uma parafernália de tubos e fios. Ela ficou aliviada ao vê-los, desesperada para sair daquele pequeno quarto. Os paramédicos eram ambos magros e bem musculosos, como alpinistas, e corteses, enquanto faziam um rápido exame físico e perguntas sobre sua história psiquiátrica. Ela contou-lhes a verdade: não havia casos de doença mental em sua família. Porém AJ, seu irmão mais velho, era diferente dos outros, em seu modo de falar coisas estranhas, confusas, chocantes. Nunca encontrou seu caminho — mas também nunca teve realmente uma chance. Winnie contou aos paramédicos que ele fora encontrado numa praça no centro da cidade, sozinho, desfalecido junto a uma parada de ônibus num dia de calor ardente, já morto.

Tinha sido uma MAV, malformação arteriovenosa — uma artéria mal direcionada, suas paredes espessas jorrando sangue em alta pressão diretamente numa veia delicada que a evolução havia projetado para outra função: somente coletar pequenas poças de sangue que exsudam fracamente do cérebro. Um médico tinha dito que a malformação pode ter sido o sinal de um problema mais amplo, uma doença do tecido conjuntivo — mas ninguém nunca soube ao certo, sabiam apenas que pelo menos uma MAV sempre estivera ali, escondida no fundo de seu cérebro, lutando durante anos para lidar com as ferozes e incessantes batidas do pulso carotídeo, sua membrana diáfana se esticou até o momento em que se rompeu.

Ela também mencionou seu possível aborto, de alguns dias atrás — ainda não tinha certeza sobre isso, a memória pairando entre o real e o irreal. Eles pareceram ficar irritados com essa incerteza, e ela compreendeu; ela também estava incomodada. Ela tinha certeza sobre seu câncer distante, as palavras tão familiares e atormentadas, lancinantes mesmo agora — *linfoma cutâneo de grandes células T com envolvimento do sistema nervoso central*. Relatou a evolução clínica com precisão. Como tinha começado com visão dupla e dores de cabeça... E como, depois de descobrirem algumas células cancerosas em seu fluido cefalorraquidiano, o metotrexato foi infundido diretamente ali, no próprio canal espinhal, na parte inferior das costas. Como tinha sido curada totalmente, estava livre do câncer fazia doze anos.

Ela tinha alguns arranhões nos nós dos dedos devido ao trabalho que estava fazendo na parede de casa, mas explicou isso resumidamente, pois eles não pareciam dar muito importância a essas reformas. Ela notou que os paramédicos insistiram por algum tempo em perguntar sobre drogas, quaisquer que fossem, talvez tentando pegá-la numa armadilha, mas obtendo a mesma resposta repetidas vezes — nada de drogas, nem mesmo um cigarro, apenas, ocasionalmente, uma taça de vinho. Na ambulância as coisas finalmente se acalmaram, e ela teve um pouco mais de tempo para pensar em tudo aquilo — um frustrante quebra-cabeça entrelaçado de possibilidades.

Muito provavelmente seus pensamentos tinham sido grampeados, seus planos descobertos e enviados, por vampiros de dados, para Larry e sua equipe. Enquanto isso, ela notou que paramédicos estavam telefonando — para o hospital, disseram, porém mais provavelmente para as criaturas sinistras de lábios cinzentos. *"Temos um cinquenta-um-cinquenta"*, eles ficavam dizendo — 50-1-50 ou, 50-150, ou 51-50, qual seria? O código deve ter importância. Era usado para deslanchar, ou acelerar, um *download*? Normalmente ela era capaz de crackear esse tipo de coisa. Winnie puxou o gorro mais para baixo e mais apertado, e tentou voltar no tempo, apenas algumas semanas, para quando e como tinha tudo começado, para sentir aquele primeiro e estimulante sopro do fresco ar de setembro.

Mais tarde, na sala de emergência, enfermeiros e médicos fizeram todos as mesmas perguntas que tinham feito os cavalheiros de luvas roxas. Fingiam digitar suas respostas idênticas em vários tablets, aparentemente nunca se dando o trabalho de falarem entre si, em meio a várias rodadas de cutucadas, escutas nos estetoscópios, agulhas retirando sangue e martelos provocando reflexos.

Não deram a mínima para suas reformas tampouco, mas ficaram muito interessados na história de AJ — estranhamente, muito mais do que tinham ficado os paramédicos. Ficou difícil para Winnie falar sobre ele pela quarta ou quinta vez. À medida que, a cada vez, relatava versões mais curtas de sua história, ocorriam-lhe versões mais longas dentro dela. Havia pausas cada vez mais prolongadas — ela parava no meio de uma sentença, até mesmo no meio de uma palavra —, enquanto imagens passavam por ela, numa varredura. Cenas imaginadas dos últimos momentos dele, sozinho, sem uma irmã para ampará-lo, sem ninguém que o amasse para embalar sua cabeça confusa.

AJ — a criança perdida, perdida muito antes de morrer. A escola fora tão difícil para ele quanto fora perfeitamente adequada a Winnie e Nelson, desde sua caligrafia precisa até seu amor pela lógica e pela engenharia. Mas para AJ mesmo empregos informais nunca deram certo, fosse em lojas de automóveis ou em padarias. Toda tentativa parecia acabar num lance de azar, falta de discernimento ou em acidentes estarrecedores — embora ele continuasse tranquilo e ameno o tempo todo, até cair naquele escaldante dia de verão. Ela voou para o leste, para o funeral, e o doloroso espasmo de um soluço irrompeu de seu corpo, um som que ela nunca emitira ou conhecera, quando viu aquele vinco familiar na testa dele suavizado, em repouso, finalmente.

Ela ficou deitada de lado na maca, encolhida, no Quarto Oito, perdida, imaginando os últimos momentos de AJ, revivendo sua corrida da padaria ao banco, corrida que ela e Nelson reconstruíram a partir de pedaços de papel em seu bolso e pistas fornecidas por seus colegas de trabalho, aquela agitada azáfama que acabou sendo sua última e desesperada tentativa de manter e sustentar uma vida independente. Os médicos disseram que o estresse daquele dia, a corrida, o calor e a preocupação, tudo isso provavelmente elevara sua pressão sanguínea e a MAV finalmente se rompera. Apenas uma fragilidade numa espera silenciosa, uma pequena coisa que desandou no dia em que todas as coisas que tornavam sua vida difícil se juntaram de uma só vez.

    Eles poderiam continuar cutucando, sangrando e escaneando, mas Winnie tinha terminado. O dia virou noite, sanduíches secos e caixas de suco apareceram e desapareceram... E depois um longo trecho de nada.

    Alguém bateu a sua porta, e um médico entrou, os cabelos castanhos desgrenhados e manchas de café no uniforme azul debaixo do jaleco branco. Ele se apresentou, e parecia ser um tanto resmungão — ou talvez só estivesse cansado. Winnie não captou seu nome — metade foi engolida por ele — mas *psiquiatra*: esta palavra ela ouviu.

    Winnie sentou-se, girando as pernas sobre a beirada da maca. Ele apertou a mão dela e se sentou na cadeira ao lado da porta, dizendo, "Olhei toda a papelada do pessoal da emergência e falei com os médicos da emergência. Mas, se você concordar, quero ouvir de você, em suas próprias palavras, como você veio parar hoje aqui". Winnie olhou cuidadosamente para ele, depois pousou o olhar em seus olhos, tomando um momento para pensar sobre os ângulos dele, e os dela, antes de responder.

    No fim das contas, ela precisava de ajuda, e ainda não encontrara aliados. Melhor contar a ele alguma coisa, se não tudo. "Vampiros de informação", ela disse. Ele precisava saber. Ele anotou isso, e tornou a olhar diretamente para ela. "Está bem", disse, "fale-me sobre isso."

    Assim fez ela — bem, na maior parte. Não cada detalhe, apenas os fatos em si mesmos, como qualquer um os veria. Os vampiros de informação estavam explorando seu cérebro, drenando seus pensamentos; tudo isso estava claro, e ela conseguia ser lógica e calma ao descrevê-lo, com uma abundância de evidências que conseguia ir checando enquanto falava. Primeiro seu vizinho tinha instalado uma antena parabólica em seu telhado, duas semanas atrás, para ter melhor acesso aos pensamentos dela, mas ela tinha uma contramedida de proteção em processo. Tinha deixado de ir trabalhar desde que as pessoas no trabalho começaram a acessá-la, hackeá-la, tentando decodificar seus pensamentos e sentimentos. Também contou a ele sobre o parafuso no estacionamento, para que entendesse quão poderosos eram seus inimigos, e por que teve de se desconectar para se proteger.

Winnie mencionou brevemente a voz dizendo *desconecte* — como era assustadora mas também sensata, pronunciando uma palavra que ela poderia ter pensado por si mesma, dando voz a uma coisa que ela queria, mas que talvez um inimigo dela quisesse também. Ela explicou que a palavra foi falada audivelmente dentro dela, com todas as qualidades sonoras. Alguém, provavelmente Erin, estava tendo acesso a sua mente — mas por que, ela realmente não sabia.

Pouco depois ele começou a fazer as próprias perguntas, num padrão diferente tanto daquele dos paramédicos quanto dos outros médicos da emergência. Quando ele perguntou sobre o gorro dos Raiders que ela estava usando — baixado até as sobrancelhas —, ela lhe disse claramente, "É para proteger meus pensamentos". Quando ele apontou para a maca e perguntou por que ela a tinha afastado da parede, para o centro do quarto, ela respondeu simplesmente, "Porque eu não sei o que há no outro lado". Ele voltou a mencionar as reformas que ela tinha feito, pelas quais nenhum dos outros médicos tinha nenhum qualquer interesse, perguntando-lhe pela primeira vez sobre a parede que ela estava demolindo e por quê.

Em meio às perguntas do médico, seu bipe disparou; ele pediu desculpas e saiu. Ela ficou sozinha durante uma hora, olhando para a parede a sua frente, depois ele voltou, e se juntou a ela sem preâmbulo algum, agindo como se tivesse transcorrido apenas um minuto. Winnie perguntou o que estava acontecendo. "Foi apenas uma emergência no andar térreo, desculpe. Eu quase terminei aqui, mas posso lhe dizer o que está havendo", disse ele, tornando a sentar. "Estamos esperando o resultado de alguns exames, mas a conclusão é que ninguém descobriu nada errado com seu corpo — todos os exames e *scans* parecem normais. Isso significa, achamos, que o que está acontecendo é de natureza psiquiátrica. E a boa notícia quanto a esse resultado é que existem tratamentos que podem ajudar você."

Winnie não ficou surpresa. Era cada vez mais evidente que, para a equipe da emergência, as coisas pareciam caminhar nessa direção, embora isso na verdade não importasse — àquela altura ela não se importava com o que eles diziam, tudo o que queria era ir para casa. Os médicos da emergência a tinham informado de que estava numa "detenção legal" e não podia ir embora até que um psiquiatra a examinasse, mas agora ela já tinha visto todos eles. Nada fora resolvido em casa ou no trabalho, assim ela tinha muitas coisas para fazer; na verdade, possivelmente sua situação no trabalho tinha se deteriorado um pouco. Ela lhe perguntou se poderia continuar com aquilo na clínica dele; seria fácil ligar para marcar a consulta quando chegasse em casa.

"Está bem, falemos sobre isso", ele disse. "Você vai querer ficar no hospital enquanto descobrimos do que se trata? E, se não, o que vai fazer quando tiver alta, se pudermos fazer isso acontecer?"

Winnie não precisou pensar sobre isso — era fácil, não iria mais criar problemas no trabalho, tinha sido claramente um erro. Ela iria para casa, continuaria a curtir suas férias, terminaria de derrubar a parede voltada para o leste e começaria a arrancar o teto também — ela morava no último andar, portanto seria seguro, sem risco para ninguém. "Não vou ficar aqui", disse a ele, "há muito que fazer. Vou para casa terminar minha gaiola de Faraday."

Ele assentiu ao ouvir essa expressão, e Winnie perguntou-lhe se conhecia o princípio das gaiolas de Faraday, que eram invólucros condutores para neutralizar campos eletromagnéticos. Ele assentiu novamente. "Sim, eu as uso no laboratório o tempo todo", disse. "Basicamente, nós pomos cubos de malha em torno de nossos equipamentos. Construímos o equipamento para medir sinais elétricos em neurônios. É uma gaiola de Faraday, como a que você está construindo. Ela bloqueia o ruído de outras fontes elétricas que possa haver no recinto, ou atrás da parede" — ele indicou com um gesto o lugar em que a maca estivera antes de ela a ter movido, num canto do pequeno quarto — "para podermos captar correntes, até mesmo de células cerebrais isoladas, mesmo em animais vivos."

Embora ainda ressabiada, Winnie não pôde evitar ficar um tanto animada com essa conexão. Ela se perguntou se ele saberia da descoberta experimental desse princípio de blindagem de Benjamin Franklin, e do belo teorema que surgiu da física do eletromagnetismo, o de que campos externos não são capazes de acessar uma área que esteja dentro de um invólucro condutor. Que o campo cria uma compensatória distribuição de cargas no condutor, que exatamente neutraliza o próprio campo. Um campo criando, por sua própria natureza, sua própria extinção. Uma tese que verdadeiramente cria sua antítese. "Suicídio da informação", disse ela.

Ele pareceu ficar inquieto com isso, mudando de posição na cadeira. "Então, estamos preocupados com algumas coisas", disse ele. "Você me contou, e a todo mundo, que não quer machucar a si mesma — ou, na verdade, qualquer outra pessoa —, e eu acredito em você. Mas você está demolindo sua casa, e planeja continuar fazendo isso, porque está preocupada com seu vizinho, com medo de que ele esteja baixando seus pensamentos por meio da antena parabólica. E assim você está destruindo ativamente sua casa..."

Winnie sabia o que ia se seguir: eles iam prendê-la numa armadilha aqui. Ficou olhando para os lábios dele enquanto ele falava, procurando sinais de que ele também estava sob o controle deles. Destruindo ativamente sua casa? Não era verdade, absolutamente. Ela estava fazendo a única coisa possível para *salvá-la*.

"Tenho uma papelada para você — aqui, isso indica que você vai ser admitida, internada no hospital esta noite, no que chamamos de detenção legal, que podemos fazer, que *temos* de fazer, devido a uma deficiência grave", ele disse. "Precisamos fazer isso porque você apresenta um sintoma psiquiátrico que está lhe causando problemas reais, que chamamos de psicose, o que significa uma ruptura com a realidade. Você está ouvindo uma voz em sua cabeça, e tem medos que não são fisicamente reais e que estão fazendo com que você danifique sua casa e ponha sua própria segurança em risco."

Ela sentiu o mundo se estreitar, ficar cinzento, exceto por um estreito túnel de luz distorcida em torno do rosto dele.

"É nosso dever agora descobrir o que está causando isso", ele disse. "Há um monte de diferentes possíveis causas — e, esperançosamente, podemos tentar um medicamento que poderia ajudar você." As palavras chegavam a sua mente relutantemente, e ela tentava associá-las aos movimentos dos lábios dele. *Espuma de sabão, sem garçonete, matilda.*

O médico continuou falando por mais algum tempo, depois pôs-se de pé, e ela focou-se novamente no significado dos sons que ele emitia. Ele disse que a veria amanhã, uma vez que naquela semana também estaria trabalhando na unidade fechada durante o dia, e a deixou com uma folha de papel com muitas palavras e cifras. *Deficiência grave*, ela viu, e 5150. Era o mesmo código da ambulância, Grave. Eles a tinham agora. Manteve o rosto imóvel como um fóssil, olhando direto em frente, para a desgastada parede amarela, não ousando imaginar o que haveria por trás.

A equipe administrou-lhe um novo remédio naquela primeira noite, e junto com ele deu-lhe um papel com informações, que ela guardou para estudar; chamava-se *antipsicótico atípico*, e pediram que assinasse alguma coisa relativa a isso. O que quer que fizesse, ou não fizesse, a pequena pílula branca certamente a derrubou, e ela dormiu durante catorze horas.

Quando acordou, Winnie encontrou-se no andar de cima, no que chamavam de unidade fechada, em meio a um grupo de colegas viajantes, cada um deles um refugiado de um tipo diferente de tempestade, atirados pelas ondas na mesma praia. Naquela manhã, Winnie apenas ouviu, sem falar mas capaz de aprender com eles; ajudou-a o fato de que sua própria tempestade tinha tido, ela mesma, uma espécie de aterragem, e despendido parte de sua energia, mesmo na primeira manhã. Ainda estava ouvindo a voz, *desconecte*, mas era menos intrusiva, não mais um grito — e ela conseguia focar mais estavelmente nas pessoas e acompanhar as conversas.

Aprendeu a como cortar os braços com um tubo de pasta de dentes — ela não fez isso, não queria fazer, mas aprendeu assim mesmo. Duas pacientes que tinham feito isso — por diferentes motivos — estavam conversando na área do café da manhã e comparavam estratégias como se fossem receitas. Uma delas, uma mulher jovem chamada Norah, parece que só queria se cortar um pouco, só para sentir dor e ver sangue, deixar uma marca e fazer com que se soubesse. A outra, Claudia, uma mulher grande que poderia ser a mãe de uma prole de jovens adultos, estava focada em efetivo suicídio — cortar artérias, deixar todo o sangue escoar. Claudia estava prestes a começar uma terapia eletroconvulsiva para depressão grave — os médicos achavam que isso ia ajudar, mas ela tinha um plano diferente. Estava totalmente dedicada a pôr um fim em sua vida. Todos os seus sentimentos e pensamentos a levavam a isso, correntes se juntando num fluxo único que não poderia ser retardado ou desviado por parede ou cadeado.

Mas parece que a equipe da unidade estava um passo à frente — nem mesmo um tubo de pasta de dentes estava disponível. Os enfermeiros eram na maior parte miraculosos — apenas com palavras e gestos eles conseguiam manter a paz entre vinte homens e mulheres alterados e em eterno desabafo. A unidade não se parecia com nada que Winnie já tivesse experimentado — um lugar contraditório, duro e suave ao mesmo tempo, desesperado e seguro. E os outros pacientes — ela poderia passar uma eternidade contemplando seus danificados mundos individuais. A unidade era um turbilhão de fascinantes e assustadoras realidades alternativas.

Winnie ficou pensando na pasta de dentes, como a borda inferior do tubo funcionaria para essa função. Sua rigidez seria suficiente; o material tinha as propriedades certas para ser afiado e cortante. Ela imaginou Norah e Claudia internadas em outros contextos, em unidades menos restritas do hospital, afilando sub-repticiamente as extremidades de seus tubos em qualquer superfície áspera, com uns poucos ou centenas de movimentos, aqui e ali, quando conseguiam se isolar da equipe. Winnie pensou em quão compulsiva pode ser uma ação repetitiva — com uma agulha ou uma faca — repetindo a mesma ação mais e mais uma vez, centenas, milhares de vezes. Ocorreu-lhe uma ideia estranha — a de que a recompensa para o ato repetitivo foi a primeira realização do cérebro humano. Com um ritmo implacável, fazer uma coisa dura ficar afiada: um pedaço de pau, ou uma pedra, ou um osso. Golpeando mais e mais uma vez, esfregando numa rocha, ao longo de todo o inverno — mas com um objetivo diferente: depois sobreviver, não morrer.

Winnie também conseguiu captar algum conhecimento de psiquiatria — não dos outros pacientes, mas de breves conversas com o psiquiatra que a tinha internado —, sobre aquilo que eles chamavam de psicose. Ele a via duas vezes por dia, uma por volta das oito da manhã no quarto que ela dividia com Norah, e depois em algum momento da tarde, geralmente no corredor, onde acontecia de se cruzarem. Winnie notou que parecia estar tão sonolento durante o dia quanto estivera à meia-noite. Ela gostou de que ele gostasse de gaiolas de Faraday, e o chamava de dr. D. À medida que sua tempestade foi amainando, um pouco mais a cada dia, ela começou a fazer perguntas.

"Psicose, o que é isso exatamente?", perguntou. "Quer dizer, acho que sei o que é, mas é estranho ouvir você dizer isso — é uma palavra que ressoa como antiga."

"Apenas uma ruptura com a realidade", disse o dr. D. "Pode ser usada para alucinações, como a voz que você ouve dizendo *desconecte*. Também se aplica quando se tem ilusões, ou delírios — é a palavra que usamos para crenças que são falsas, porém fixas."

Ela refletiu sobre isso. "O que você quer dizer com isso, fixas?"

"Essa parte da fixidez é importante", ele respondeu. "Ilusões ou delírios não podem ser descartados com racionalização. Evidências não ajudam. Eu costumava tentar isso com meus pacientes, quando ainda estava estudando. Talvez todo psiquiatra tenha tentado — mas não por muito tempo. A ilusão não pode ser movida. Alguns pacientes têm essas ideias extremamente improváveis dentro de uma armadura impenetrável, de modo que não podem ser tocadas."

Essa ideia de uma crença fixa batia com a expertise de Winnie em engenharia. Era como o filtro de Kalman, um algoritmo para modelar sistemas complexos desconhecidos[2] — em que cada palpite pelo valor de uma propriedade do sistema vem marcado com uma estimativa do nível de confiança do adivinhador. E mais peso é dado, ao modelar o sistema, a suposições com maior certeza. Para Winnie fazia sentido que o cérebro funcionasse dessa maneira também, que o conhecimento existisse apenas com etiquetas de certeza, e que alguns tipos de conhecimento no mundo — não apenas os ilusórios ou delirantes — deveriam ser totalmente confiáveis até o ponto de fixação, e colocados no cérebro dentro de um balde especial chamado Verdade, não sujeito a rodeios ou descontos. A categoria de Verdade permitiria determinar rápida e simplesmente uma ação sem perda de tempo em computação estatística, e permitiria que o cérebro construísse complexos edifícios de lógica em cima desses fatos inquestionáveis. Mas ela não disse tudo isso a ele.

"Penso que não é apenas a psicose que se torna fixa assim", disse hesitantemente, sentindo-se pressionada a pôr tudo o que havia em sua mente para fora, antes que ele fosse embora, "mas talvez outras ideias também." Ela puxou seu gorro dos Raiders para baixo, deixando-o mais justo — na verdade, por força do hábito, recentemente estava sentindo que não precisava usá-lo o tempo todo. É como confiar na família, e no casamento, e na religião, e alguns tipos de crença social e política. É normal. Todo pedacinho de conhecimento deveria ter o número de seu grau de confiabilidade anexado a ele, e algumas ideias deveriam ter uma pontuação perfeita."

"Também acho", disse ele. "Penso que você está certa, precisamos dessas... classificações, acho. Estimativas do grau de confiabilidade." Houve um silêncio incômodo. Ele olhou para sua lista de pacientes, o que, ela sabia, significava que logo iria atender a estudante de graduação no quarto ao lado — loura e sorridente e maníaca e tantas outras palavras — e nunca voltaria para ela.

Mas depois ele continuou. "Creio, no entanto, que, para a maior parte das ideias de como o mundo funciona, uma pontuação perfeita não seria útil. E algumas das possíveis explicações para as coisas são muito irrealistas — nunca chegarão nem perto de tornarem esses fatos confiáveis." Ele tornou a fazer uma pausa. Estavam de pé no corredor, junto ao posto de enfermagem, um par estranho, ela se dava conta disso. Ela em sua típica camisola de hospital e com o gorro dos Raiders, ele em sua roupa cotidiana, camisa abotoada e calças — uma prisioneira, o outro livre, e pacientes circulando em volta deles. E, contudo, havia ali uma conexão; eles estavam passando e repassando informação, intocados em meio ao barulho, em sua própria rede local. "Essas ideias improváveis", ele disse, para começar, "nunca deveriam sequer ter acesso a nossa mente, nunca deveriam, de todo, serem deixadas soltas para se erguerem e penetrarem em nossa consciência ativa e em funcionamento. Você acha que teve alguma ideia como esta logo antes de ter vindo para o hospital? Distrações — realmente improváveis que deveriam ter sido apenas escoadas para fora — antes de sequer aflorar à superfície."

Ele estava falando sobre filtros, mas não muito corretamente. No aquietar de sua tempestade, Winnie pensou que ele podia estar se referindo a algo que ela lhe havia contado na emergência — a história sobre o parafuso no estacionamento. Agora ela via que a ideia que tivera então — que o parafuso fora colocado ali por Erin para atormentá-la — era bastante improvável.

Mas e daí?, ela pensou. A fixidez estava presente em delírios, mas provavelmente também era essencial para um comportamento saudavelmente comprometido— e, de modo similar, permitir a consideração de ideias improváveis pareceu a Winnie ser algo normal e também necessário. "Sabe, permitir-se ter consciência de algo improvável não é uma doença", ela disse. "Se você está falando de um filtro, devia entender como eles funcionam. Os melhores filtros ainda bloquearão algumas coisas pelas quais você realmente queria passar[3] — e também permitirão que as que você gostaria que fossem acabem passando. Isso é um filtro ideal.

E durante dez minutos ela descreveu para ele os filtros eletrônicos de Chebyshev e de Butterworth, e explicou como os filtros tipo I de Chebyshev não deixam passar o que não se quer que passe, mas infelizmente também bloqueiam um pouco do que se quer que passe. O que é bom para alguns sistemas eletrônicos, ou talvez para alguns sistemas nervosos, mas não para o cérebro humano. Uma espécie como a nossa, cuja sobrevivência está claramente baseada na inteligência e na informação, não pode correr o risco de bloquear e jogar fora ideias potencialmente valiosas.

Outros modelos, como os filtros de Butterworth, têm a fraqueza oposta: não descartam nada que tenha valor potencial, mas permitem que coisas demais acabem passando. "Creio que o *design* de Butterworth faz mais sentido para o cérebro humano", disse Winnie, "ou, para todos os cérebros de todas as espécies reunidos. Crenças improváveis mantidas por alguns são um sinal de que a espécie como um todo está funcionando bem." Ela disse que lhe enviaria o trabalho de Butterworth de 1930, "sobre a teoria dos amplificadores de filtro". Winnie achava que seria muito importante para ele saber que todo sistema opera com uma taxa de erro que ele aceita, para equilibrar em relação a alguma outra consideração.

"O mesmo acontece, na neurociência, com nossos sinais eletrofisiológicos", ele disse, parecendo concordar. "Nós registramos correntes minúsculas, assim temos de filtrar ruído para poder ver as correntes, e mesmo os mais bem projetados filtros ainda vão bloquear ou distorcer algumas coisas úteis, e permitir que passem algumas coisas inúteis." Winnie tinha mais a dizer, mas com isso, pelo menos, já podia deixá-lo ir. Agora ele parecia saber que distorção não quer dizer doença.

A voz interior ficou ainda mais silenciosa durante o dia seguinte. Ela também se sentiu razoavelmente estável mesmo sem o gorro dos Raiders, e parou de usá-lo. Winnie percebia que alguma coisa estava melhorando, mas ficou cautelosa quanto a revelar isso ao médico. Ele poderia dar o crédito à pílula, e concluir que esse modelo de doença que tinha atribuído a ela estava correto.

O dr. D. desistiu do 5150 antes que prescrevesse. Winnie concordou em permanecer voluntariamente na unidade trancada até a alta, já que a unidade voluntária, o andar aberto, estava cheia. Mas ela ficou feliz em trabalhar com a equipe médica que a acompanhava naquele momento, enquanto os testes continuavam. De qualquer maneira, ela estava de férias, aprendendo muito e sua casa ainda não parecia ser um lugar seguro.

"Há vários motivos pelos quais pessoas podem experimentar psicose", disse o dr. D. no corredor, naquela tarde, depois de relaxar o 5150, "e nem todos foram excluídos, por enquanto, no seu caso."

"Mas creio que você concordou", disse Winnie, "em que talvez nem exista um problema, pode ser apenas o meu modelo. Nosso modelo."

"Sim, bem", ele disse, "como você ressaltou, pessoas podem ser modeladas com diferentes filtros, assim como cada um pode ter configurações diferentes em seu sistema de som. Mas há um problema com essa ideia... Esta experiência nunca ocorreu com você antes. Até onde posso constatar, você sempre tem sido lógica e sistemática, com um filtro seletivo — na verdade, essa talvez seja uma de suas maiores forças. Assim, tudo isso realmente não faz parte de seu design."

"Então o que poderia ter feito as coisas mudarem, se é que mudaram?", Winnie insistiu.

"Drogas podem fazer isso, mas não havia vestígios em seu sistema", disse ele. "Uma infecção ou uma doença autoimune também, mas tampouco achamos sinal disso em seu exame de sangue. Uma depressão grave ou uma mania também poderia acarretar isso, mas você não tem sintomas disso. Esquizofrenia, no entanto, não foi totalmente descartada."

Winnie tinha alguma noção do que era esquizofrenia, e não batia com o que ela estava experimentando. "Isso não começa na adolescência?", perguntou. "Eu teria tido sintomas muito antes."

"Isso é verdade quando se trata de homens, mas em mulheres não é atípico que um primeiro surto ocorra aos vinte e nove anos", ele disse. "O primeiro surto — é o que dizemos quando a esquizofrenia se declara com sintomas visíveis, como delírios e alucinações. E às vezes as próprias ações podem parecer estranhas, como se fossem controladas de um lugar fora do corpo."

"Há teorias para o que causa alucinações?", ela perguntou. "Qual poderia ser a biologia de uma coisa assim?"

"Cientificamente, na verdade ninguém sabe", ele disse. "Há quem pense que vozes internas — como as que você ouve — podem ser causadas por uma parte de seu cérebro que não sabe o que a outra parte está fazendo, o cérebro não reconhecendo seus próprios pensamentos interiores como dele mesmo. E assim sua própria narrativa interna, como a palavra *desconecte*, é ouvida, interpretada como a voz de outra pessoa.

"Da mesma forma, você pode achar que suas ações não são realmente suas, e sim que refletem um controle exercido de fora. Poderia ser, na esquizofrenia, que uma parte do cérebro não faça ideia do que outra parte quer ou está tentando implementar, e assim uma ação do corpo é interpretada com um sinal de intromissão externa. O cérebro — procurando explicações a sua volta, o que ele sempre faz — só encontra ideias improváveis, como um controle a partir de transmissões de rádio ou por satélite."

"Espere", objetou Winnie, "por que essas explicações são sempre tão tecnológicas, sempre mencionando informação transmitida, como neste caso?" Ela tinha de chegar a uma resolução, e sabia que estava novamente correndo contra o tempo. "Sabe, por que satélites? Não significa que isso não é uma doença? Trata-se mais de um desenvolvimento recente, certo? Uma reação à tecnologia."

"Bem", ele disse, "essa sensação de um controle externo e de projeção de informação de longo alcance, de forças atuando à distância, foi sempre um sintoma, até onde sabemos, muito antes de se saber da existência de satélites, ou rádios, ou qualquer tipo de ondas de energia." Ele começou a se movimentar no corredor indo para o quarto ao lado, num padrão que ela conhecia muito bem, na intenção da continuar suas rondas. "Tenho de ir agora, mas creio que amanhã poderei mostrar a você como sabemos disso."

No dia seguinte, enquanto aguardava as rotinas matinais, Winnie se perguntava se dentre todos os modos de falha da mente humana seria a esquizofrenia o menos compreendido. Ela mesma nunca tinha ouvido nenhuma explicação, e se julgava muito ignorante quanto a isso, com muitas lacunas, e talvez conceitos equivocados. Transtornos como depressão e ansiedade pareciam ser muito mais fáceis de mapear na experiência humana regular.

Ainda assim, realidade alterada podia ser também universal, em certo sentido. Na faculdade ela tinha aprendido que, quando adormece, a maioria das pessoas pode experimentar breves e bizarros estados de confusão e alucinação; ela mesma conhecia esse estado, e era bastante assustador no instante em que durava — mas como seria a vida se esse estado viesse uma noite e nunca mais fosse embora? Se essa realidade alterada, uma vez experimentada, se tornasse fixa? Entrincheirada e irremovível durante dias ou anos. A ideia era aterrorizante, e por isso ela parou de pensar sobre isso.

A fragmentação do "eu", como conceito a intrigava, e era de certo modo mais agradável de considerar — a ideia de que uma parte dela poderia deixar de saber o que outra parte estava fazendo. A partir dessa ideia, passou a se perguntar como seria possível alcançar a integração do "eu". Sempre tivera certeza sobre esse tipo de coisa, como sua integridade, mas já não estava mais tão certa disso. Pensar sobre o sono ajudou-a a compreender, pois ao despertar ela sempre tinha vivenciado um momento de fios soltos em que a princípio não havia realidade ou "eu", mas depois experimentava uma reconstrução gradual, um novo tecer. Fios curtos locais — de lugar, propósito, pessoas, coisas que importam, programação, atributos atuais — começaram a se entretecer com os fios de longo alcance da identidade, da trajetória, do "eu". De onde está vindo a informação, e para onde está indo, é isso que tece novamente o "eu" nesses minutos? Se esse processo é interrompido, o resultado seria um "eu" incompletamente formado — e as próprias ações de alguém pareceriam desconectas e alheias.

Enquanto Winnie pensava sobre esse estado desconectado, um pensamento perturbador lhe ocorreu. E se aquela subjacente ausência de forma — necessidades que não se desenrolaram do "eu", ação não associada a um plano — é que era real? O que parecia ser confusão e desorganização nesses estados psicóticos, pensou, poderia ser simplesmente a realidade de que nossas fronteiras são arbitrárias e de que nosso senso de um "eu" único e singular é na verdade artificial — servindo a algum propósito, mas não real em sentido algum. O "eu" unitário é a ilusão.

E depois, e quanto àquela voz, agora quase imperceptível? O médico tinha insinuado que ela estava pensando *desconecte*, sem reconhecer isso como um pensamento seu — mas estava deixando escapar a questão mais profunda. Mesmo que o pensamento *desconecte* fosse "dela", em algum sentido, quem lhe dissera que o pensasse? Teria ela decidido, em algum momento: planejo pensar "desconecte"? Não, não para este, e para qualquer outro pensamento. O pensamento vem. Para todas as pessoas, o pensamento simplesmente vem.

Somente pessoas com psicose ficam, com razão, perturbadas com isso, Winnie deu-se conta, já que apenas elas veem a situação tal como ela é. Somente elas estão suficientemente despertas para perceber a verdade subjacente — a realidade de que todas as nossas ações, nossos sentimentos e pensamentos vêm sem uma volição consciente. Todos estamos deitados na dura cama de hospital que foi preparada para nós pela evolução, mas somente eles se desfizeram do cobertor fino, do edredom provido pelo nosso córtex — a ideia de que fazemos o que queremos fazer, ou de que pensamos o que queremos pensar. O resto da humanidade prossegue na vida numa sonolência burra, servindo e preservando a ficção prática de que são agentes das próprias ações.

Na manhã seguinte, quando o dr. D. chegou até ela em suas rondas, Winnie estava convencida de que o estado dela era de insight e não de doença. Ela não estava se blindando, ao contrário, estava se expondo, e era capaz de sentir o campo, a carga que cercava todas as coisas. Mas antes que pudesse contar isso a ele, ocorreu que ele havia trazido algo para ela, uma figura que ele tinha imprimido — um desenho, disse, de um inglês do século XIX chamado James Tily Matthews, no auge da Revolução Industrial, tomado por aquilo que então chamavam de "loucura". Matthews tinha imaginado algo que chamou de "Tear aéreo",[4] e desenhou imagens dele mesmo como uma figura indefesa, acuada, controlada por cordas que se projetavam pelo espaço a partir de um gigantesco e ameaçador dispositivo de tecedura industrial. Controlado à distância, por fios de longo alcance.

Winnie estava fascinada. Sintomas e sentimentos tão inexplicados na esquizofrenia eram imputados, pelos pacientes, numa ação à distância, ao mais poderoso fenômeno conhecido em seu tempo — qualquer que ele fosse, contanto que servisse de explicação — satélite, tear, anjo, demônio.

Depois disso, Winnie tinha muito a dizer, e descobriu que estava mais interessada em explorar essas ideias do que em fazer pressão para receber alta do hospital. Mesmo se tivesse esquizofrenia ou algo semelhante, a ela parecia estar claro que aquilo não era verdadeiramente uma doença, mas uma representação de algo essencial — uma centelha de insight e de criatividade, um motor que impulsionava o progresso da humanidade.

Assim, no dia seguinte ela pediu ao dr. D. que ele admitisse que isso poderia ser verdadeiro, que aquela tolerância com o improvável e o bizarro poderia ser útil — no contexto do cérebro humano e da mão humana. Somente dessa maneira as coisas improváveis — possibilidades quase mágicas, conceitos sem relação com qualquer coisa que tivesse alguma vez existido — se tornariam reais. Uma tal configuração só teria valor para a humanidade; não teria valor para um camundongo ou um boto num pensamento mágico, admitindo possibilidades improváveis, acreditando sem uma boa razão que algo estranho possa ser verdade, que um mundo diferente talvez seja possível — sem um grande cérebro para planejá-lo, ou uma mão ágil para realizá-lo.

Ele não ficou excitado como ela pensou que ficaria. "Há pessoas que pensaram sobre isso", ele disse. "Não que não seja uma ideia interessante, ou que não tenha um certo apelo. Pode até estar correta, em algum sentido. Mas a esquizofrenia vai além, e muito pior, do que um pouco de pensamento mágico. Há também os sintomas negativos da esquizofrenia, que impedem os pacientes de até mesmo acessar alguma vez as partes básicas e úteis de seu mundo mental. Há uma apatia, uma perda de motivação, uma ausência de interesse social.

"E depois há um sintoma chamado desordem *de pensamento*, no qual todo o seu processo interior é perturbado de maneira muito danosa", ele disse. "Pense um pouco sobre o pensamento, como tem feito, mas agora sobre o fluxo do pensamento. Nós planejamos pensar em algo — nem sempre, mas algumas vezes, ou pelo menos podemos fazer isso, se quisermos. Nós nos dispomos a raciocinar sobre certas coisas, optamos por construir uma série de pensamentos; imaginando caminhos que se irradiam a partir de um ponto de decisão, planejando passar por cada um deles sistematicamente, e avançar por essa sequência. É um belo aspecto da mente humana, mas essa beleza pode ser corrompida. Pacientes perdem a memória de onde estão posicionados em cada um dos caminhos de pensamento planejados e até perdem a capacidade de mapear todo esse caminho. Palavras e ideias se embaralham todas, inclusive sendo inseridas ou apagadas. Posteriormente, o próprio pensamento é completamente desligado. Chamamos isso de bloqueio do pensamento — quando pacientes interrompem uma conversa no meio de uma frase, no meio de uma palavra. Os pensamentos tornam-se indesejados, mas tampouco vêm quando desejados... E não podem ser invocados."

Winnie sabia que havia exibido longos silêncios na emergência — mas ficara pensando em AJ morrendo. Lembrou o médico sobre AJ, dizendo, "Não creio que meus silêncios naquele primeiro dia eram bloqueio de pensamento, dr. D. Era apenas um forte sentimento, causado por uma memória pessoal que me importa muito — a morte de meu irmão, sobre a qual todos estavam me perguntando, nada mais."

"Está bem, sim, pode ser que não tenha sido bloqueio de pensamento", concordou ele. "Parecia ser — mas a boa notícia é que está acontecendo muito menos com você agora, com a medicação antipsicótica. E obrigado por me deixar saber. Tentamos visualizar o que está acontecendo no interior da mente de nossos pacientes — mas a desordem do pensamento não é algo que a maioria das pessoas consiga imaginar nitidamente, e assim podemos entender errado. Talvez seja até mesmo o sintoma mais debilitante na esquizofrenia, mas extremamente difícil de explicar.

"Talvez por ser o sintoma mais humano", ela pensou, um déficit no sistema cerebral mais avançado, sem analogia em qualquer outro animal ou ser. Porém o que é mais importante, o controle sobre o próprio pensamento é, de qualquer modo, apenas uma ilusão — é a fantasia desse controle que é exclusivamente humana. Os pensamentos só são ordenados depois que nossos instintos decidem o que queremos, e sequências de pensamento ficcional são desenvolvidas e instaladas retroativamente. Essa percepção de ordem em nosso pensamento é tão irreal quanto a ideia de que temos agência sobre nossas ações. Ambos são racionalizações — apenas um preenchimento feito pelos neurônios.

Um dia antes da alta, ele veio para atualizá-la quanto aos últimos resultados de sua ressonância magnética. Não havia nada em seu cérebro que se pudesse ver — nenhum MAV como aquele que havia matado seu irmão, nem tumor, nem inflamação. "O que isso significa", disse ele, "é que seu episódio de psicose pode muito bem ter sido um sinal de esquizofrenia. Ainda não temos certeza disso, mas é o diagnóstico em consideração. Porém há mais um teste que precisamos fazer. Precisamos checar seu fluido cefalorraquidiano para ver se há sinais de algo que pode ser tratável — células que não deveriam estar lá, ou agentes infecciosos, ou proteínas, como anticorpos. Isso quer dizer que temos de fazer uma punção lombar — uma picada na espinha."

Winnie sentiu que estava se encolhendo um pouco, lembrando o aterrorizador comprimento da agulha da químio. "Eu sei, sinto muito", ele disse. "Você já fez isso antes — sim, é invasivo, mas quase indolor, e sabemos, a partir da ressonância do cérebro, que você não apresenta ali pressões preocupantes que pudessem fazer com que o procedimento fosse inseguro." A experiência dela como adolescente surgiu plenamente, sem ser convidada, enquanto ele preparava o formulário de consentimento. Winnie lembrou-se de como tinha sido posicionada numa cama, voltada para a parede, numa posição fetal, para expor a parte inferior das costas — mas era verdade, não se lembrava de nenhuma dor, apenas de uma profunda, dolorida pressão.

"É bastante incomum fazer isso nesta unidade, portanto teremos de levar você para o andar aberto", ele disse. "Não se permitem agulhas na unidade fechada, exceto em situações de emergência." Winnie assinou o consentimento, eles a fizeram vestir uma bata de hospital, depois ela foi com dr. D. e a enfermeira até a porta de saída, que estava trancada. O funcionário da enfermaria destravou-a para eles passarem, e ela saiu para o setor aberto pela primeira vez desde sua admissão, há quase uma semana.

Quando estava sendo acomodada no recinto do procedimento, ela considerou a ironia do que estava prestes a acontecer: depois de sua frenética preocupação com um suposto acesso de longa distância a seu cérebro, aqui estava ela lhes permitindo, voluntariamente, livre entrada, direto a seu sistema nervoso central. E eles iam retirar material — seu próprio líquido de dentro dela, bem no fundo — e ficar com ele, e testá-lo, e inserir o resultado em bases de dados que nunca iriam desaparecer.

Mas, de algum modo, ela havia consentido, e tudo isso estava acontecendo. O dr. D. posicionou Winnie deitada de lado, suavemente encurvada, a bata de hospital puxada para cima para expor a parte inferior das costas. Primeiro veio o anestésico superficial, uma pequena picada de uma agulha minúscula. A grande viria assim que ele tivesse mapeado com suas mãos a localização exata. Enquanto isso ele falava com ela — "Estou achando as fronteiras... marcando a posição superior e inferiores das vértebras lombares, isso define o espaço, agora a quarta, a quinta — é aqui." Após uma ofegante pausa, ela sentiu aquela dor profunda familiar. A agulha estava em sua coluna espinhal.

Seria um líquido claro, ela lembrou, o olhar fixo na parede a sua frente — fluidocefalorraquidiano, diferente de qualquer outro no corpo. Eles o examinariam buscando células, açúcar e íons. LCR [líquido cefalorraquidiano] banhando o cérebro e a medula espinhal, amortecendo os neurônios do pensamento e do amor e do medo e das necessidades, com a concentração certa de sal de nossos ancestrais peixes, juntamente com um toque de glicose — um pedacinho do antigo oceano que carregamos conosco, adocicado, sempre.

Na manhã seguinte ele informou os resultados: mais boas notícias. Nada preocupante, tudo limpo; na verdade, confidenciou, tinha sido uma torneira de champanhe* — o que significava que o LCR tinha vindo claro, sem sangue de algum capilar rompido, nem uma única célula vermelha do sangue. Para os residentes e internos que realizavam suas primeiras punções lombares, ele disse, isso era comumente ocasião bastante para uma garrafa de champanhe, como um marco de aptidão tecnológica, juntamente com um pouco de sorte. Mas o que era mais importante para Winnie: não havia leucócitos, nem inflamação, nem proteínas, nem anticorpos. Glicose e íons, todos normais.

Outra pequena anotação lateral: algo chamado *citologia* ainda estava pendente, uma análise detalhada para detectar células cancerosas, mas o laboratório não suspeitava de uma recorrência de linfoma. Assim, esse dia seria o dia de sua alta, como ele havia prometido — e iam mandá-la para casa com uma receita de seu novo remédio, o antipsicótico.

"Qual é o diagnóstico da alta?", ela perguntou. "Você diria que é esquizofrenia ou não?"

"Ainda não temos certeza, mas provavelmente esquizofrenia", disse ele. "Alguns diagnósticos psiquiátricos só podem ser aplicados se tudo o mais for descartado, somente se bastante tempo se passa sem que se encontre nenhuma outra explicação. Assim, por agora, vamos dar nosso diagnóstico temporário: transtorno esquizofreniforme, que pode ser mudado para esquizofrenia em seu acompanhamento como paciente externo." Uma perspectiva nada atraente — Winnie não se sentiu inclinada a deixar isso acontecer.

Torneira de champanhe — meu cérebro parece champanhe, ela pensou mais tarde, de volta a seu quarto, aguardando chegar a autorização da alta. Tinha gostado da expressão que ele usara, *torneira de champanhe*, e assim começou a brincar com uma imagem mais retrô de filtragem — afastando-se dos eletrônicos modernos, mais para uma filtragem de bolhas de uma Revolução Industrial, mais como James Tilly Matthews teria imaginado enquanto meditava bebericando seu drinque. Bolhas de ideias são semeadas fundo, conjeturas para explicar o mundo — por que esse parafuso está ali? —, modelos formando núcleos ao longo da taça de champanhe mental, subindo rapidamente se

---

* *Champagne tap* é no jargão médico uma punção lombar em que o fluido cefalorraquidiano sai claro, sem sangue nem glóbulos vermelhos. (N. T)

forem capazes de se combinar com outros para formar uma bolha maior, uma hipótese mais completa que possa subir ainda mais poderosamente passando por filtros que podem somente reter os movimentos pequenos e mais fracos, os improváveis, os que não têm uma justificativa convincente.

As bolhas que sobem mais rapidamente e crescem para ser as maiores encontram mais apoio e atingem a borda — a fronteira da percepção — e só então estouram em forma de consciência. Uma vez havendo o estouro, ele é irreversível. Não é mais uma suposição, é Verdade — moléculas que agora fazem parte do oxigênio da mente. Não há uma reformação de bolhas possível; não há como enviá-las de volta para a champanhe.

E o mais importante de tudo — às vezes algumas bolhas pequenas que deveriam estar empacadas conseguem, em vez disso, atravessar. Winnie pensou: por que não as enviar para cima? O mundo está sempre mudando.

Ela recebeu alta na tarde de seu décimo dia — a última dose da pílula, o antipsicótico que lhe estavam dando diariamente desde sua admissão, fora administrada por sua enfermeira na noite anterior, e ela tinha uma receita a ser preenchida em casa, de modo que poderia continuar a tomá-la. Com um diagnóstico provisório — transtorno esquizofreniforme —, estava liberada para ir embora.

Winnie nunca preencheu a receita nem compareceu ao acompanhamento na clínica, e nunca planejou fazê-lo. Sentia-se bem. Quando chegou em casa, ela jogou longe o cartão do dr. D. e deixou-o ficar onde caiu, junto à lareira a gás, uma marca branca no chão, onde podia vê-la e se lembrar — e enquanto isso ela tinha trabalho a fazer.

Sentiu-se bem quando entrou on-line, nem mesmo se preocupando com Erin. A conspiração para hackeá-la ainda estava lá, em sua mente, mas não mais como uma invasão avassaladora — mais como uma polida visita caseira. Poderiam deixar uma à outra em paz, se cruzarem nos estreitos corredores de sua mente com um leve movimento de ombros e um aceno de cabeça cortês.

Sentiu-se mais segura até mesmo em relação ao próprio corpo, suas próprias fronteiras. Os Raiders foram guardados novamente. Quando estava reorganizando o armário, deparou com um antigo exemplar das *Cartas e papéis sobre eletricidade*, de Benjamin Franklin, de 1755, e foi direto a sua passagem favorita, na carta ao dr. L., descrevendo a descoberta do que seria conhecida como a gaiola de Faraday, saboreando novamente, enquanto lia suas palavras, a falsa modéstia de Franklin:

> Eletrifiquei uma lata prateada num suporte elétrico, e depois baixei dentro dela uma bola de cortiça com cerca de 2,5 cm de diâmetro, pendurada num fio de seda, até a cortiça tocar o fundo da lata. A cortiça não foi atraída para dentro da lata como teria sido para o lado de fora, e, embora tivesse tocado o fundo, ainda assim, quando retirada, não se mostrou eletrificada devido àquele toque, como se mostraria se tivesse tocado a lata no lado de fora. O fato é singular. Se me perguntar o motivo, não saberei dizer. Talvez você descubra, e então seja gentil o bastante para comunicar isso a mim.

Winnie sentiu novamente uma conexão com a cortiça. Após uma breve e tumultuada emergência, onde fora fustigada pelos campos de uma realidade externa, tinha voltado agora para a lata prateada, a gaiola blindada, o compartilhado e comum enquadramento humano.

Provavelmente nunca houvera um aborto — essa ideia também descolara dela, adormecendo, uma cinza perdida, uma partícula escura embaçando.

Ela comeu vorazmente durante a primeira semana em casa — com uma fome que nunca sentira antes. Controlar a própria alimentação novamente foi uma revelação, uma liberação. Cozinhou massas, comprou biscoitos. No final daquela primeira semana apareceu um estranho pensamento — ela não tinha certeza de ter uma boca. Mesmo enquanto comia — especialmente enquanto comia — tinha de tocar em seus lábios para se certificar de que eram dela, e que ainda estavam lá.

Entre as refeições, a advogada latente que nela havia reaparecia — forte e revigorada e incansável. Assim como no trabalho, quando atacava um novo campo da arte, todo dia ela passava muitas horas em seu computador, mergulhando na literatura científica, buscando conhecimento e precedentes. Conseguiu encontrar trabalhos densos e intrigantes sobre a genética da esquizofrenia: a coleta de informações de sequência de DNA de genomas humanos,[5] com imensas equipes de cientistas soletrando as letras individuais das instruções genéticas em dezenas de milhares de pacientes de esquizofrenia. Ela passeava, fascinada, pelas centenas de genes encontrados, associados, conectados — que pareciam todos desempenhar algum papel na esquizofrenia. Cada gene isoladamente tinha apenas um efeito pequeno em um indivíduo, nenhum filamento único estabelecendo o padrão, nenhum definindo por si mesmo a tecedura, ou o esgarçamento, da mente.

Em vez disso, todos os filamentos juntos manifestavam saúde ou doença: somente como uma unidade eles formavam a tapeçaria completa. Para Winnie, parecia que as doenças mentais — a esquizofrenia, mas outras também, como depressão, autismo, e transtornos alimentares —, embora fortemente determinadas pela genética, na maioria das vezes não eram transmitidas através de gerações, como um relógio ou um anel, nem como os genes isolados que controlam a célula falciforme ou a fibrose cística. Em vez disso, na psiquiatria, era como se o risco se projetasse adiante como um conjunto de muitas vulnerabilidades advindas de ambos os progenitores. A mente de cada pessoa era criada por milhares de filamentos que se cruzam, ortogonalmente, e formam padrões diagonalmente, para criar a sarja individual. Havia genes para proteínas criando correntes elétricas em células, genes para moléculas nas sinapses que controlam o fluxo de informação entre células, genes para orientar a estrutura de DNA em neurônios que iriam direcionar a produção de todas as proteínas elétricas e químicas, e genes para orientar os filamentos de longo alcance dentro do próprio cérebro, os axônios que conectavam uma parte do órgão a outra, num tear interior de uma fiação entrelaçada controlando tudo, direcionando todos os aspectos da mente, estabelecendo características e disposições, como a tolerância ao improvável e ao bizarro.

Em algumas pessoas, constatou Winnie, quando urdidura e trama se entrelaçam assim, uma nova maneira é permitida — um padrão coalesce com apenas o conjunto certo ou errado de filamentos. Indícios do que poderia advir podem ser encontrados nos dois lados, formando a família tartã [com padrão quadriculado] naqueles que têm predisposição. Olhando para trás, motivos parciais podem ser discernidos entre os filamentos vertical e horizontal — traços humanos como protopadrões. Em ambas as linhagens podemos encontrar tios ou avós que eram bastante estranhos, que podiam deixar que sua mente desapertasse o torno da ilusão, que podiam afrouxar a pegada de um velho paradigma e se fechar, firme, ao redor de um novo.

E quanto mais forte o velho paradigma — com mais inércia social —, mais certeza tinham esses seres humanos discrepantes de terem aquela sua nova aparência. Suas convicções tinham de ser fixadas — uma vez mudadas, nunca voltar atrás —, assumidas sem uma boa razão, já que não havia nenhuma. Pois quem é capaz de defender o novo e não comprovado contra o velho e estabelecido? Apenas os que têm uma injustificada certeza — que acreditam num nível nunca provável, que já têm de estar um pouco à parte e de lado, que já podem acessar agora e depois a fixidez da ilusão, do delírio.

Mas quando duas linhagens muito vulneráveis convergem, pode surgir uma pessoa desligada demais, que permite que muita coisa passe [pelos filtros], tendo perdido o controle sobre o pensamento — ou perdido, em vez disso, a ilusão reconfortante, a percepção da ordem e do fluxo do pensamento. Forma-se um ser humano abalado que não consegue decidir quais paradigmas abandonar, ou quais nunca deixar que se percam — que nem sequer é capaz de fingir que decide qualquer coisa, por mais quanto tempo, em meio a agitação e turbulência, o fervilhar de bolhas de champanhe transbordando e explodindo livremente. Depois todas as bolhas se exaurem e o ser humano acaba ficando com os sintomas negativos que o dr. D. descreveu — sem volição e apático.

Quanto mais Winnie lia sobre esquizofrenia grave, mais difícil era preservar aquela ideia que lhe ocorrera como paciente internada, a de que poderia haver algum benefício na doença — para quem dela padecia ou para seus entes queridos. Parecia que o sintoma mais insidioso que o dr. D. tinha descrito, a desordem de pensamento, progride inexoravelmente se não for tratado, até uma total desintegração. O pensamento torna-se cada vez mais distorcido, até que a mente não consegue acompanhar obrigações e conexões, e perde alcance emocional, seus altos e baixos. Perde-se todo impulso para trabalhar, para limpar, para se conectar com amigos e com a família. A mente é inundada de caos e terror, o corpo fica imobilizado e catatônico. Se isso não for tratado, a vida do paciente termina num isolamento confuso e bizarro, e a duração de qualquer pensamento planejado se reduz a uns poucos segundos ou menos, antes de sua extinção.

Winnie lembrou-se vividamente de algo que o médico tinha dito no corredor, em sua última conversa, quando ela estivera repetindo que erro não significa necessariamente doença. "Um grupo no qual algumas pessoas toleram a improbabilidade dessa maneira pode se dar bem ao longo do tempo", ele tinha dito, "mas não esqueça — alguns vão sofrer terrivelmente." Agora, em seu apartamento, ela queria responder, mas era tarde demais. Queria dizer a ele que agora estava compreendendo, e que isso não só era verdadeiro, e importante, como deveria ser ensinado à comunidade — para propiciar entendimento, até mesmo para suscitar gratidão — de modo que todos pudessem ver quem estava doente, compreender seu fardo.

Provavelmente ele concordaria, mas não ia gostar de outra coisa que ela queria dizer, e da qual tinha a mesma certeza — que todos nós, como indivíduos, precisamos de ilusão de vez em quando. Queria dizer a ele que dentro de toda pessoa deveria haver às vezes um colapso na realidade. Deveríamos reconhecer essa necessidade, em nós mesmos e cada um no outro, e nos sensibilizar com isso como se fosse música, e nos deixarmos levar juntos, liderando ou indo atrás, como a vida sugerir, uma vez que não existe uma única realidade que funciona para cada decisão em cada fase da vida, para cada par ou grupo ou nação. Temos cérebros e mãos; podíamos tornar nossas ilusões reais.

E ela já podia imaginar sua réplica, pois como todo bom advogado ela poderia desempenhar o papel dele tão bem quanto: que isso era bonito e romântico de imaginar, mas que ninguém é capaz de tornar algo real, de criar qualquer complexidade, sem um pensamento controlado, sem a aptidão para planejar muitas etapas — e a esquizofrenia desliga tudo isso. A evolução não resolveu a questão de como proteger todos, consistentemente, da desordem do pensamento — deixando a mente humana com uma vulnerabilidade especialmente destrutiva no mundo moderno. Grupos de primatas simples e pequenos podem não ter precisado que os pensamentos fluíssem em sequência durante longos períodos de tempo — mas a estabilidade de nossa estrutura comunitária requer que as pessoas vivam e trabalhem juntas durante longos períodos, e faz com que planejamento em múltiplas etapas tenha importância.

Winnie sabia que essa perspectiva tinha de ser pelo menos um pouco correta; ela tinha achado muitos dados que davam suporte à ideia de que a civilização contribui para os problemas causados pela esquizofrenia — inclusive a evidência de que os sintomas da doença são mais comuns e fortes em habitantes de cidades.[6] Parece que pessoas com predisposições genéticas leves podem assim mesmo ser empurradas para a psicose por outros riscos e estressores da vida moderna. Winnie achou também muitos relatos de pessoas perfeitamente saudáveis que se tornaram psicóticas apenas depois de sua primeira experiência com cannabis — e de outras com transtornos aparentemente só de humor, como depressão, que experimentaram delírios causados apenas pelo transtorno de humor, não por esquizofrenia. Pensou que esses seres humanos provavelmente tinham tido ao menos um protopadrão, uma meia tecedura. Com uma sacudida do meio ambiente, uma substância química tóxica, um estresse típico da vida na cidade ou uma ruptura social, uma infecção — seja lá o que for, Winnie pensou, um segundo fator além do genético pode completar o padrão, e mudar a realidade.

Dois fatores: um conceito que lhe era familiar desde o câncer, Winnie lembrava-se de, adolescente, ter perguntado a seu oncologista, por que ela? Por que não Nelson, ou AJ? Por que não sua melhor amiga, Doris, que fumava em segredo sempre que tinha uma oportunidade? Talvez a hipótese dos dois fatores pudesse explicar isso, disse o médico; talvez Winnie tivesse alguma vulnerabilidade advinda da genética, mas mamíferos têm duas cópias de cada gene, e outros tipos de sistemas de backup também, assim um segundo fator seria necessário para permitir a ocorrência do câncer, mediante outra mudança em seu DNA. Poderia ter sido um raio cósmico, uma partícula de longo alcance vinda do Sol, ou um raio gama até mesmo de outra galáxia, viajando pelo espaço durante bilhões de anos e atingindo uma ligação química em um gene em uma célula de uma jovem em Wisconsin. Isso estava acontecendo o tempo todo com todo mundo, mas na célula de Winnie já havia outro problema, um gene alterado desde o nascimento. Uma ruptura veio por sobre a outra; foi um duplo toque, o que é demais, e o sistema caiu no descontrolado crescimento do câncer.

Ninguém sabia se a ideia dos dois fatores estava correta em se tratando de doença mental, mas Winnie achou que poderia estar. A ciência ainda não estava lá, na psiquiatria, isso estava bem claro, depois de passar noites lendo os trabalhos e resenhas. O conhecimento biológico era limitado nesse campo, embora houvesse alguns insights. Havia a comunicação alterada através do cérebro na esquizofrenia, demonstrada com métodos de criar a imagem da atividade cerebral em pessoas. Partes do cérebro não estavam mantendo as outras partes atualizadas. Até mesmo tinha se observado, durante alucinações, uma alteração na sincronia da atividade dentro do órgão, como se uma das mãos não soubesse o que a outra estava fazendo.

Winnie tinha muitas perguntas, muitas coisas a dizer, e ninguém para escutar. Lembrou que ele poderia ter dito que a ruptura de um paciente com a realidade é que o tinha levado à psiquiatria, em primeiro lugar. Não que isso importasse, mas importava, e queria que ele soubesse que importava. Nós tomamos nossa realidade compartilhada como garantida, assim como nossa reação a essa ilusão, e se ela pudesse pedir a ele alguma coisa, seria deixar que o mundo soubesse uma simples Verdade: nossa realidade compartilhada não é real; é apenas compartilhada.

Em sua segunda semana em casa surgiu um objetivo, um deus adquiriu forma, um estatorreator portátil. Ela escreveria para ele, uma carta detalhada, à mão, com um marcador preto indelével, tudo em maiúsculas para que nada fosse ignorado, dizendo tudo o que nunca tivera tempo de dizer, que não tinha sabido como dizer claramente.

Ia lhe contar sobre mais pensamentos, pitadas de pensamento. Havia um elemento disperso, um sub-rufar enluarado, um noturno. Princesa do Pijama de Java era seu novo nome, algo a contar para ele. Ele poderia não entender, era um sem-barba, um não jesus. Ele escreveria de volta com seu nome completo, não aquele pelo qual as enfermeiras o chamavam no andar, aquela nota falsa, papista. Não, seu nome completo, e assim ela lhe diria, ela lhe disse que não tinha ancestralidade dravidiana e não gostava da implicação — misogamia —, sua voz falhando, virando um fraco sussurro mesmo enquanto sua raiva impotente crescia — o que estaria ele sugerindo. Nem um só kilogauss de influência sobre ela, ela era pura e livre, não uma incendiária dançarinacrobáticassapateadora. Estaria comendo demais? Glutona. Ela fora tocada duas vezes [por dois fatores]. A influência estava chegando, a saída não era fácil nem era para o leste, mas em direção oestenoroestecautelosa. Ela fez uma pausa, inspirou, e se desculpou. Uma torcedura. Não era de sua conta o que ele estava tentando sugerir.

O telefone tocou; algo se crispou profundamente nela. Filetar o primogênito, o nascido do punho.* Era ele. Winnie foi até o telefone, mas hesitou. O outro lado da tela. Deixou-o tocar e gravar a mensagem. Uma hora depois tocou a mensagem no viva-voz, depois de perceber que os capacitores do telefone estavam completamente descarregados. O relatório da citologia tinha chegado, o da punção lombar, a última formalidade: "*Raras células linfoides*

---

* Jogo de palavras em inglês entre *firstborn* e *fistborn*. (N. T.)

altamente atípicas, consistentes com material anterior, envolvimento com um linfoma de células T".

Seu mecanismo cerebral revelava finalmente seu obscuro segredo. Encoberta, mas sempre lá, sua fragilidade tinha ficado ali à espera, como o MAV de AJ. E então veio a segundo golpe: para ele, um aumento de pressão; para Winnie, eram células de câncer, fazendo subir as bolhas de champanhe, nadando em seu vulnerável e doce mar.

Sentou-se no chão, evocando novamente o último dia de AJ. Não foi difícil: o tear aéreo projetou-se no tempo, assim como no espaço. E ela sabia quais eram os fios que importavam; alguns eram dela. *Quando viu o relógio do banco, AJ soube que teria de fazer o resto do caminho correndo. Enquanto corria, olhou para baixo, para si mesmo e sua camisa. Havia ali um pouco de massa assada, e ele tentou tirá-la com a mão — a maior parte saiu, mas ainda havia uma coisa branca que não conseguiu limpar, e sua mão estava suando, e tudo isso deixava as coisas um pouco piores. Ele deveria ter trazido outra camisa. Manteve um ritmo constante, tentando não se esforçar demais, à medida que se aproximava do banco, e atravessou correndo o cruzamento Main South, entrou na praça, circundou a fonte e passou pelas portas de vidro logo atrás de um sujeito de muletas. Viu os elevadores, mas não havia tempo, cinco andares pela escada, de dois em dois degraus; caminhou rapidamente pelo corredor, olhando para trás a fim de ver se não estava deixando pegadas de farinha, e parou no lado de fora do escritório, para recobrar o fôlego. Enxugando a testa, olhou em volta para as paredes e o teto; o corredor era muito limpo e marrom. Pensou na garota do frozen yogurt, junto à padaria e em seu cabelo, enrolado para cima como um pãozinho de canela, firme e castanho. Pensou em como os olhos dela tinham circulado pelo rosto dele, como um gaio nervoso e azul, quando ele perguntou qual era o número de seu telefone. Após um minuto ele foi até a porta, sentindo-se trêmulo por dentro, olhando para o turvo e sombrio reflexo de seu rosto no vidro da porta, sentindo estar na crista de uma montanha, carregando para o topo, em suas mãos suadas, um grande pedaço de papelão, para deslizar sobre ele encosta abaixo, como fazia no verão com Winnie e Nelson, quando eram crianças. Estava indo ver como eram as coisas na outra metade do mundo, após uma longa escalada, preparando-se para a descida. Os gritos de triunfo e de dor dos outros alpinistas estavam se desvanecendo e sumindo por um momento... Como que respeitando este momento. A porta estava trancada; demorou um pouco para que AJ se desse conta de que a porta estava trancada. Era estranho — a maçaneta girava, mas a porta não abria. AJ estremeceu e tentou novamente. Então recuou um passo, tentando imaginar o que isso significava. Seus olhos buscaram alguma mensagem ou bilhete ou pista, mas não havia nada. Talvez fosse o escritório errado. Procurou pelo cartão de visita em seu bolso, mas era o cartão errado, do mecânico. Não tinha trazido nenhum número de telefone, ia perder o encontro que levara meses para marcar. Sentiu uma pontada na cabeça. Apertou as têmporas com as mãos enquanto caminhava de volta pelo corredor. Desceu as escadas lentamente, os joelhos cedendo, sentindo uma estranha sensação a inundá-lo. O saguão estava imerso numa neblina negra. Assustado, tentando se manter estável o mais que pôde, atravessou o saguão e saiu pela porta. O sol estava quente, mas sua luz era turva. Suas pernas e seus braços tremiam, mas ele encaminhou-se lentamente para a fonte da praça. Contornou o repuxo, instável, e esperou um pouco para atravessar o South Main, observando o rosto das pessoas nos carros que passavam por ele. Ajoelhou-se. Lembrou um pássaro que tinha visto uma vez se chocar com o vidro de uma parada de ônibus. Por um momento tinha batido as asas contra o calçamento empoeirado, incapaz de alçar voo, e depois só ficara olhando os outros pássaros que passavam voando, absortos em sua própria vida, aureolados pelo sol para acasalar e se alimentar e construir e cantar. Parecia que o crepúsculo estava se aprofundando em todas as coisas. Ele pensou que devia ir ver a garota do frozen yogurt, se conseguisse voltar à padaria. Gostaria de ficar aqui com ela, pensou. Havia um ligeiro declive; se conseguisse se levantar, tudo que precisaria fazer era levar um pé à frente, um depois do outro, era quase como deslizar. Todos aqueles rostos nos carros, indo para casa... A porta não ia se abrir. A porta estava trancada. A dor de cabeça aumentou e se espalhou. Tão limpo e brilhante era o vidro em toda parte, era como se nunca tivesse estado ali, o pássaro se chocou, o vidro estava em toda parte. O corredor era comprido e escuro, firme e marrom. Não estava sendo fácil enxergar novamente. Uma espécie de pombo, o pássaro o fizera se lembrar de Winnie, ele estivera tão preocupado com ela. Quando ele se inclinou, o pássaro olhou para cima, direto para ele, como faria Winnie, firme, e o único capaz de fazer isso. Esperando que aquilo passasse, ele cerrou os olhos, esperando também. Ainda de joelhos, caiu estirado no chão, e então ela estava ali com ele, acariciando sua testa num suave ruflar de asas.*

6. Consumo

[...] *Adeus campos*
Que o gozo sempre habita, ave horrores,
Mundo infernal, e tu profundo Inferno
Recebe o novo dono, o que traz
Mente por tempo ou espaço não trocável.
A mente é em si mesma o seu lugar,
Faz do inferno Céu, faz do Céu inferno.
Que importa onde se eu o mesmo for,
Ou o que seja, logo que não seja
Inferior ao que deu fama ao trovão?
Aqui seremos livres; o magnânimo
Não alçou cá a inveja, nem daqui
Nos levará. A salvo reinaremos,
Que é digna ambição mesmo se no inferno:
Melhor reinar no inferno que no Céu
Servir. [...]
John Milton, *Paraíso perdido**

---

* Livro I, versos 249-64. Trad. Daniel Jonas. 3. ed., São Paulo: Ed. 34, 2021.

A estudante de medicina e eu começamos a nos despedir. Nossos primeiros noventa minutos com Emily não nos levaram a compreender o problema e não demonstraram que seria útil uma hospitalização. Ela tinha sido admitida diretamente em nossa unidade aberta pelo diretor da internação em psiquiatria, deixando-me fora do circuito na determinação de que seria ou não uma boa ideia essa admissão.

Emily tinha dezoito anos, legalmente uma adulta, mas muito mais moça do que os outros pacientes internados, e teria sido enviada para o setor da psiquiatria infantil se tivesse chegado apenas algumas semanas antes. A principal queixa no início — *incapaz de suportar uma aula inteira* — era na verdade uma queixa de seus pais, e para mim essa situação era mais adequada a um hospital infantil do que a um serviço de internação agudo para adultos.

Ao longo da entrevista de admissão, descobrimos que Emily tinha sido uma estudante brilhante, mas que o período total de cinquenta minutos de uma aula era agora demasiado para ela; no início do ano escolar ela tinha, de algum modo, desenvolvido a necessidade de se levantar e sair da classe no meio da aula, e depois de mais ou menos um mês isso tinha evoluído e chegado a um ponto em que ela não conseguia entrar em classe. Ninguém sabia por que, e ela não dizia. Ela nos disse ser bem versada em poesia e literatura, e que tinha ganhado troféus como lançadora de softball, e que era competitiva amazona em torneios de hipismo.

Durante nossa entrevista, o funcionário da enfermaria de cirurgia ortopédica me bipou diversas vezes sobre um paciente nosso que precisava de uma ordem de transferência a fim de voltar para a psiquiatria após uma cirurgia no quadril. Àquela altura, trabalhar com pacientes ortopédicos, por mais rabugentos que fossem, me parecia ser mais produtivo do que continuar com Emily, já que eles queriam uma coisa que eu seria capaz de lhes dar. Começamos a contornar as cadeiras indo em direção à porta do quarto de Emily — tentando não parecer que estávamos com muita pressa, prometendo voltar.

"Mais uma coisa", disse Emily, e eu me virei, já na porta. Sentada de pernas cruzadas na cama muito bem-feita, ela estava esticando os braços acima da cabeça, arqueando o corpo contra a luz do sol que vinha da janela. "Eu realmente acho que não deveria ficar sozinha agora."

Oh. Bem, lá vamos nós. Agora a revelação; a tempestade interior ia finalmente irromper. Esperei, sem perguntar nada.

O olhar azul-cinzento e enviesado com que Emily se contatava comigo foi acompanhado de um tênue sorriso. Ela não disse mais nada. O silêncio estendeu-se e ocupou espaço também. A pressão estava formada, mas não houve aguaceiro.

Meu olhar percorreu o quarto, em busca de insight. Havia algo estranho: sua mala ainda não desfeita, seu laptop e seu telefone perfeitamente arrumados na mesinha de cabeceira — pertences pessoais que não eram comuns de ver mesmo na unidade aberta. Mas isso eu compreendi — toda a sequência de nosso comumente coreografado processo de internação estava desativada devido à natureza incomum da admissão. Ela acabara de chegar e ainda nem tinha se encontrado com a enfermeira encarregada.

Tornei a olhar para Emily. Eu tinha esperado que ela continuasse, por mais tempo do que normalmente esperaria, deliberadamente dando à estudante de medicina um exemplo de como deixar que uma paciente se declare — demonstrando como não pré-enquadrar seja o que for como alguma outra coisa, com isso transformando, inadvertidamente, o que está subjacente num objeto de nossa própria criação.

E então o silêncio subitamente se tornou ruído por si mesmo — negativo, perturbador —, até mesmo um pouco hostil. "Está bem, Emily", eu disse. "Falemos sobre isso." Não havia outra opção senão voltar para o quarto, com a estudante a reboque. Retornamos a nossas cadeiras e nos sentamos, jalecos brancos a nossa volta como pendentes cordéis de marionetes.

Não só nossa anamnese tinha falhado em predizer uma condição psiquiátrica grave, como também os exames laboratoriais de Emily como paciente externa tinham sido normais — não havia hipertireoidismo por doença de Grave, por exemplo, o que poderia explicar a agitação e a inquietude. Com tão pouca informação, minhas ideias quanto ao diagnóstico eram esparsas e mal concebidas, na maioria relacionadas com ansiedade — talvez uma fobia social ou uma síndrome do pânico. Mas ela não tinha confirmado nenhum sintoma relacionado com ansiedade. Eu também tinha considerado TDAH [Transtorno de Déficit de Atenção e Hiperatividade] e checado os sintomas associados com esse termo, uma das muitas referências em evolução que usamos na psiquiatria para estados que ainda estamos tentando compreender. À medida que novos insights resultam da pesquisa, sabemos que nossos modelos e nomenclaturas serão revistos e descartados e substituídos em uma geração, e depois novamente, em outra. Mas usamos estas porque é delas que dispomos agora, para ajudar a orientar tanto o tratamento quanto a pesquisa; cada diagnóstico vem com uma lista de sintomas e de critérios. Emily não estava endossando nenhum deles.

Todas as minhas perguntas diretas que sondavam essas possibilidades — e até mesmo meus métodos menos diretos, como pausas em aberto que precisavam ser preenchidas pela paciente — não tinham desencavado nada de substancial. Ela estava com alguma depressão leve, mas sem pensamentos suicidas; alguns indícios de transtorno alimentar tão comum em seu grupo etário; e um toque de algumas características obsessivo-compulsivas. Mas não fomos capazes de localizar o cerne do problema, a queixa principal; não podíamos explicar por que ela não mais conseguia ficar na aula. Somente quando já nos dirigíamos para a porta, pensando que nosso diagnóstico teria de ser apenas um substituto provisório — *transtorno ansioso não especificado* —, pareceu que começava realmente uma conversa.

E agora, com aquela sua reabertura enigmática da entrevista, novos diagnósticos saltaram à frente avidamente, como cavalos de corrida arrancando do portão de largada — mas logo tropeçaram e se chocaram uns com os outros. Os diagnósticos mais diretos, de algum modo, eram até menos coerentes agora. Se sua intenção era o suicídio, ela não ia querer que alguém ficasse com ela. Se estava psicótica, deveria estar menos organizada e mais cautelosa. E, finalmente, uma paciente borderline não seria tão retraída, e poderia ser levada com abandono mais diretamente.

Qualquer que fosse o transtorno, era tão sutil quando forte; sua aparência era fisicamente saudável e não parecia estar sofrendo, mas algo havia se apoderado de sua poderosa mente. Naquele momento crucial de seu desenvolvimento e sua educação, a maior força de Emily tinha-lhe sido tomada; seu passaporte para o futuro fora surrupiado de dentro dela por uma entidade de dedos leves que ela conhecia, um ladrão que ela estava protegendo.

Enquanto suas últimas palavras ainda pairavam no ar entre nós, aconteceu outra coisa com ela, com o "eu" atlético de Emily que me fora mostrado, com sua fachada robusta e impetuosa. Num piscar de olhos, essa máscara vacilou e caiu, e num instante tudo era verdadeiramente real. Embora ela tivesse dito a verdade, tal como a conhecia, havia também uma leve contorção nos cantos de seus olhos e de sua boca. Ela estava me mostrando algo, e era quase engraçado, mas não mostrando muito, porque, bem, ela ainda era uma adolescente, e isso ainda era embaraçoso.

"Por que você não deveria ficar sozinha, Emily?" perguntei.

Ela não disse mais nada. Estava traçando com o dedo figuras na fina e esticada colcha que cobria a cama, olhando para mim com os cantos dos olhos. Emily tinha dito algo importante, e ainda parecia haver também uma brincadeira secreta inexplicada, que ela estava tentando compartilhar. Seria tudo isso uma simulação de doença profundamente disfarçada por parte de uma inteligente manipuladora do sistema, trabalhando por algum ganho que eu deixei de perceber? Ou seu humor estava mais sombrio do que eu poderia imaginar — um comentário mórbido sobre um aspecto destrutivo dela, com desejo de autoflagelação —, um espectro encoberto com o qual ela tinha lutado mas sem conseguir revelar, pelo menos até que um afrouxamento social ocorreu no momento de nossa partida.

Dez segundos de silêncio. E o que viria agora? Eu tinha ali uma aliada, Sonia. Olhei para ela.

Sonia era a estudante de medicina, mas também uma subinterna — adiantada, e encarregada de se comportar como uma interna plena, atuando um nível acima, como se tivesse autoridade de médico, para fazer planos de tratamento e emitir instruções. Espera-se de subinternos que desempenhem as funções médicas em cada cenário até chegar o momento de efetivamente assinar cada ordem — um papel desafiador, destinado a estudantes de medicina que já escolheram sua especialidade, identificaram sua vocação e agora buscam um começo baseado em experiência. É uma linha difícil de ser seguida, agindo com autoridade sem ter verdadeiramente autoridade — o que exige confiança em si mesmo, aptidões sociais e uma tendência a acertar. Força.

E Sonia era forte — destemida e engenhosa, rápida com a caneta e com o telefone, perita em fazer com que as coisas acontecessem. Isso tinha sido evidente desde o princípio, em seus primeiros momentos na equipe — embora eu tentasse não categorizar pessoas rapidamente ou em geral, tendo cursado a faculdade de medicina numa época mais severa e binária, quando rápidas avaliações eram feitas rotineiramente pela equipe a partir do momento em que cada novo membro cumpria seu rodízio no tratamento de pacientes internados; um rosto novo, uma lousa em branco não escolhida nem conhecida antes por ninguém ali presente, mas arremessada no meio de decisões urgentes de vida ou morte. Quando eu mesmo estive nesse estágio, ninguém na equipe realmente se importava se e quanto o novo estudante seria criativo, ou com a qualidade dos artigos publicados — tudo isso era irrelevante. Entrava em jogo toda uma outra categorização que nunca existira antes na vida de um estudante de medicina. Tudo se resumia a rótulos implacáveis: o novo estudante era forte ou fraco?

Equipes se uniram em julgamentos rápidos, certos ou errados, mas feitos rapidamente. Geralmente, estudantes de medicina pouco suspeitam quanto à importância de suas primeiras ações ao se juntarem à equipe, mas naquela época eles recebiam um rótulo — de um ou de outro teor, explícito ou não. Não estava tudo perdido se as coisas dessem errado numa ou noutra equipe, já que os estudantes faziam rodízio no serviço a cada mês, indo para novas funções, um novo crescimento, descobrindo novas forças — mas aquele período de um mês ficaria congelado para os membros da equipe, e nunca seria desfeito. Em momentos de baixo-astral eu me pergunto: em quantas mentes de médicos seniores eu ainda estou armazenado segundo uma dessas categorias — forte ou fraco, e nada mais? Antes de conhecer Emily, quando eu era estudante de medicina começando meus rodízios clínicos — priorizando os rodízios em cirurgia, pois eu tinha certeza de que minha residência seria em neurocirurgia —, houve muitas oportunidades de mostrar fraqueza,

Minha cabeça ainda estava nas nuvens com meu doutorado, que foi na abstrata neurociência, ou seja, não clínica em qualquer sentido, e eu era mais do que só um pouco desafiador — obstinado e sem querer aceitar ou trabalhar com os axiomas e rituais da medicina. Em minha resistência, eu hesitava quanto aos costumes médicos — e mesmo assim às vezes meu estilo, por acaso, se encaixava com os interesses da equipe. Num rodízio de cirurgia vascular, não tendo ideia do que estava fazendo, aconteceu de eu fazer uma pergunta interessante (e levemente irritante) logo na primeira manhã. Como resultado, mais tarde, naquele mesmo dia, nas rondas da tarde, fui apresentado pelo residente-chefe aos plantonistas como "o novo estudante de medicina, forte". Os plantonistas disseram "Que bom". Estavam errados, e como, mas depois disso ninguém me incomodou — eu estava dentro, o mês seria bom. O estudante era forte. A equipe, agora estabelecida e rotulada, seguiu em frente.

Mais tarde, nos meus anos de residência e de plantões, pensei em mim mesmo como parte e defensor de uma cultura em mutação na qual alguma complexidade poderia ser tolerada — na qual médicos reconheciam que o mundo precisava mais do que de uma única abordagem ao papel da medicina.

Sonia, contudo, não era fraca segundo nenhum critério, assim, quando olhei para ela, sem saber o que fazer, estava buscando qualquer um de seus muitos pontos fortes, que ela poderia trazer a esse domínio ainda sem nome. Tínhamos estado juntos durante duas semanas na mesma equipe da internação e tivéramos tempo para nos conhecer. Ela tinha o mesmo tipo de proveniência de Emily; formação acadêmica semelhante, diversificada e, literariamente, quantitativa.

Trocamos muita informação naquele momento — Sonia mantinha-se em silêncio, como eu, mas seus olhos levemente expandidos, fechados nos meus, indicavam que deveríamos explorar mais profundamente.

Olhando de volta para Emily, não captei nem medo, nem pânico, nem raiva. Ao contrário, ela exsudava uma espécie de excitação nervosa, como se estivesse se preparando para sair para um primeiro encontro — ou não, mais parecia um caso —, e então eu soube. Uma espécie de representação, da própria Emily, podia ser projetada em outros casos que eu tinha visto e armazenado dentro de mim, de meu período, muito tempo atrás, na unidade fechada de psiquiatria com adolescentes — e com apenas uma pequena ajeitada aqui e ali, as imagens alinhavam-se perfeitamente.

Havia outro ser conosco naquele recinto, do qual ela precisava, tinha medo que nunca poderia deixar. Emily se abriu e mostrou por que isso não importava, não havia nada que ela ou eu ou alguém pudesse fazer. Ela tinha um encontro feroz planejado; estava acontecendo e ninguém conseguiria detê-lo — mas ela queria que isso fosse sabido e testemunhado. Isso era uma verdade que ela dizia de modo reto, inalterado, não sofisticado — uma geração declarando a outra um duro fato —, apenas me falando do mundo como ele era. O fato era este: ela não queria ficar sozinha, mas era eu quem deveria ter medo.

Àquela altura eu tinha tratado de muitos pacientes com transtornos alimentares. Passei meses na unidade infantil fechada do hospital, que é na verdade uma enfermaria para casos de anorexia, onde eu tinha visto pacientes em situação desde moderada até quase à morte, e ouvido os diversos tipos de linguagem que adolescentes usam para descrever anorexia nervosa e bulimia nervosa. Alguns pacientes do modo brando da doença até personalizam os dois transtornos chamando-os de Ana e Mia, mas a maioria daqueles cujo caso é grave acaba abandonando toda pretensão de metáfora para sua doença.

Os psiquiatras que trabalham nesse domínio têm inteligência e experiência profundas, mas suas construções (como em muitos casos em psiquiatria) não se ancoram na base sólida da compreensão científica, e eu nunca achei, na psiquiatria ou na medicina, mistério maior do que o dos transtornos alimentares. Nenhum mistério maior em toda a biologia.

Com Emily, eu estava cautelosamente ciente de uma particular circunstância preparatória para a consideração desse tipo de diagnóstico, já que naquele mesmo momento eu tinha outros atores semelhantes na unidade aberta, outros pacientes do mesmo domínio. Micah, por exemplo: um *kibutznik** que negociava com objetos de arte, olhos escuros como graxa preta. Tinha uma barbicha afilada e bem aparada, e era assustadoramente magro, com um tubo subindo para penetrar em seu nariz e depois descendo para sua garganta. Micah vivia numa relação muito profunda e severa com as duas doenças ao mesmo tempo, anorexia e bulimia. Daí resultou uma perda de peso extrema e perigosa, e as contradições e conflitos estavam se drenando. Para Micah tornara-se trabalho em tempo integral satisfazer as exigências das duas doenças, dar a cada uma o tempo que ela necessitava.

A anorexia nervosa é frequentemente caracterizada como cruel e forte, uma garota má com pinta de duquesa, distante e inflexível, confinando sujeitos numa fria tumba de controle cognitivo. Para afirmar a independência de algum impulso de sobrevivência, e para reconfigurar o impulso de comer como um inimigo que surge de fora do "eu", a anorexia tem de se tornar mais forte do que qualquer coisa que os pacientes tenham conhecido ou sentido; e os pacientes começam a se fortalecer eles mesmos — teriam de fazer isso para poder manifestar uma coisa assim.

Com a anorexia, eles controlam o progresso do crescimento e da vida — e com isso, do próprio tempo, assim parece. A anorexia evita o amadurecimento sexual nos pacientes mais jovens, retarda o envelhecimento e não se cura por meio da medicina; nenhuma droga é capaz de liberar pacientes de suas garras, o que os obriga a tomarem medidas desesperadas. Quando ficávamos mais agudamente preocupados com Micah, vendo sua frequência cardíaca e sua pressão sanguínea cair a níveis espantosamente baixos, ele permitia que inseríssemos um tubo nasogástrico para introduzir algumas calorias diretamente

---

* Em hebraico, membro de kibutz. (N. T.)

em seu estômago. Mas assim que ficava sozinho ele arrancava o tubo, às vezes antes de termos a oportunidade de introduzir algo, de modo que tínhamos de passar pelo processo de substituir o tubo. Eu quase conseguia ouvir a anorexia zombando de mim dentro da mente de Micah enquanto fazíamos isso, enquanto ele olhava impassivelmente, nós três sabendo o que eu ia fazer, nós três sabendo o que ele ia fazer, os dois sorrindo secretamente, rindo do pateta manejador de tubos e promotor de drogas.

Mas a bulimia nervosa é diferente. A bulimia traz uma recompensa loucamente excitante — não reduzindo a ingestão de alimento a um mínimo, e sim levando-a a um máximo — empanturre-se e purgue, e empanturre-se novamente. A bulimia parece criar uma ligação mais positiva do que a da anorexia; a bulimia pode coçar uma comichão bem fundo na pele, deixando uma aparência de pureza e saúde enquanto provê a mais crua das recompensas. Nada limita quanto a bulimia é capaz de lhe oferecer, exceto a quantidade de potássio que lhe resta em seu frágil e contorcido corpo antes de você morrer. Em todas as suas formas, a bulimia sabe o que você realmente quer, ela o excitará e ferirá de mais maneiras do que a anorexia, e, no fim, o deixará tão morto quanto.

Aliadas e rivais mortais — anorexia e bulimia nervosas — são, cada uma delas, odiadas e abraçadas, cada uma delas um grunhido de doença, embuste, recompensa. Estão mais além do alcance da medicina e da ciência do que a maioria dos transtornos psiquiátricos, em parte porque uma espécie de parceria se instala e enraíza entre o paciente e a doença. Às vezes como uma paixonite, às vezes hostil, às vezes apenas prática — a parceria com o paciente é forjada, como em muitas formações de duplas interpessoais no mundo real, a partir de uma dialética viva de fraqueza e força. E, embora nenhuma droga seja capaz de curar essas duas doenças, não mais do que uma droga seja capaz de apagar um amigo ou um inimigo, palavras podem chegar a elas, assim como um ser humano pode chegar a outro.

O fato de esses transtornos serem fortes, e capazes de serem imbuídos de personalidade, cria uma situação diferente de qualquer outra na psiquiatria, ou, mais amplamente, na medicina. Drogas viciantes — num cenário de transtornos por uso de certas substâncias — são as que chegam mais perto dessa percepção de um poder controlador externo, embora com menos conexão pessoal. Transtornos alimentares exercem essas duas formas de poder: autoridade governante e intimidade pessoal.

O poder tanto da anorexia quanto da bulimia nervosa, assim como na compulsão do vício em drogas, pode ainda derivar de um consentimento inicial, momentâneo consentimento do governado. Mais tarde essa autoridade se torna malévola; perde-se a liberdade à medida que o tempo passa, e o paciente e a doença se aproximam cada vez mais — até que, como qualquer díade estelar, sóis gêmeos girando um em torno do outro, eles ficam trancados num poço gravitacional, um buraco profundo e escuro, destruindo massa a cada ciclo, desabando numa singularidade.

Na enfermaria pediátrica tenho visto anorexia nervosa em sua forma mais grave e devastadora — uma doença que habita principalmente garotas adolescentes, consumindo tanto os pacientes quanto as famílias. Eu vi essa dinâmica singularmente mortal, misturando amor e raiva, os pais tentando freneticamente alimentar seus filhos, cheios de ira para com esse monstro inexplicável. Famílias se culpando mutuamente, com indiretas e provocações e garras eriçadas e explosões violentas, pois não há mais ninguém ao alcance, nem outra maneira de dar um sentido à visão de seu filho magro, cercado do alimento que ainda recusa. Não há na psiquiatria exemplo mais claro de sofrimento humano com o qual se poderia lidar apenas se o compreendêssemos, mesmo sem uma cura.

Essas eram crianças que tinham sido tão fortes — estrelas e atores, disciplinados em todas as dimensões, totalmente amados — e ainda assim tão desnutridas que o próprio cérebro estava morrendo, começando a atrofiar, encolhendo e se retraindo dentro do crânio. Crianças que tinham ficado tão frágeis e frias que seus corações desaceleraram ou para quarenta, ou até mesmo trinta, batidas por minuto, a pressão sanguínea difícil de ser medida, difícil até mesmo de ser encontrada — a biologia da vida retardada e quase imobilizada, amadurecimento interrompido e mesmo revertido, a díade doença-paciente rejeitando as imposições e efeminações da adolescência — idade, maturidade, peso —, esses inimigos compartilhados, fundindo-se num só e denegados com um só, rejeitados como uma força vinda de fora. Crianças no meio da adolescência com aparência de comportamento de pré-adolescente — e ainda assim socialmente espertas, mesmo nas profundezas da doença ainda verbalmente ágeis, expertas, peritas navegadoras por cliques e culturas, hábeis no argumentar, enquanto ineptas na mais simples matemática: a topologia básica da sobrevivência, a ingestão de alimentos.

Muitos chegam bem perto da morte, e alguns morrem. Por que, perguntam as famílias, por favor, diga-nos.

Por que não começar perguntando ao paciente, o anfitrião da doença? Qualquer coisa que for verbalizada nos ajudaria a compreender, mesmo que (ou, talvez, principalmente se) na linguagem e perspectiva descomplicada de uma criança. Mas para os pacientes de anorexia é difícil explicar os sintomas, assim como em qualquer doença psiquiátrica. Não podemos esperar uma explicação de um paciente de anorexia mais do que de uma pessoa com esquizofrenia quando perguntarmos como é sentir que a mão é controlada por um ser estranho a nós, ou de alguém borderline quando perguntamos como é a euforia e o alívio de se cortar. Algumas pessoas simplesmente não são capazes de existir como as outras querem.

Quando familiares e médicos tentam entrar no quadro, intervir, o par paciente-doença desenvolve embustes e subterfúgios, açoitados cada vez mais forte de dentro dele. Juntos eles reenquadraram desejo, reconfiguraram o significado de necessidade — o que pode acontecer quando se medita, ou quando se tem fé —, mas insustentavelmente. A anorexia é forte mas causa fragilidade, e se defende letalmente. A anorexia prega em voz alta diante do espelho, e depois, mais tarde, de um púlpito, ainda sussurra implacavelmente com palavras sibilantes aprendidas em segredo — uma mímica, uma vigarista, uma charlatã lá dentro — até que no fim a mentira é aceita. Essa pretensão no início ganha alavancagem devido a sua utilidade, mas depois cresce rapidamente para corresponder ao monumental escopo de sua tarefa. Uma vez comissionados, os mercenários neurais não podem ser retirados, e giram fora de controle para formar um exército canalha que devasta o campo.

Não são simples delírios. No fim, o paciente de algum modo sabe, mas não compreende, está ciente, mas não tem controle. A ideia existe como uma disposição em camadas, uma máscara de batalha aderida, fundida a fogo no rosto da vida. É uma mentira na vida do paciente, convincente em todo aspecto que importa, mensurada na clínica como pensamentos, massa e ações. O médico provoca e registra o modo de pensar da anorexia, o de uma autoimagem distorcida: o paciente declara uma coisa e acredita nela, enquanto o índice de massa corporal informa o contrário. As ações do paciente também podem ser medidas — relatórios sobre a restrição na ingestão de alimento, que podemos acompanhar à medida que assim age o paciente, contando rigorosamente todos os minúsculos tique-taques calóricos.

Terapias cognitivas e comportamentais imersivas podem ajudar na anorexia nervosa[1] — especialmente se forem prolongadas por meses a fio — usando palavras e construindo insights, para lentamente corrigir as distorções que ocorrem dentro do paciente. O objetivo é identificar, e avaliar, entrelaçados fatores comportamentais e cognitivos e sociais, e monitorar a nutrição com um pouco de coerção. Os medicamentos não são usados para curar, nem para atingir o cerne da doença, mas para amortecer sintomas;[2] por exemplo, drogas moduladoras de serotonina são utilizadas tipicamente para tratar depressão, que com frequência se manifesta. Em alguns casos, são ministrados medicamentos antipsicóticos que, adicionalmente, têm como alvo sinais de dopamina e podem favorecer uma reorganização do pensamento, ajudar a quebrar os rígidos ciclos e cadeias da distorção; esses agentes podem acarretar algum ganho de peso, e assim um efeito colateral que seria apenas inofensivo torna-se, em certa medida, um benefício colateral.

Há muita coisa em risco. Se incluirmos a mortalidade devido a complicações médicas — a falência de órgãos — ao lado dos suicídios, os transtornos alimentares, juntos, apresentam taxas de morte maiores do que as de qualquer doença psiquiátrica.[3] O declínio e a morte advêm do colapso de células que morrem de fome em todo o corpo humano afetado. Depressão e suicídio, se o primeiro órgão a colapsar for o cérebro. Infecção, se o sistema imunológico vacilar. Parada cardíaca, se as células elétricas do coração, já enfraquecidas pela desnutrição, não mais conseguirem lidar com os teores salinos distorcidos do sangue — desequilíbrios nos níveis de íons que foram estabelecidos bilhões de anos atrás pelas rochas que se dissolveram no oceano de nossa evolução, e agora rabeiam livres, diluídos e flutuando ao capricho da inanição.

Mas, para os sobreviventes, o aperto pelo tirano interior se esvai com o tempo. O paciente pode se desvencilhar e ficar livre e impor pela força um novo pensamento e novos padrões de ação — outra camada de mascaramento, talvez, mas ainda buscando, durante anos, pelo menos um ponto no qual a história poderá ser contada como se fosse um pesadelo.

Medicamentos são tão incapazes de acertar o alvo na bulimia nervosa — que era, eu suspeitei, o segredo de Emily — quanto na anorexia: capazes de atenuar alguns sintomas da comorbidade, mas ainda não atingindo seu cerne. A bulimia também mata com desequilíbrio iônico — descontroladas oscilações de potássio e na frequência cardíaca, que vêm com a purgação. A bulimia às vezes se mistura com anorexia, como no caso de Micah, criando juntas mudanças ainda mais extremas nos fluidos e em partículas carregadas — desarranjo no cálcio e no magnésio também, em traços de rochas e metais necessários para manter estáveis tecidos excitáveis como o coração, o cérebro e os músculos. Essas células que se contraem e expandem precisam de cálcio e de magnésio para funcionar adequadamente; caso contrário, resultam espasmos de atividade espontânea: fibrilações em músculos, arritmias no coração e convulsões no cérebro — algumas acabando em morte.

O expurgo pode ocorrer de muitas maneiras: vômito autoinduzido, ou laxantes, ou até mesmo excesso de exercício — qualquer coisa que reduza o equilíbrio da massa [corporal]. O crédito no equilíbrio da massa é então usado para ingestão — frequentemente com excesso de comida, empilhando pratos sobre pratos, uma recompensa calórica multiplicada pela ilícita emoção de se valer de brechas e lacunas, de saber que a purgação está vindo, que nada poderá deter seu ímpeto.

Eu conhecia esse ímpeto da bulimia, essa excitada tortura, do tempo em que trabalhei na internação pediátrica, e ao constatar isso aqui com Emily eu quis que ela soubesse que eu sabia. Se estivesse certo, e se conseguíssemos deixar isso a descoberto, poderíamos formar uma espécie de parceria — uma aliança terapêutica. A partir daí, seria uma questão de logística: começar alguma terapia fundacional, construir algum insight e dar alta quando estiver pronta para o programa, ambulatorial ou residencial, correto para ela.

"Você seria capaz de nos falar sobre isso?", perguntei, finalmente pressionando. "Posso afirmar que você precisa."

Agora ela estava evitando totalmente meu olhar, voltava a olhar para a colcha. "Não posso, de verdade."

"É algo relacionado com o motivo pelo qual você não consegue ficar numa aula?" Olhei rapidamente para Sonia, a forte. Ela parecia estar empolgada.

"Sim, é mais ou menos a mesma coisa."

Era o momento de uma pressão mais forte; na unidade de internação nós não dispomos das semanas ou meses que uma terapia ambulatorial permitiria, e havia outros pacientes também. "Emily, você mencionou antes que muito tempo atrás você às vezes vomitava depois de grandes refeições." Ela tinha descrito isso como algo remoto, não importante, não conectado com seus sintomas atuais; mas agora fazia sentido isso ser motivo para sair da aula. "É possível que esteja acontecendo novamente?" Seu dedo, que estivera traçando sinais de infinito e parábolas na colcha, parou; seus olhos continuavam a olhar para a cama, não fixados num ponto, imóveis.

"O que aconteceria se você ficasse sozinha, Emily?", perguntei. Ela olhou para Sonia.

"Eu não sei", respondeu Emily, para Sonia. "Talvez ficasse tudo bem. Mas provavelmente não."

Deixei passar mais alguns segundos e mudei de posição na cadeira. Sonia captou essa chamada e respondeu a ela. "Emily", disse, "quer que eu fique com você para conversarmos? Creio que o doutor terá logo, logo de ir ver outros pacientes."

"Claro, acho boa ideia", disse ela. "Não é grande coisa." Soou um pouco hesitante, mas aquilo era a maior de todas as coisas; parecia que Emily, provavelmente, queria ficar melhor. Chegou outra chamada, da ortopedia, eu realmente tinha de ir, mas poderia deixar Sonia lá para descobrir mais, para trabalhar em sua nova profissão, cujo rumo estava agora bem definido. Eu encerrei então, despedi-me delas e saí do quarto. Agora não havia pressa; tempo e espaço eram necessários para que alianças se firmassem.

Enquanto me encaminhava para a unidade de cirurgia ortopédica eu considerava os aspectos contraditórios de Micah e Emily. Micah padecia tanto de anorexia quanto de bulimia, mas sua estratégia de purgação da bulimia envolvia não regurgitação mas caminhadas, onde quer que pudesse: andando, circulando, até mesmo contraindo sub-repticiamente os músculos da perna quando sentado — todas as maneiras de queimar calorias. Uma purgação enigmática, sutil, não de bulimia clássica — em geral ele parecia estar dominado principalmente pela anorexia. Estava voltado para seu interior, um pequeno e apertado feixe de gravetos.

Dificilmente Emily poderia ser mais diferente disso do que já era. Era forte, extrovertida, energética, com um peso perfeitamente saudável — embora, quem sabe, talvez oscilando entre uma e outra doença também. Durante nossa entrevista ela tinha mencionado alguns padrões de restrição calórica em anos anteriores.

Haveria ali uma biologia compartilhada, apesar de essas duas doenças, esses dois pacientes, parecerem ser tão diferentes? A anorexia era uma rígida contabilista, indo atrás de cada caloria e cada grama, suprimindo a recompensa em forma de alimento; a bulimia era essa recompensa natural abraçada, amplificada, repetida furiosamente numa nuvem de calorias. Mas havia uma semelhança paradoxal — assim mesmo as duas eram capazes de coexistir e até de trabalhar juntas. Ambas se contentavam em matar, mas sua compatibilidade me parecia ser ainda mais profunda; ambas atingiam uma liberação tóxica, uma expressão de um "eu" dominador, sobrepondo-se às necessidades do "eu".

Que cérebro senão o de um ser humano seria capaz de fazer tal coisa acontecer? Em qual momento da evolução o equilíbrio do poder finalmente tendeu para que a cognição fosse mais forte do que a fome? Não havia como saber, mas eu suponho que não deve ter sido muito antes de termos surgido, não muito antes de nos tornarmos humanos modernos. Querer uma coisa dessas não é suficiente. Querer viver além do querer — isso é normal, e universal. A parte difícil é fazer isso acontecer, com uma coisa tão fundamental como a alimentação. Mas a mente do humano moderno tem vastas e versáteis reservas no aguardo, esperando para se engajar, para resolver qualquer coisa — cálculo, poesia, viagem espacial.

Uma força motivacional pode ser extraída de muitas regiões diferentes na rica paisagem do cérebro humano. Desafiar a fome não é tarefa pequena, mas para uma nação de noventa bilhões de células talvez não seja demasiadamente difícil despertar poderosos conjuntos com a força de milhões delas. Muitos circuitos diferentes do cérebro poderiam até mesmo ser, individualmente, suficientes para esse despertar, cada um por direito próprio uma estrutura neural maciça e bem conectada, cada um adaptando seus próprios mecanismos, sua própria cultura, suas próprias forças.

E, assim, diferentes caminhos podem levar à anorexia nervosa em pacientes diferentes, dependendo do singular meio ambiente genético e social de cada indivíduo — uma complexidade já sinalizada pela diversidade de genes que podem ser envolvidos, como em muitos distúrbios psiquiátricos.[4] Um paciente pode mobilizar um exército contra a fome convocando circuitos no córtex frontal dedicados ao autocontrole; outro pode, em vez disso, trabalhar com uma ligação cruzada, autoimplementada, de circuitos de prazer profundo com circuitos da necessidade de sobreviver, aprendendo a afixar o atributo do prazer na própria fome; ainda outros, como Micah, com bulimia e anorexia, trabalhando com movimento e pensamento, podem descobrir um caminho recrutando circuitos geradores de ritmo, antigos osciladores no corpo estriado e no mesencéfalo destinados a ciclos de comportamento repetitivo. O controle dos ritmos de caminhada no tronco cerebral e da medula espinhal, mediante exercícios compulsivos, pode subornar os prazerosos ritmos de uma contagem — tanto de passos quanto de calorias.[5] Com bulimia e anorexia, Micah estaria contando ambos — as calorias que entravam e os passos que as faziam sair, o tique-taque. Micah tinha tecido com as duas um suave ritmo de repetição, sua textura entrelaçada num grosseiro ponto de tricô absorvendo todo o seu sangue e todo o seu sal.

Repetição é algo imensamente envolvente. Os circuitos que fazem pássaros bicar repetitivamente as asas — mantendo as penas sempre em forma para o voo — não precisam, para isso, suscitar a consciência de nenhuma razão subjacente. A evolução apenas confere a motivação, repetir a ação sem lógica ou compreensão, da parte da frente para a parte de trás, mais e mais e mais uma vez, prazerosa e inexplicável. Ou o comportamento do esquilo-terrestre, do texugo, e da aranha-escavadora, sempre escavando — cada uma dessas espécies conectando o ritmo da escavação à sua própria e especializada frequência, seu ciclo neural sintonizado com geradores centrais de padrão. Ou o hábito de se coçar em mamíferos como nós — cada animal tem uma coceira diferente —, ir até o parasita e erradicá-lo, impulsionado pela excitação da recompensa que vem com o coçar quando a comichão é atingida, dificilmente parável após começar, o ritmo só aumentando de intensidade com o necessário dano que se está causando à pele. Uma mudança completa de valência — a dor crua é agora crua recompensa.

Nosso cérebro desenvolve ritmos mais complexos também, estendendo-se em tempo e espaço, usando a metáfora dessas ações motoras básicas. O mesmo córtex frontal que planeja e orienta nosso ato de coçar com a mão, sincronizado com seu parceiro mais profundo, o corpo estriado, também tem papel executivo ao planejar as rotinas diárias, os rituais sazonais, os ciclos anuais. A recompensa do ritmo se manifesta em toda a escala do tempo, e em quase todo empreendimento humano: no tricô e na sutura, na música e na matemática, nos rituais conceituais de planejamento e organização. Não apenas ações, mas pensamentos repetitivos também podem se tornar tão irresistíveis quanto qualquer tique; a extensão de antigos ritmos para novos tipos de escavações conceituais pode nos ajudar a construir civilizações — mas quando os ritmos ficam forte demais, alguns de nós se tornam um dano colateral: os limpadores obsessivos-compulsivos, os contadores hiperconscientes, os que vivem se tocando e coçando, os escrutinadores, todos os que sofrem implacavelmente.

Meu bipe tocou novamente quando entrei na unidade ortopédica — era do escritório da equipe de psiquiatria. Peguei o telefone no posto de enfermagem mais próximo e liguei para lá. Era Sonia. "Ela foi embora."

"Uh... O quê? Foi embora?"

"Assim que você saiu, ela disse que queria esboçar o problema dela para mim." A voz de Sonia estava trêmula, o medo se revelando em cada sílaba pronunciada. "Ela me pediu que arranjasse algumas canetas marcadoras, então corri para o escritório da psiquiatria e voltei logo." Ela estava imaginando a emoção de um diagnóstico, talvez um relatório de caso digno de publicação, uma vitória épica para suas entrevistas como residente. "Só me ausentei por trinta segundos, e quando voltei ela tinha ido embora. Ela não estava sob custódia, assim ninguém a estava vigiando e nenhuma das enfermeiras a viu sair."

"Estou voltando agora", eu disse. "Fique firme, está tudo bem." Mas não estava tudo bem. Eu a tinha entendido totalmente errado. Emily tinha sido a mais evasiva dos deprimidos psicóticos e suicidas, mas cautelosa o bastante para me deixar numa sinuca. Valendo-se de sua própria e oculta arte, ela tinha partido sozinha. A excitação de sua libertação final, era isso que eu estivera cavoucando, sem saber, diagnosticando errado. Meu castelo de cartas tinha desmoronado, e eu era responsável por isso. Voltei em marcha acelerada para a unidade, quase correndo. Fraco.

Era uma situação complicada, mas Sonia estava certa: não tínhamos controle. Emily tinha dezoito anos e não estava sob custódia legal. Nunca tinha manifestado intenção suicida, era livre para ir e vir. Não havia recurso disponível.

Ficamos zanzando pela unidade, procurando pistas. Ela não tinha levado nada consigo, tinha deixado até mesmo seu laptop e seu telefone exatamente onde eu os tinha visto, na cama, alguns minutos antes. Não era algo que tipicamente faria alguém indo embora contra a recomendação médica, se estivesse apenas voltando para casa ou indo para a casa de um amigo. Não havia tempo, nem necessidade, de mencionar nosso temor mais profundo.

Bipamos o plantonista, para mantê-lo atualizado, embora não houvesse nada que ele, por sua vez, pudesse fazer. Isso caberia a nós, a mim.

Só haviam se passado dez minutos. O hospital era hermeticamente fechado; mesmo nas unidades não fechadas, as janelas estavam geralmente seladas. Se o objetivo era o suicídio, não estava claro que rota ela poderia tomar. Estávamos numa unidade aberta no segundo andar — eu sabia como chegar ao telhado, no quinto andar, passando por uma oculta e estreita passagem a partir de nosso ginásio para residentes, mas não havia como ela encontrar esse caminho.

Bordas afiadas... A cafeteria do hospital, primeiro andar, quase exatamente sob nossos pés? Ou pior, logo depois da cafeteria havia uma sacada com um mirante para um amplo átrio — a uma grande altura em relação ao pavimento térreo abaixo dele. Ela poderia ter chegado lá em trinta segundos, e alguma coisa — qualquer coisa — poderia ter acontecido desde então.

Sonia sabia o que estava em jogo e o estava sentindo; sua expressão era dura e eu podia ver, logo abaixo da superfície, aparecerem linhas que sinalizavam culpa, fracasso e dúvida quanto a si mesma. "Está bem", eu disse, o mais tranquilizadoramente que pude, "ela provavelmente só está indo procurar um cigarro. Na verdade, provavelmente é disso que se trata toda esta história — inclusive a questão da escola." Era quase plausível — um lampejo de memória levou-me de volta a meu segundo ano de residência, quando acabara de receber uma chamada, quase em pânico, da unidade de obstetrícia; uma mãe recente estava pedindo para ir embora logo após passar por uma cesariana, e o andar inteiro estava em polvorosa. Eu fora chamado como o psiquiatra de ligação a ser consultado — como disse o residente em obstetrícia — "*Não sei, ponha-a sob custódia, ou algo assim.*" Depois de conversar com a paciente em sua língua materna durante dez minutos, cheguei ao verdadeiro motivo — ela só precisava de um cigarro, e estava constrangida demais para pedir. Eu saboreei essa pequena vitória durante anos, em parte como a cristalização de um curioso e recorrente tema de uma vida inteira — percebi que se pode sempre descobrir a verdade simplesmente deixando a pessoa falar.

Mas não desta vez, e aquela não era Emily. Quando você só está desesperado para dar uma escapada e fumar, você não pede a pessoas que têm autoridade que elas fiquem com você. Mantive isso em mente, por enquanto. "Espere", eu disse a Sonia. "Vamos nos separar. Você verifica a emergência e o estacionamento. Eu irei para o outro lado do térreo. Não corra." Em ação,

Sonia, com seu rabo de cavalo desenhando no ar frenéticas figuras horizontais em forma de oito, já havia partido.

Quando ela dobrou a esquina no corredor, eu fui rapidamente até a escada rolante, tentando projetar uma calma profissional enquanto descia para o térreo. Dez segundos até a cafeteria, vinte até o átrio. Dobrei à direita, mais um corredor a percorrer. Contando os passos. Atento a possíveis gritos. O único som era um tique-taque, cada passo uma pequena vitória, cada passo queimando calorias. Cada passo é um triunfo. Ninguém pode impedi-lo de dar mais passos — e cada passo está mais perto da morte.

Eu tinha estado tão perto, mas eu havia traído meu imerecido dom, o inescapável tema de minha vida, o de que as pessoas pareciam desabafar comigo — e, desta vez, alguém que precisava de ajuda tinha começado a se conectar e eu tinha ido embora. Por quê? Só porque da cirurgia ortopédica me haviam bipado demasiadas vezes sobre uma transferência que poderia esperar.

Aqui, gumes afiados ao dobrar esta esquina, na entrada ensolarada da cafeteria. Eu me permiti pensar: era um lindo dia, como eram todos os dias aqui. A luz do sol estava chegando, mas eu estava preparado para aquela escuridão, para aquele corvo, pássaro das sombras.

A luz do sol vinha do pátio da cafeteria, quando eu tornei a dobrar à direita, e ali estava ela, à distância de um braço, bem a minha frente: Emily. Quase colidimos.

Ela fora interceptada ao sair apressada pela entrada da cafeteria. Ali de pé cruzamos olhares, e depois os dois baixaram os olhos. Ela deixou escapar uma risadinha, aliviada. Tinha na mão um prato cheio de comida, formando uma pilha bem alta, arquiteturalmente quase impossível. Drumetes de frango frito, bolo, pizza, um edifício de pura recompensa calórica.

Ela depois me contou que era sua terceira rodada, em dez minutos. Ir à cafeteria, empilhar comida, sair pela entrada, sem pagar — depois, para o pátio para empanturrar-se, vomitar e recomeçar. Um ciclo de recompensa e alívio, sem consequência — mas esperando, precisando, ser pega. Descobrindo brechas: uma vitória sobre o corpo e sobre as equações de equilíbrio de massa. Isso era tudo, e não havia como parar. Mas ela sentia que era loucura, sabia que era perigoso, e não queria ficar sozinha.

Eu estava de plantão naquela noite, e no primeiro momento tranquilo fui sozinho até o telhado, passando pela porta junto ao quarto de descanso, onde residentes podiam ter alguns minutos de sono entre admissões e consultas, e chegando a uma enluarada extensão de concreto e corrimãos e saídas de ventilação. Em raras noites tranquilas, às vezes íamos juntos até ali, dois ou três de nós, residentes ou internos ou estudantes, para ficar sentados sob as estrelas, nos recostando, em nossos finos aventais de serviço, nos duros andaimes de metal.

O telhado era desconfortável, mas transmitia a sensação de um santuário — um espaço à parte antes do próximo surto de ligações e de bipes. Naquela noite era importante para mim estar quieto e sozinho, pensar no que havia acontecido com Emily. Alguma coisa no que dizia respeito à biologia dessa ingestão desordenada parecia ser difícil e inadmissível — e quando esse sentimento lhe ocorre, eu havia descoberto, é melhor procurar um momento em que possa conviver com o mistério.

Esse transtorno me parecia ser singular, e importante, e uma pista para algo cientificamente profundo, mas primeiro eu tinha de perguntar a mim mesmo: quanto dessa forte reação que eu estava vivenciando — a de que a neurociência precisava aprender com essa doença — provinha de minhas próprias simpatias parentais, um impulso para cuidar de Emily, deslocado? Revivi outra cena: de um pai à cabeceira de sua filha de catorze anos, na unidade de anorexia pediátrica, em sua camisa de um posto de lubrificação — Nick, estava escrito acima do bolso esquerdo — depois do ataque cardíaco que ela sofrera e do pneumotórax. A possibilidade de morte fora mencionada, e ele sabia. Já não conseguia olhar para ela; apenas a está segurando, o toque é seu único sentido, não está vendo nada, foca-se apenas no frágil formato de sua escápula, sentindo o intermitente bater do coração dela, fracamente, em seu peito, a cada dois segundos, a respiração dela, fraca e fria, em seu ombro. Não — ele está lembrando o som de antes de ela nascer, o batimento de seu coração vindo do ultrassom como se fosse um tambor de guerra, enchendo o quarto, bravio e forte e rápido, ela não poderia ser contida, ela era dele e estava vindo, e as lágrimas irromperam seus olhos, então e agora. Ela era, ela tinha de ser sempre, imparável.

Esfreguei os olhos com as mãos e pisquei para a Lua. Aí estava o conflito essencial, como eu o via: o "eu" estava em guerra com suas próprias necessidades.

Para entender a biologia da uma alimentação desordenada, assim parecia, teríamos de compreender algo ainda mais fundamental, e não mais acessível — a base biológica do "eu". E se o "eu" pudesse ser separado de suas necessidades, o que seria então o "eu"? O que haveria dentro e fora de suas fronteiras? Uma questão antiga, não resolvida. Aqui nos sentimos em casa — somos nativos; pensamos que somos o "eu" — e ainda assim não somos capazes de desenhar com precisão nossas fronteiras, nem dar um nome a nosso capital. Não como seres humanos, não como neurocientistas, nem mesmo hoje em dia.

Alguns limites podem ser adivinhados. O "eu" não se estende para além da pele, por exemplo. Mas até mesmo essa distinção não é tão óbvia quanto parece. A parentalidade parece embaçar essa linha. E o "eu" não preenche todo o volume que existe sob a pele, nem mesmo todo o cérebro. O "eu" percebe as necessidades do corpo — porém essas necessidades são irradiadas por algum agente que é outro, mas também dentro do corpo. E dor ou prazer, distribuídas por algum profundo e severo banqueiro — nosso sofrimento quando impulsos não são satisfeitos, ou alegria quando são —, parecem ser apenas moedas que motivam o "eu" a agir, mas não são mais "eu" do que qualquer outro instrumento monetário: ativos e passivos, incentivos.

Filosofia, psiquiatria, psicologia, lei, religião: todos têm as próprias perspectivas do "eu". É só imaginação, sem exceção, embora cada fantasia, mesmo assim, descreva uma espécie de verdade. Mas a neurociência, com seu poder de conhecer um novo tipo de verdade, e de fazer com que essa verdade seja conhecida, não compareceu com uma resposta. É preciso ter cautela — as palavras científicas corretas podem ainda nem existir. Talvez não exista essa coisa chamada "eu", afinal.

Temos às vezes uma percepção especialmente forte do "eu" — por exemplo, quando lutamos com, e resistimos a, e superamos um impulso —, mas essa percepção do "eu" pode ser ilusória, e a entidade vitoriosa pode ser apenas uma mutante aliança entre outros impulsos em competição. Assim, o estudo do processo de resistir a impulsos primários (tendo os transtornos alimentares como exemplos extremos) pode ser útil, já que numa anorexia em estágio avançado a entidade que resiste ao alimento não é obviamente um impulso rival. Não me parece ser um claro processo natural competindo contra a fome — não um motivo para resistir que os pacientes conhecessem ou compreendessem ou pudessem expressar — e ainda assim eles conseguiam resistir à fome. Verdade, a resistência ao alimento tinha começado por algum motivo, como um impulso primário — uma pressão social, que levou ao objetivo de perder peso —, mas isso foi apenas o gatilho, começando a conscrição de células e circuitos num novo e vasto exército, que no fim não teria motivo melhor para promover a devastação final do corpo do que o próprio fato de sua existência. E ainda, na magnitude de seu cego poder destrutivo, talvez se revelasse uma profunda biologia — assim como um terremoto expõe camadas fragmentadas que mostram como a Terra foi formada em cada ação de fragmentar a própria Terra.

Os biólogos falam de mutações genéticas que são "ganho de função" ou "perda de função" — significando que houve uma mudança, uma mutação, que põe a função do gene de cabeça para baixo. Essas mutações ajudam a revelar para que serve aquele gene. Saber o que acontece com uma parte grande demais ou pequena demais de alguma coisa revela muito acerca da função daquela coisa. No que concerne à grave restrição à ingestão no caso de Micah, apesar de tudo que ele tinha perdido, eu pude começar a pensar nesse comportamento como um ganho de função do "eu", o que quer que seja, que possa resistir ao impulso natural de comer quando se tem fome, ou de beber quando se tem sede (claro que sem implicar com isso que essa forma distorcida do "eu" seja boa para o ser humano, mais do que uma mutação com ganho de função de um gene é boa, e não destrutiva). Mas se fosse possível bisbilhotar a atividade dos neurônios através do cérebro, daria para ouvir, e localizar, um circuito que se destaca por resistir às imposições do impulso, pelo menos em certas condições — e que poderia recrutar aliados, outros circuitos, para ajudar a suprimir as ações que satisfazem esse impulso.

Interessante o bastante para ser um ponto de partida, pensei — e com uma tratabilidade que se presta bem a ser explorada. Mas esse ponto de partida seria compreendido, desde o início, como uma simplificação apenas, já que o "eu" comporta representações mais abstratas e complexas de controle de impulso do que nas ações de comer e beber — que se estendem a todos os princípios e prioridades, papéis e valores. E havia, dei-me conta, uma dimensão diferente também — inclusive dentro de "eu", e ajudando a definir o "eu", mas totalmente separada de prioridades e adjudicações de um impulso primário. Essa dimensão separada do "eu" eram as suas memórias.

Começando a sentir a friagem da noite, mas sem querer deixar ainda o telhado enluarado — já que a noite tem uma perfeição que lhe é própria, num momento e numa memória que deveria perdurar —, me parecia que as memórias daquilo que sentimos, e fizemos, deviam ser uma parte importante do "eu", e tão fundamentais quanto as prioridades. Se uma força externa viesse mudar minhas memórias, eu deveria sentir uma perda do "eu" ainda maior do que se, em vez disso, fossem mudadas as prioridades.

Para responder à pergunta de qual é a parte mais importante do "eu", pode importar quem está perguntando.

Naquele telhado, entre estruturas de metal e o zumbido das entradas de ventilação, quando pensei em quase todas as outras pessoas em seus mundos — colegas de trabalho, líderes da sociedade, estranhos na rua —, suas prioridades pareciam ser, em seus "eus" um aspecto mais importante do que suas memórias. *Mais* importantes, na verdade, porque qualquer mudança naqueles princípios seria mais importante para mim. Os "eus" dos outros estavam numa categoria diferente, já que para meu próprio "eu" o oposto é que era verdadeiro: memórias me importavam mais do que prioridades. Talvez porque nisso entravam os entes queridos; as lembranças do meu filho pareciam ser mais importantes do que suas prioridades. Um pequeno embaçamento das fronteiras do "eu", talvez. Relacionamentos estendem o "eu" para dentro do mundo, por meio do amor.

Por que nossas memórias de experiências pessoais no passado importam tanto para nosso senso do "eu", com uma significância que é, pelo menos, comparável à de nossos princípios? Como não controlamos nossas memórias, é estranho que as consideremos tão essenciais a nossos "eus" — mesmo experiências que são claramente externas e trazidas de fora até nós, como um beijo de surpresa, ou uma onda traiçoeira.

Ao considerar esse enigma, sozinho sob as mal perceptíveis estrelas, uma resposta unificadora começou a emergir: talvez nosso senso do "eu" venha não só das prioridades, não só das memórias, mas das duas juntas, definindo nosso caminho pelo mundo. O "eu" poderia até mesmo ser visto como idêntico a esse caminho — não um caminho através do espaço, mas através de um reino mais multidimensional, três dimensões do espaço, uma dimensão do tempo e talvez uma dimensão final de valor — a do valor e do custo no mundo, com vales de recompensa e cristas de sofrimento.

Não somos definidos por obstáculos e passagens que foram estabelecidos por outros, pela natureza e pelos impulsos interiores do corpo. Esses detalhes não somos nós. Outras pessoas, e tempestades, e necessidades, vêm e vão, e ao fazê-lo alteram as montanhas e os vales da paisagem — mas é o "eu" que opta pelo caminho a seguir. As prioridades escolhem o caminho. Nossos "eus" não são o contorno daquela paisagem que nos está disponível nessa complexa topografia em que viajamos — e, sim, eles são o caminho escolhido. E as memórias servem para marcar o caminho enquanto seguimos por ele, de modo que possamos nos encontrar, corporificados como os lugares pelos quais passamos.

Desse modo, eu estava vendo o "eu" como a fusão de memórias e princípios, colapsados no elemento unitário que é o caminho sendo seguido.

Não estava claro como fazer algum progresso diretamente a partir disso, e eu não fui mais longe naquela noite porque o bipe, mais uma vez, me convocou ao hospital lá embaixo. Embora eu me fizesse essas perguntas durante todo o treinamento, levou quinze anos, desde o dia em que conheci Emily, para a neurociência me dar uma resposta, dizer alguma coisa de volta, em geral. E quando finalmente as palavras da ciência se pronunciaram sobre isso, fizeram-no em termos de consumo, na língua da ingestão: de alimento e água, de fome e sede.

O anjo caído de Milton em *Paraíso perdido* considerou as perdas terrenas como triviais, comparadas com a estabilidade e a certeza quanto ao "eu", de que *a mente não seja mudada por Tempo nem Lugar* — mesmo quando recém-caída no inferno, cenário conhecido por pacientes de transtorno alimentar e suas famílias. Essa defesa psicológica é familiar à maioria de nós, e nós a usamos de tempos em tempos. *Aqui ao menos seremos livres*: o sofrimento é suportável se ele for o preço da liberdade.

Essa perspectiva ajuda a definir o "eu" de uma maneira útil, como aquele que aceitará o sofrimento em vez de servir à tirania das necessidades e dos confortos; O "eu" faz, e é, seu próprio lugar no espaço e no tempo: definido não por necessidade ou circunstância, mas pela escolha de um caminho que resiste à necessidade. Quais são então as células e regiões do cérebro que podem ter a capacidade, e a ação, de escolher tal caminho: definir uma trajetória pelo mundo que resista a uma necessidade intensa (sem apenas satisfazer algum outro impulso)? Um tal circuito poderia ocasionar um tipo especial de liberdade, e em alguns pacientes habilitar um tipo especial de inferno. A neurociência trouxe recentemente um clarão de luz a esse problema, iluminando a linha entre necessidade e "eu", entreabrindo essa porta para o mistério.

Fome e sede, dois dos mais poderosos impulsos para ação animal, começam no cérebro como sinais neurais a partir de pequenas mas potentes populações de neurônios bem fundo no cérebro, células misturadas num denso amontoado com diversas funções que parecem não ter relação umas com as outras, em meio e em torno de uma estrutura chamada hipotálamo. O hipotálamo fica bem fundo no cérebro; o prefixo *hipo* reflete seu constantemente progressivo sepultamento evolucionário *debaixo* de éons de sedimentos neurais — sob o tálamo, que é maior do que ele, e que fica sob o corpo estriado, muito maior, que por sua vez está debaixo do córtex mais recente que forma o densamente entretecido tecido neural na superfície do nosso cérebro.

Algumas das primeiras experiências em optogenética foram conduzidas nessas profundezas — na verdade, o primeiro controle optogenético do comportamento de mamíferos livres foi no hipotálamo.[6] Em 2007 apenas um tipo de neurônio ali — a população de células de hipocretina — foi reativo à luz transmitida por uma fibra óptica, resultando o controle do despertar e do adormecer, e o REM [Movimentos Rápidos dos Olhos] dos sonhos; prover pulsos de luz azul, na escala de milissegundos, vinte vezes por segundo, a essas células específicas nessa parte do hipotálamo, fez com que camundongos adormecidos, até mesmo com REM, despertassem mais cedo do que despertariam não fosse isso.

Essa nova precisão tinha sido necessária, aqui tanto quanto em qualquer parte do cérebro — uma vez que o hipotálamo abriga, dentro de sua mistura aparentemente caótica, não apenas neurônios envolvidos no sono mas também células para sexo, agressão e temperatura corporal, assim como para a fome e a sede, e virtualmente todo impulso primário de sobrevivência. Todas essas células servem como transmissores das necessidades individuais — impondo (ou tentando impor) sua mensagem ao cérebro mais amplo, ao "eu" onde quer que ele possa residir, para mobilizar ação dirigida a essa necessidade, trabalhando os níveis de sofrimento e de alegria como for preciso para reforçar essa ação. Mas todas as outras células estão entrelaçadas umas com as outras no hipotálamo, não acessíveis separadamente em tempo real pelos cientistas que buscam testar suas funções no comportamento.

Porém com a optogenética experimentos com ganho ou perda de função foram habilitados para revelar como impulsos primários de sobrevivência surgem de padrões de atividade específicos em tipos específicos de células, ou mesmo em células específicas. Os neurocientistas puderam controlar — prover ou retirar — a atividade elétrica de qualquer desses diversos tipos de células seletivamente misturadas usando o mesmo princípio optogenético que tinha iluminado a ansiedade, a motivação, o comportamento social e o sono; no qual genes de micro-organismos acarretam a produção de correntes elétricas ativadas pela luz somente nas células que interessam.

A optogenética permitiu que se testasse quais dessas células do hipotálamo profundamente enterradas — que se sabe serem naturalmente ativas em situações de necessidade — causam de fato os comportamentos de fome ou sede, levando efetivamente ao consumo de alimento ou água.[7] Pontos de luz de laser foram criados dentro do cérebro por fibras ópticas a fim de ligar ou desligar tipos de células visados na região hipotalâmica, onde as ações do animal no mundo são escolhidas. Com o acionar de um interruptor para provocar a excitação optogenética, um camundongo totalmente saciado começou imediatamente a comer vorazmente, e a experiência oposta — uma intervenção optogenética inibitória — inibiu o consumo de alimento até mesmo de um camundongo faminto, sublinhando a importância natural dessas células.

Experimentos semelhantes foram conduzidos em células hipotalâmicas diferentes: as da sede. Esses experimentos demonstraram, da maneira mais eloquente, como as escolhas que um animal faz de como agir podem ser determinadas pela atividade elétrica em determinados, e muito específicos, e muito poucos, neurônios bem fundo e no meio do cérebro. O enigma quanto à ação (o livre-arbítrio, significativamente, existe ou não?), conquanto não resolvido, é particularmente bem configurado aqui. Que algumas pontadas de atividade elétrica em umas poucas células controlam escolhas e ações do indivíduo — isso agora não pode ser negado.

Observando esses efeitos em tempo real em camundongos, um psiquiatra pode ser inundado por lembranças pessoais — imagens comoventes de casos de bulimia e anorexia, vendo um indivíduo se empanturrar de alimento não necessário, ou suprimindo a ingestão de um alimento desesperadamente necessário. Os experimentos optogenéticos com a fome e a sede provaram o princípio de que um aglomerado local de células na profundeza do cérebro pode tanto causar quanto suprimir esses sintomas — e assim, que talvez sejamos capazes de projetar medicamentos ou outros tratamentos que visem a essas células.

Mas havia uma diferença-chave entre experimentos com optogenética e as realidades da doença — uma distinção importante no que tange ao tratamento, e para a compreensão da ciência básica do "eu". Nos experimentos de optogenética nós acessamos diretamente — ligando ou desligando — as profundas células de necessidade que transmitem os impulsos da sede ou da fome. Porém pacientes de bulimia e anorexia, apesar de seus extremos pensamentos e ações, ainda sabem que a fome — ou ao menos a sensação de vazio — está presente. O que os pacientes podem estar fazendo é se contrapor aos efeitos dessa sensação — associando-se positivamente com o vazio. Se os pacientes não podem ir diretamente às células da necessidade no hipotálamo — que está fora do controle consciente do "eu" —, é isso que deve ser feito. Mobilizar recursos opostos, lutando contra os efeitos dessas células de necessidade, formando uma multidão grande o bastante e forte o bastante para vencer, falar mais alto do que a fome.

É assim que a anorexia e a bulimia se tornam dotadas de pessoalidade? Montado em cima do autocircuito, conquanto claramente separado — um parasita, um vírus recrutando a maquinaria da célula hospedeira, uma concha em cima de um sistema operacional, uma emulação de um "eu". Somente dessa maneira a doença pode acessar a capacidade de resolver problemas da mente humana. A doença recruta todo o cérebro que o "eu" normalmente é capaz de acessar, e tem de acessar — transformando a fome num problema a ser resolvido.

Essa simples subversão, inicialmente endossada pelo paciente — que transforma a fome num desafio —, permite o recrutamento de algo para o qual nosso cérebro parece ter evoluído muito bem: a solução de problemas, de forma genérica e abstrata, para lidar com necessidades que nunca poderiam ter sido previstas pela evolução. E talvez, se não fôssemos tão versáteis resolvedores de problemas, nunca teríamos desenvolvido a capacidade de sofrer essa classe de doença. Como eu tinha considerado no dia em que perdemos — e achamos — Emily, pacientes diferentes podem resolver problemas com truques diferentes — alguns utilizando circuitos que são especializados em ações discretas e repetidas, como o corpo estriado (para proporcionar o prazer, típico do transtorno obsessivo-compulsivo, dos ritmos de contar, e bater, e escavar, e coçar, e tecer), outros talvez usando impulsos de restrição localizados no córtex frontal (para acionar poderosos circuitos de função executiva que suprimem a alimentação no contexto de situações sociais).

Essas são possibilidades intrigantes, mas não improváveis; em 2019, experimentos optogenéticos revelaram diretamente grupos de células individuais no córtex frontal que eram naturalmente ativas durante uma interação social, mas não na alimentação — e quando diretamente ativadas pela optogenética, essas células sociais específicas eram capazes de suprimir a alimentação, acionando uma resistência, mesmo em camundongos naturalmente famintos.[8] Mas, independentemente da proveniência de um ou outro paciente, a milícia convocada era de circuitos fortes e expansivos, mesmo que alguns deles tivessem surgido só recentemente no tempo evolucionário, como os do neocórtex — essa fina e vasta camada de células que inclui o córtex frontal, um solucionador de problemas em parceria com o mais profundo e mais antigo estriado, seu executor e sua conexão com a ação.

Roedores têm cérebro muito menor que o nosso, e relativamente menos neocórtex, por isso camundongos podem ser menos capazes de resistir a impulsos. Mas eles têm neocórtex, e numa série separada de experimentos optogenéticos em 2019 descobriu-se que certas partes do neocórtex podem permanecer à parte de até mesmo impulsos primários fortemente acionados. Quando um camundongo está plenamente saciado com água mas os neurônios profundos de sede são acionados optogeneticamente,[9] disso resulta um comportamento de intensa busca de água — e ainda assim umas poucas partes do cérebro não são enganadas, e parecem saber que o animal não está verdadeiramente com sede. Esses circuitos estão atentos ao impulso, mas não compram a ideia; os padrões de sua atividade neural local só são moderadamente afetados. Esse resultado foi uma das várias descobertas que resultaram do tipo de experimento que escuta todo o cérebro, pelo qual eu tinha esperado durante anos: usando eletrodos longos para auscultar dezenas de milhares de neurônios individuais por todo o cérebro, enquanto se estimulam optogeneticamente os profundos neurônios da sede.

A primeira descoberta importante dessa espionagem em todo o cérebro, e uma grande surpresa, foi que a maior parte do cérebro — inclusive esses setores tidos como primordialmente sensoriais, ou só relacionados com movimento, ou nem um nem outro — estava ativamente envolvida no simples estado de buscar água quando se tem sede. Talvez essa descoberta tenha revelado um importante processo natural pelo qual o cérebro mantém todas as suas partes informadas de todos os movimentos e objetivos planejados, de modo que mesmo ações simples sejam experimentadas por cada parte do cérebro como que geradas pelo "eu", e não haja confusão quanto à origem do impulso para a ação. Essa qualidade unitária pode dar errado em transtornos como a esquizofrenia, em que ações simples podem parecer estranhas — como se tivessem sido geradas fora do "eu".

Mais da metade de todos os neurônios checados em todo o cérebro demonstraram estar envolvidos com a tarefa de adquirir água — tanto quando o animal está realmente precisando de água quanto, também, quando mediante a optogenética nós criamos um estado semelhante ao da sede. De modo que agora não só que essas velhas histórias (comumente tidas como falsas) — que alegam que apenas metade, ou mesmo 10%, de nosso cérebro é usada para isso ou aquilo estão comprovadamente falsas — como também parece provável que quase todo o cérebro é ativado em padrões específicos durante toda experiência ou ação específicas (pois agora sabemos que uma tarefa tão simples como beber água quando se tem sede envolve a maior parte dos neurônios em uma grande parte do cérebro).

A segunda descoberta-chave foi a localização da resistência: essa identificação das regiões do cérebro que se recusam a ser intimidadas pela imposição de um impulso profundo. Embora claramente afetadas, e assim inegavelmente ouvindo o sinal da sede emitido lá de baixo, essas poucas estruturas corticais, desenvolvidas recentemente e na superfície do cérebro, se avultam. Não estão respondendo plenamente, não se encaixam no estado em que teriam entrado como um animal que naturalmente procura água quando tem sede. A resistência se revelou como uma sombra lançada tanto através do *córtex pré-frontal* (uma região que já se sabe ser responsável pela geração de planos ou caminhos pelo mundo, e de pôr a si mesma nesse caminho) quanto do *córtex retrosplenial* (uma região que já se sabe estar estreitamente ligada ao córtex entorrinal e ao hipocampo, duas estruturas envolvidas na navegação por e na memória de caminhos no espaço e no tempo).[10] Assim, tanto o córtex pré-frontal quanto o retrosplenial se encaixam na ideia do "eu" como um caminho, e já eram bem conhecidos como ativos durante um pensamento que independe de estímulo — quando se pede a um sujeito humano que fique sentado tranquilamente e não pense em nada em particular, que fique simplesmente sendo ele mesmo.[11] Esse padrão contrasta com o que existe em áreas corticais vizinhas (córtex insular, córtex cingulado anterior e outros), que demonstraram padrões de atividade neural quase indistinguíveis daqueles em que o camundongo realmente precisava de água, em que sua sede era real.

Assim parece que muitas áreas cerebrais são capazes de sentir e codificar o estado de sede natural, como deveriam, para poder ajudar a orientar uma ação apropriada no sentido de manter o animal vivo. Porém ao menos duas — córtex pré-frontal e retrosplenial, talvez em seu papel em relação ao "eu" (ou caminho) — criação e navegação — em certo sentido sabem mais sobre o que deveriam ser as prioridades do animal, em termos de onde ele esteve e para onde está indo, independentemente do impulso da sede. Essas duas regiões ficam em áreas do cérebro recentemente desenvolvidas — quintessencialmente em mamíferos e massivamente expandidas em nossa linhagem.

É na retaguarda dessa resistência que os transtornos alimentares podem encontrar sua força — um exército a postos, aquartelado em barracas neurais mas sempre inquieto e pronto para ser convocado pela doença. Assim como o circuito do "eu" que eu tinha imaginado anos antes entre as frias estruturas de metal do telhado enluarado — pensando em, e me recuperando de, Emily —, essas partes são capazes de entrar em guerra com o todo e vencer.

Levei Emily da cafeteria para seu quarto — ela ficou aliviada por ter voltado. Escalamos membros da equipe para ficarem com ela, o que exigiu alguma negociação; não havia uma autoridade legal compulsória contra se empanturrar e vomitar, embora tivéssemos alguma motivação, já que ela tinha roubado comida. Primeiro, foi Sonia quem ficou com ela. Sonia, que voltara a se transformar em seu antigo "eu", com toda a sua força, e até mesmo sua serenidade, restauradas. E Emily finalmente poderia descansar, isolada por enquanto de seu acesso às ações de bulimia; podia começar a se recuperar e participar no desenvolvimento de um plano de longo prazo para uma cura completa. Mesmo enquanto trabalhássemos para assegurar que Emily não fosse deixada sozinha, nossa assistente social começou a mapear o caminho para um programa de atendimento ambulatorial. Emily não estava com bulimia fazia muito tempo, e estávamos esperançosos quando ela recebeu alta, dois dias depois.

Quanto a Micah, na casa dos quarenta anos e com um comportamento que parecia tão entrincheirado, eu estava muito menos otimista. Já tínhamos tentado tudo que estava a nosso alcance. Podíamos continuar a colocar ocasionalmente o tubo nasogástrico para alimentá-lo, quando sua pressão sanguínea e frequência cardíaca estivessem perigosamente baixas — mas a base legal para fazer isso era sempre precária e dependia de seu inconsistente consentimento. Ele não tinha tendência suicida ou homicida, que é tudo que a lei avalia para permitir tratamento compulsório com base em psiquiatria — ou essas tendências ou uma grave deficiência, a incapacidade de prover a si mesmo suas necessidades básicas. Mas Micah era perfeitamente capaz de prover suas necessidades básicas; ele apenas optara por não fazê-lo. Médicos também podem forçar um tratamento emergencial se o paciente for incapaz de compreender a natureza e as consequências do tratamento e de tomar uma decisão informada — mas aqui também, Micah compreendia perfeitamente todas as opções e consequências. Ele não estava delirando, nem era psicótico. Ele simplesmente queria que seu corpo assumisse uma forma nada usual — com todos os riscos inerentes. Assim, ao menos, ele poderia ser livre.

Enquanto Micah continuava a aceitar ocasionalmente o tubo nasogástrico — aparentemente apenas para brincar comigo, removendo-o sozinho mais tarde, à noite —, eu me perguntava como ele me via ao longo de tudo isso. Infeliz e infantil, arrogante e ameaçador — ou, mais provavelmente, eu nem mesmo merecia que me dedicasse tanto pensamento. A dupla doença de Micah estabelecera para ele um curso tão fortemente preestabelecido que ele podia mapear o próprio caminho subindo as íngremes montanhas da dor, naquele âmbito de espaço e tempo e valor, e tudo que eu dissesse ou fizesse não era para ser notado, apenas um leve movimento de cascalho sob seus pés. Ele recusou, como último prato, um medicamento que esperávamos pudesse ajudá-lo a organizar seus pensamentos, uma dose baixa de olanzapina — que, também achávamos, o faria ganhar algum peso, como efeito colateral. Em meu rodízio eu saí do serviço uma semana depois, deixando Sonia trabalhando com Micah. Ele foi dispensado e passou para um tratamento ambulatorial alguns dias depois, e não estava melhor apesar de tudo o que lhe havíamos ministrado.

* * *

Mais tarde naquele mês, Sonia colapsou durante um jantar da equipe de psiquiatria no apartamento de outro residente. Eu não a tinha visto durante três semanas. David, um residente em neurocirurgia, parceiro do outro psiquiatra, estava perto dela e entrou imediatamente em ação. Sonia não tinha perdido totalmente a consciência, mas David fez um rápido exame ali mesmo sobre o tapete, e depois um exame mais completo após a termos levado para o sofá e lhe dado suco de laranja. Nós recuamos e o deixamos trabalhar, até que finalmente ele deu um passo atrás, satisfeito por ela ter apenas desmaiado e sua condição ser estável — e então, num momento surreal, aparentemente porque eu conhecia Sonia, David veio apresentar o caso a mim, como se eu fosse o plantonista e não apenas outro residente, como ele.

Preocupado como estava, e querendo eu mesmo conversar tranquilamente com ela, lembro-me de ter pensado, naquele recinto pouco iluminado, como era elegante aquela apresentação. David foi repassando a história que havia coletado, resumindo o exame médico e neurológico que tinha realizado no milagrosamente íntimo sonar de que dispõe um médico desprovido de instrumentos, as pontas dos dedos de pianista percutindo ritmicamente o ar interior, e água e órgãos, ou reflexos, ou frequência cardíaca e pressão sanguínea — e concluiu que Sonia estava gravemente desidratada. Estivera malhando duro, corridas de treze a catorze quilômetros toda manhã, e comendo pouco — não dispunha de muito tempo, tinha dito. Naquele dia, tinha sido apenas cenouras e um pouco de café.

Tentando analisar o espaço em torno de David, fiz o possível para, naquela penumbra, enxergar Sonia deitada no sofá no outro lado da sala. Sua aparência era igual à de quando estivemos juntos numa equipe, nem magra nem fraca. O que eu tinha deixado escapar, então, em relação a Sonia, a forte? Ou, talvez, só recentemente ela tenha assumido essa maneira de ser, recebido nas últimas poucas semanas uma outra Sonia, que agora compartilhava sua jornada.

Se havia alguém capaz de resolver as equações de equilíbrio de massa e criar um caminho, um estado que desafiasse um impulso primário, esse alguém era Sonia. Ela era seu movimento, ela era seu caminho, e não pode haver um "eu" sem movimento ao longo do caminho. Resistir? É possível também. Ela tinha aquela parte que se movimenta, e reage lutando, e que para isso vai até o inferno.

7. Moro

O dique quebrado, a barragem arrastada,
Os bons campos inundados e o gado afogado,
Alienado e traiçoeiro todo este solo fiel,
E nada restou senão desordem flutuante
De árvores e lares erradicados — foi este o dia
Em que o homem caiu sobre sua sombra sem emitir um som
E morreu, tendo labutado bem e descoberto
Seu fardo mais pesado que uma colcha de barro?
Não, não, eu o vi quando o sol se pôs
Na água, debruçado sobre seu único remo
Acima de seu jardim ainda fracamente vislumbrado...
Ali avolumava o arado, aqui subiam, arrastadas pela água, as ervas daninhas...
E num barquinho cruza seu telhado buscando terra firme
Com o rosto contorcido e o bolso cheio de sementes.
Edna St. Vincent Millay, *Epitáfio para raça do homem*

"Sr. Norman, ele está no 4A. Um veterano com oitenta anos, uma longa história de demência e de multi-infarto. Trazido ontem para a emergência, pela família." A voz do residente em medicina no telefone denotava pressão — tratando de fazer seu trabalho, tentando resolver essa solicitação de consulta mais rapidamente possível. "Eles relatam que ele lentamente parou de falar, até ficar num silêncio total no decorrer de uns dois meses. Este é o único sintoma novo."

Em minha mente, essa história já se referia a doença neurológica, fazendo surgir o espectro de um novo acidente vascular — especialmente com a história aparente de infartos cerebrais no passado —, mas seria estranho que um processo relacionado com AVC evoluísse durante meses dessa maneira. Percebi em mim mesmo um levemente gratificante sentimento de intriga — uma sensação que eu lembrei sentir no xadrez, quando deparava com um movimento de abertura não convencional. Era uma sensação tão prazerosa que eu até me sentia um pouco culpado por a estar sentindo. Recostei-me em minha cadeira e ergui os olhos para o encardido e descamado teto da lanchonete do hospital. "Interessante", comecei a responder, mas fui interrompido quando o residente continuou bruscamente.

"O paciente acabou de se mudar de Seattle para cá, depois que sua mulher morreu", ele disse. "Está morando com a família de seu filho em Modesto já faz alguns meses. A família estava preocupada com outro possível AVC, mas não vimos nada de novo no exame de imagem feito na noite passada — apenas lesões antigas na matéria branca. Ele apresentava uma infecção do trato urinário, que estamos tratando, e por isso o admitimos ontem à noite, e para ver o que houve com sua fala. E agora, adivinha o quê?"

Uma pausa de efeito — apesar da cadência de sua fala pressionada, o residente não conseguia esconder que ele também achava o caso interessante. Momentos de gratificação intelectual podem ser frustrantemente breves em turnos da internação, com pouco tempo para satisfazer a curiosidade humana; neste caso, considerando seu possível valor, se é que existia, parecia ter chegado um desses momentos.

"Eu consegui fazê-lo falar", continuou o residente. "Pelo visto ele é capaz, quando quer. É só um sujeito realmente desagradável — não se incomoda com ninguém, não se incomodou que sua família estivesse preocupada. Na verdade, ele é extremamente frio. Creio que tem uma personalidade antissocial. Imagino que mesmo vocês aí não são capazes de destrinchar isso." Sons de páginas sendo folheadas. "Ainda no processo de obter dados em Seattle, mas a pequena clínica deles está fechada até segunda-feira. O filho dele está aqui, não conhece muito sua história médica; não eram uma família muito chegada.

Nenhuma grande surpresa. Meu plantonista quis que eu ligasse para você, para ver se você poderia fazer uma avaliação, dar explicações psiquiátricas, já que não conseguimos achar nenhuma outra. Realmente não creio que seja delirium, pois ele parece estar orientado, mas você poderia sugerir assim mesmo que se experimentasse haloperidol — seu intervalo QT corrigido é 520, assim devemos ter cuidado. De qualquer maneira, acho que ele simplesmente não gosta de gente. Isso deve ser rápido."

O residente tinha pensado em efeitos colaterais na frequência cardíaca, e com razão — se o intervalo entre dois picos no eletrocardiograma já estava em 520 milissegundos, a equipe de tratamento corria o risco de causar uma grave arritmia cardíaca com certos medicamentos, como o haloperidol — mas a ideia de um transtorno de personalidade antissocial não me pareceu correta, e começaram a me ocorrer diagnósticos que eu achava mais plausíveis, povoando meu espaço de trabalho mental. Mais provável, pensei, que seja uma forma de delirium que não se encaixa nas expectativas do residente — um subtipo silencioso de uma desorientação que aparece e desaparece, frequentemente encontrada em idosos, às vezes surgindo como efeito colateral de medicamento, ou causada por uma doença moderada, como aquela sua infecção do trato urinário. Talvez a equipe médica o tivesse avaliado, por acaso, durante uma fase lúcida do ciclo de delirium, e por isso achara que estava orientado.

Os tipos silenciosos frequentemente passam despercebidos; muitos médicos esperam um estado de delirium altamente ativo, vocal, demonstrativo, mas a forma que chamamos de delirium hipoativo é de retirada, silêncio e quietude por fora — enquanto bem fundo, lá dentro, agita-se uma tempestade de confusão.

Por outro lado, se o residente tivesse em parte razão — no sentido de que não havia delirium e sim um caso de personalidade —, então a mudança de personalidade que vem com a demência provavelmente seria mais relevante aqui do que um transtorno de personalidade antissocial. Esse traço, a falta de empatia, de uma personalidade antissocial teria sido parte de um padrão da vida inteira — e, embora desagradável, não teria chocado agora a família como algo incomum. Favorecendo também a explicação de demência, as imagens do cérebro tinham aparentemente confirmado o processo subjacente: bloqueios na passagem do sangue (por tempo suficiente para causar a morte de células) em vasos que provêm as profundezas do cérebro de açúcar e oxigênio.

Esses infartos, pontos de tecido morto que resultam dos AVCs, podem ser detectados por tomografia computadorizada até mesmo anos após os bloqueios,[1] como buracos espalhados na densa rede de fibras interconectadas que liga as células do cérebro através de longas distâncias — aparecendo nas telas da TC como espaços negros, pequenos lagos, chamados *lacunae*, lacunas. Mesmo em pacientes que, ao que saiba, não tiveram AVC, tecnologias mais sensíveis como a ressonância magnética podem mostrar os pequenos bloqueios de vasos da demência vascular de modo diferente, como uma profusão de intensos pontos brancos — espalhados pelo cérebro, marcando com luz o fim do dia, como estrelas no início da noite.[2]

A personalidade muda na demência. Bem, coisas comuns são comuns. Essas mudanças aparecem em todas as síndromes de demência, ao longo do caminho e especialmente mais para o fim, quando partes individuais do cérebro que gerenciam predileções e valores começam a parar de funcionar. Eu tinha visto pacientes com mal de Alzheimer com agora agressivas — até mesmo explosivas — síndromes de ira; pacientes com doença de Parkinson com repentinas tendências a buscar situações arriscadas; e pacientes com demência frontotemporal com um autocentrismo quase infantil, beirando um comportamento antissocial, o que o residente pode ter percebido.

Na demência, perda de memória é o sintoma mais amplamente reconhecido, mas demência não significa apenas amnésia. E sim, mais fundamentalmente, a palavra conota a perda da própria mente. Memórias — os sentidos e sentimentos e conhecimento armazenados ao longo da jornada da vida, que infundem cor e significado ao caminho — são apagadas juntamente com os valores que estabelecem as fronteiras e a direção do caminho. E este último caso — personalidades mudadas e sistemas de valores suspensos — pode ser tão chocante quanto a perda de memória: uma transformação fundamental na identidade, na essência do "eu", da pessoa que se conheceu e da qual se dependeu por tanto tempo.

Essa era, pensei, a síndrome mais plausível. Mas sem ver o paciente eu não podia ter certeza; havia também a possibilidade de o residente ter realmente acertado no diagnóstico — talvez um transtorno de personalidade antissocial bem disfarçado que fora desmascarado por outro processo, como o de sua infecção no trato urinário. Comecei a imaginar a distinta frieza do antissocial, e num reflexo eu me enrijeci, preparando-me para aquela evasiva indiferença, aquela simulação de graça social, aquele olhar viperino que involuntariamente me revelava quão pouca era minha importância, mostrando que ninguém pode ocultar o que não compreende.

Era uma tranquila tarde de sábado no fim da primavera, a equipe regular de consulta psiquiátrica não estava lá, e eu era o residente de plantão para todos os casos de psiquiatria. Cabia a mim, por isso levantei-me de minha mesa no apertado café do hospital, vesti minha armadura — jaleco branco engomado, estetoscópio, martelo de checar reflexo, caneta —, afastei minha xícara de café e dirigi-me à unidade de internação, no quarto andar.

Toda especialidade médica importante no hospital tem um serviço de consulta de prontidão, para ajudar colegas médicos em casos complexos. Em psiquiatria, esse serviço é chamado de interconsulta psiquiátrica, e o treinamento em psiquiatria envolve uma pesada dose dessas consultas, chamadas de todos os campos em todo o hospital — da terapia intensiva e unidades de medicina para tratar de delirium, do andar da ortopedia para avaliar casos de psicose pós-parto, da cirurgia para resolver casos que envolvem competência e consentimento, e às vezes apenas para transferir um paciente quando se precisa de uma unidade com uma porta que se possa verdadeiramente trancar.

Casos altamente interdisciplinares ou misteriosos, de múltiplas consultas, podem juntar todo o hospital — numa espécie de festa de atendimento clínico, com muitos serviços em ação. Obviamente, esse não seria um desses casos — em sua aparente simplicidade — embora, quando eu peguei o prontuário na prateleira do posto de enfermagem, tenha descoberto que várias equipes de consulta tinham sido chamadas antes de mim — mais recentemente, o serviço de neurologia. Eu era o último recurso para o sr. N. (como a ele se referiam as anotações, na cultura de respeito anônimo dos hospitais para veteranos).

Entre as possibilidades não mencionadas pelo residente, mas discutidas nas anotações do prontuário lá deixadas pelas várias equipes, havia a de certas formas de parkinsonismo; a equipe de fonoaudiologia tinha anotado, corretamente, que a doença de Parkinson pode envolver movimentos lentos e vocalização reduzida. A equipe de consulta em neurologia, árbitros definitivos quanto a Parkinson, veio e foi embora depois, confirmando um comprometimento da memória recente e demência de multi-infartos — mas não encontrou sinais de Parkinson, observando, quando encerravam, que, embora o sr. N nunca sorrisse espontaneamente, ele conseguia mover seus músculos faciais quando assim solicitado; não era o estado de imobilização, como se fosse uma máscara, do parkinsonismo.

A neurologia tinha comentado também a confirmação, pelos exames de imagem do cérebro, de sua demência de multi-infartos; AVCs recentes e remotos tinham aspectos muito diferentes nessas imagens, e como nenhum AVC novo estava aparente na TC, a nova relutância do sr. N. para falar precisava de alguma outra explicação. Assim, a psiquiatria foi a última a ser chamada — completando a progressão usual pelas especialidades médicas, que terminava no reino do desconhecido.

Encontrei o sr. N. deitado na cama, olhando fixo para a frente, e, estranhamente, imóvel. Sua cabeça quase calva e com pelos hirsutos estava apoiada em três travesseiros, e suas bochechas enrugadas pareciam brilhar levemente sob as luzes fluorescentes. Depois de fazer meu exame, eu também achei que não era Parkinson — não havia a rigidez parkinsoniana nos membros e nenhum tremor. Também não vi sinais de catatonia, uma síndrome rara de imobilidade que eu precisava descartar, e que pode surgir de psicose ou depressão; ele podia movimentar todos os seus músculos prontamente, quando solicitado, nervo por nervo.

Delirium podia ser praticamente excluído — com a improvável ressalva de que aquele poderia ser, por acaso, apenas mais um momento de lucidez. Como tinha dito o médico residente, o sr. N. era capaz de falar, e me falou algumas palavras, optando por me responder somente quando eu perguntava repetidas vezes e a pergunta era simplesmente factual — mas isso foi suficiente para determinar que ele estava em geral orientado quanto a tempo e lugar. O sr. N. sabia que estava num hospital, sabia quem era o presidente, sabia até mesmo em que estado da união nós estávamos. Sabia o nome de seu filho — Adam, de Modesto —, quem desta vez o tinha levado para o hospital, aquele que trouxera dois netos para a vida do sr. N.

Embora se recusasse a responder a perguntas sobre seu estado interno — permanecendo impassível, ou balançando brevemente a cabeça —, uma de suas recusas foi acompanhada de um gesto sutil que eu poderia facilmente não ter percebido se não o estivesse observando cuidadosamente. Como parte de um exame de estado mental total em psiquiatria, testamos a participação em interesses e *hobbies* cotidianos — perguntando se eles são procurados e curtidos. A questão parece ser convencional, mas revela muita coisa sobre motivação e sobre capacidade de sentir prazer. Sua resposta a isso, minha indagação quanto a se estava curtindo seus interesses normais e suas atividades na vida, foi não verbal — apenas uma contorção para baixo de um canto da boca, numa sugestão de careta — um meio sinal de aversão a si mesmo que me pareceu incompatível com delirium ou com personalidade antissocial.

Eu tinha, então, uma responsabilidade urgente, que nem o médico residente nem eu havíamos previsto. Tendo tido um vislumbre de seu estado interior, eu agora tinha de desconsiderar depressão, talvez fosse o acompanhamento de uma paranoia (isso pode ser causado por depressão grave e poderia explicar sua reticência em falar) — e tinha de avaliar, de algum modo, essa possível ameaça de vida num paciente praticamente não verbal, apesar do fato de que todo critério para diagnóstico em psiquiatria é, no fim, de natureza verbal.

Se o sr. N. estava mergulhando mais profundamente numa tempestade de depressão psicótica, cada vez mais estoico externamente à medida que ficava cada vez mais paralisado internamente por alucinações e paranoia, desconsiderar essa síndrome seria um desastre — especialmente porque a condição seria elegantemente tratável, com estratégias diretas de medicação. Alternativamente, mesmo se não houvesse psicose, somente um estado depressivo grave suprimindo uma mobilização de esforço — tornando grande demais o desafio motivacional de articular palavras, mover os lábios e a língua e o diafragma de modo suficiente para manter uma simples conversa —, esse estado teria de ser descartado também. Uma depressão não psicótica tão grave poderia ser fatal, mas também poderia ser tratável.

Eu precisava de uma abordagem que não exigisse que o paciente formasse palavras. Vendo uma fotografia emoldurada em sua mesinha de cabeceira — uma jogadora de basquete do Colégio de Modesto, parecendo ter talvez quinze anos — provavelmente deixada por seu filho, pedi ao sr. N. que me mostrasse um retrato de sua neta. Não exibindo nenhuma excitação ou orgulho de avô, apenas se livrando do fardo que era meu pedido, ele obedeceu — mas não se interessou em olhar ele mesmo para a foto. Apenas me direcionou, com os olhos, para a evidência — e pronto. Nenhum indício de desorganização ou psicose.

Peguei a foto e a mostrei a ele, apontando para ela, perguntando seu nome, observando atentamente. Não houve sinal de um sorriso, nem os olhos se suavizaram; mas seu olhar não era tão árido quanto tinha parecido. Bem de perto eu pude acompanhar o quase imperceptível reluzir de suas bochechas; eu tinha pensado que era um débil brilho de suor, mas o quarto de hospital estava gelado, e agora eu pude adivinhar a origem, retraçar seu disperso e descontínuo percurso subindo por fendas e bifurcações até as nascentes nos cantos dos olhos. Ele ficou calado e não conseguiu dizer o nome dela. O silêncio irrompeu a nossa volta — ensurdecedor, negativo, ruído.

Em transtornos depressivos importantes, a perda de prazer é um sintoma clássico, e a ela se dá um nome que soa clássico: anedonia, a ausência de beleza e de alegria na vida. Tão completamente quando se perdem os sentidos do paladar e do olfato num resfriado, o prazer pode ser de algum modo desvinculado de uma experiência.

Embora eu tivesse visto a anedonia da depressão — essa incapacidade de encontrar gratificação ou motivação em alegrias naturais — muitas vezes antes, ela foi inquietante em cada uma delas. Pude entender como o residente tinha sido levado por um caminho errado no diagnóstico. Esse sintoma poderia ter aparecido para se manifestar como uma espécie de desumanidade para médicos, amigos e família — com uma aparentemente reptiliana ausência de calor, mesmo para com sua própria neta.

Quantos milhões de pessoas com depressão, no decurso da história humana, tiveram seu isolamento e seu sofrimento compostos dessa maneira, desamparadamente provocando raiva e frustração em outras — exacerbando todos os outros desafios e agonias de sua doença? Mesmo com essa perspectiva, eu ainda tinha de trabalhar com minhas próprias cognições, para não reagir negativamente a ele como uma pessoa. Saber é uma coisa, mas compreender é outra. Eu sabia, mas ainda não compreendia, não profundamente, nem como animal humano nem como cientista.

Para compreender como o prazer pode ser desvinculado de experiências humanas tão universais e fundamentais, podemos começar perguntando, em primeiro lugar, como se atribui valor a uma experiência — onde e por que no cérebro humano? E onde e por que na história da humanidade? As respostas, se conseguíssemos encontrar, poderiam explicar a fragilidade da alegria.

Às vezes, a suscitação da alegria é automática. Podemos sentir poderosos e inatos sentimentos de gratificação, os quais servem como reforçadores naturais de um comportamento que é importante para a sobrevivência e a reprodução. Uma dessas gratificações predefinidas pode ser o prazer de interagir com uma neta — uma experiência que a nós parece ter uma valência naturalmente positiva, embora possa ser ainda aumentada na experiência. Essa resposta (que não é universal nos mamíferos) pode ter adquirido valor de sobrevivência em nossa linhagem somente quando os primatas ficaram mais longevos e sociais devido à utilidade que tinha ao estimular a proteção e a educação dos jovens. Os que tinham uma incrementada capacidade de associar o circuito de gratificação a representações da família estendida podem ter se beneficiado enormemente dessa inovação inata em seu sistema comportamental. Mas todas essas conexões, como estruturas físicas, são vulneráveis, como qualquer outra parte do cérebro, a um AVC — e dependendo da localização exata do infarto, o efeito poderia parecer específico para um tipo de gratificação e motivação (causando uma insurreição nas prioridades, e com isso uma aparente mudança de personalidade) ou uma perda mais geral e pervasiva do prazer na vida (como a não específica anedonia da depressão).

Outros prazeres inatos parecem ter pouco sentido evolucionário — sua existência apenas ressalta nossa ignorância. O sentimento gratificante de contemplar um litoral selvagem e bravio — sem a promessa de alimento, água ou companhia — não se explica muito bem. Não é a alegria da volta para casa, não como a conhecemos, nem mesmo num sentido evolucionário. Nossos antepassados pisciformes aprenderam a respirar na beira da terra e da água, mas não na interface entre o penhasco e as ondas. Essa parte de nossa história reside mais nos pântanos rasos de 350 milhões de anos trás, quando os primeiros peixes que respiravam ar emergiram e vieram para a terra.[3]

Por que, então, quase todos nós vemos beleza num litoral selvagem? Haverá uma intriga inata no forte contraste entre o penhasco e a onda que nele estoura, o poder e o perigo do impulso indo contra o baluarte? Ou talvez as ondas evoquem de algum modo o balouçar ao vento de copas de árvores, ou a reconfortante repetição de uma canção de ninar, que acalma com seu ritmo e sua inevitabilidade. Seja qual for seu significado, essa alegria é real. É amplamente compartilhada, penetra profundamente, e ainda assim nenhuma lógica parece ser totalmente explicativa. Existem muitos exemplos como esse.

A seleção natural oferece uma resposta potencial quanto ao significado da alegria, que é a de que não existe nenhum. Significado é um elusivo, até mesmo absurdo, elemento na evolução; não há um significado subjacente ao surgimento dos mamíferos para dominar o mundo depois dos dinossauros — foi apenas acaso, o impacto de um meteoro gigante associado a outras catástrofes naturais 65 milhões de anos atrás, que matou a maior parte da vida quando a poeira que se levantou bloqueou a luz do sol. Não teve significado, mas foi consequencial, o fato, subitamente valorizado, de ser pequeno, de reprodução rápida, de sangue quente, coberto de pelagem — e ter um forte impulso inato para viver em buracos.

Algumas sensações, e os impulsos comportamentais resultantes, podem surgir dessas associações casuais, apenas caprichos do meio ambiente. Se um pequeno grupo de ancestrais humanos teve uma afinidade espontânea por — e construíram sua vida em torno de — um litoral, então o não relacionado gargalo que foi a contração de populações humanas muitas dezenas de milhares de anos atrás pode ter criado um efeito mais encontradiço: um pequeno conjunto de sobreviventes que suscitou um grande efeito na população subsequente. Se a maior parte dos seres humanos que sobreviveram dependeu de mexilhões e restos deixados pela maré, agarrando-se como moluscos em rochas molhadas enquanto a rica vegetação e os grandes animais de caça morriam em terra, a humanidade sobrevivente pode ter interiorizado uma alegria e uma afinidade com o litoral, uma intensa admiração por sua imaginada e singular beleza — uma alegria não causada pela catástrofe ocorrida com a população, mas por simplesmente lhe ter sido permitido por enquanto persistir e se propagar devido à quase extinção da humanidade. Não quer dizer que saibamos que algo assim tenha acontecido — embora possamos ver, a partir da paleogenética, que realmente houve gargalos para nós, inclusive aquele colapso global nas populações humanas que chegou ao ponto mais baixo apenas cinquenta mil anos atrás.[4] Nossas mais misteriosas impressões instintivas de beleza, então, podem ser apenas impressões digitais acidentais — deixadas por artistas da sobrevivência, na parede de caverna que é o nosso genoma.

Quando todos nós nos sentimos alegres ou gratificados sem saber por quê, isso é um vestígio do passado, que percorreu milênios de experiência em nossa linhagem; nossos ancestrais, a certa altura, muito provavelmente sentiram essa alegria, e os que foram capazes de se sentir assim foram capazes de nos criar.

Mas recompensas aprendidas são outra história, surgem durante uma vida, ou até mesmo num minuto. O cérebro parece ser projetado para absorver nova informação, e rapidamente se alterar em resposta a ela — é assim que se criam memórias, que comportamentos são aprendidos e mudados na vida de um indivíduo — e essas rápidas mudanças físicas podem ser estudadas em laboratório, provendo um modelo com curta escala de tempo de como a evolução pode ter funcionado em escalas de tempo mais longas. Comportamentos aprendidos podem ser rapidamente sintonizados modulando-se a força das conexões no cérebro, e as bases para comportamentos inatos que buscam recompensa podem ser, de modo similar, estabelecidas durante milênios — como forças de conexão evoluídas e geneticamente prescritas dentro do cérebro. Sejam apreendidos ou inatos, sentimentos podem ser conectados à (ou desconectados da) experiência mediante o expediente físico de mudar a força de certas conexões através do cérebro. E assim, dois conceitos distintos — sentimento e memória — convergem poderosamente, tanto na saúde quanto em seus estados desordenados: anedonia e demência.

Nós precisávamos dos registros médicos do sr. N. para ver se antes tinha sido detectada depressão, se indícios de psicose ou catatonia tinham sido observados, e se haviam sido tentados quaisquer tratamentos psiquiátricos — com sucesso ou fracasso ou efeitos colaterais. Esses dados poderiam ser essenciais para achar uma medicação segura e evitar tentativas danosas de tratamento (uma consideração especialmente importante na psiquiatria geriátrica).

A clínica em Seattle estaria fechada até segunda-feira, dissera o residente, e ainda estávamos na noite de sábado. Eu precisava daquela informação antes de sugerir um medicamento. O próximo passo seria eu me conectar com a equipe de tratamento primário e conceber um plano — mas estava ficando tarde; era hora de o sr. N. dormir. Naquele momento ele estava estável e em segurança, assim fui embora, dizendo a ele que voltaria no dia seguinte com um plano. Ele não respondeu.

Quando cheguei à porta e a abri, já olhando para o corredor, ouvi uma voz atrás de mim:

"Vai ser uma longa noite."

Fiquei paralisado na porta. Espontaneamente, uma sentença inteira fora proferida por um paciente que antes não tinha dito nada por iniciativa própria, e, quando pressionado, falara apenas uma ou duas sílabas.

Eu me virei e olhei para dentro do quarto. Ele estava agora surpreendentemente aprumado e olhando diretamente para mim. O brilho em sua bochecha era mais intenso, somente na parte superior, perto dos cantos internos de seus olhos. O resto do quarto sumiu de minha vista. Eu o via completamente — sua cabeça calva e venosa balançando suavemente a cada respiração, a flacidez simétrica de seus olhos e sua boca, seu olhar fixo em mim. Não tornou a falar. Tinha dito algo importante que ele precisava que eu soubesse.

Após uma longa pausa, eu lhe dirigi meu mais cálido sorriso e um aceno tranquilizador. "Não se preocupe, sr. Norman, vamos ficar com você durante o dia inteiro."

Vai ser uma longa noite. A última sentença que ele jamais falaria.

O longo percurso da demência — quer se tenha prolongado por anos ou décadas — é quase que certamente um novo fenômeno da vida na Terra, instaurado pela medicina moderna e por um eficaz cuidado extensivo à família. Mediante estruturas sociais de apoio construídas com nosso cérebro, tornamos possível a persistência da demência, e ainda não encontramos uma solução. Não há cura, e os poucos medicamentos disponíveis apenas retardam um pouco a constante progressão da doença.[5]

Na psiquiatria, a demência é hoje (e isso vai mudar novamente) chamada transtorno neurocognitivo importante, que requer, para ser diagnosticada, a conjunção de uma perda de funcionamento independente e perda de cognição (o que pode incluir quase tudo que se relacione com memória, linguagem, função social/perceptiva/motora, atenção, planejamento ou tomada de decisão). Essa longa lista e a diversidade dos sintomas que são permitidos para que se faça um diagnóstico permitem por sua vez que a demência — ou transtorno neurocognitivo importante — abranja todas as pequenas e grandes rupturas na comunicação cerebral que possam ocorrer no decorrer de uma vida: por lacunas provocadas por AVC, por placas e emaranhados no mal de Alzheimer, por pontos de danos focais causados por lesões acumuladas.

Desconexão, falhas de comunicação, caminhos perdidos. Mas o que está efetivamente faltando?

Embora, com certeza, morram células cerebrais nas demências, não se sabe se a perda de memória é sempre devida à perda de células ou sinapses responsáveis por manter as memórias — como quando se limpa um drive de computador. É possível que, em vez disso, por pelo menos alguns estágios de um dano na matéria branca, como na demência de multi-infartos, as memórias permaneçam intactas — mas isoladas de projeções de *input* ou *output*, com apenas sua conexão perdida.

Com a interrupção apenas do *input* — ou seja, perdido o acesso à memória, o ponteiro, ou informação de busca — a memória estaria presente, mas não seria reativável. Ou talvez só ocorresse a interrupção do *output*: as lembranças poderiam ser perfeitamente reativadas, mas incapazes de serem localizadas na mente consciente. Adormecidas na neve, ou gritando no vazio — de um ou outro modo, uma memória poderia permanecer intacta mas em isolamento, com a conectividade perdida devido a pequenos lagos, as lacunas, os infartos locais que rompem fibras de longo alcance que se espalham pelo cérebro.

Clinicamente, uma fração substancial de pacientes de demência de multi-infartos também apresenta anedonia — uma correlação surpreendente para duas síndromes aparentemente não relacionadas entre si. Estudos descobriram uma anedonia consideravelmente aumentada em populações de idosos com deficiência cognitiva,[6] em comparação com grupos cognitivamente intactos — e até muitas vezes aumentada em pacientes com franca demência. Essa conexão entre sentimento e memória vai ainda mais fundo; nessas populações, quanto maior o volume acumulado dessas lacunas na matéria branca — demonstrando maior perda de conexões de longo alcance, os portadores e controladores de informação —, mais anedonia era constatada.[7] Quando a memória falha, o sentimento pode ser o seguinte a falhar.

Experimentos optogenéticos demonstraram que valor, ou, como dizemos, valência, pode ser associado a estados cerebrais por conexões de longo alcance através do cérebro — por exemplo, a valência do alívio de ansiedade é em parte suscitada por projeções do BNST [núcleo leito da estria terminal] para o circuito da recompensa, bem fundo no centro do cérebro.[8] E essas intrigantes ligações epidemiológicas humanas — a associação entre anenodia e demência, e a associação, na demência, entre volume lacunar e anedonia — poderiam ser explicadas se o mesmo processo que causa o declínio na memória (dano aos tratos de longo alcance da matéria branca, de *inputs* e *outputs*) também causa declínio no sentimento. Células capazes de prover sentimentos podem estar ainda presentes, mas desligadas, do mesmo modo que memórias podem se perder: ficando sem voz.

A memória, de certo modo, precisa também de sentimento. Pode haver pouca justificativa em armazenar e evocar uma lembrança ou experiência, a menos que a experiência importe o bastante para suscitar um sentimento. O armazenamento de informação ocupa espaço, utiliza energia e cria desafios curatoriais; nenhum custo como esse pode ser suportado longamente em escalas de tempo evolucionárias sem apresentar algum benefício. Assim, o próprio ato de armazenar e evocar informação, de criar e usar uma memória, frequentemente está enredado com o fato de que a experiência *importa* — o que, em seres conscientes como nós, frequentemente significa uma associação com um sentimento. Dessa forma, anedonia poderia não só surgir do mesmo processo que é subjacente à demência, mas também causar dano à própria memória, aumentando a correlação entre esses dois estados.

Muitos neurocientistas hoje acreditam que o ato de lembrar envolve uma reativação de alguns dos mesmos neurônios que estavam ativos durante a experiência inicial. Vários pesquisadores usaram a optogenética para explorar essa ideia, não em regiões sensoriais do cérebro, mas, em vez disso, em estruturas relacionadas com a memória, chamadas hipocampo e amígdala, identificando células que estavam fortemente ativas durante uma experiência de aprendizado (como um episódio amedrontador num contexto particular), e então reativando com luz um subconjunto dessas células identificadas, muito depois, longe daquele contexto amedrontador, tanto no espaço quanto no tempo.

Camundongos podem, nesses casos, demonstrar medo, mesmo na ausência de qualquer coisa relacionada com a experiência inicial de indução de medo — isto é, tudo ausente, exceto a reativação optogenética de alguns neurônios da memória do medo.[9] Assim, o ato de lembrar pode acontecer quando a combinação correta de células do cérebro — um conjunto — se manifesta junta.

Se isso é lembrar, o que é então a memória em si mesma quando não está sendo ativamente evocada? Dentro de quais moléculas, células ou projeções residem esses bits? Onde está a efetiva informação de uma memória — da experiência armazenada, ou conhecimento, ou sentimento —, adormecida, esperando ser evocada?

Nesse campo, hoje em dia muitos pensam que uma resposta a essa pergunta está numa quantidade chamada *força sináptica* — a medida de quão fortemente um neurônio é capaz de influenciar outro neurônio, definida como o *ganho* de um transmissor em relação a um receptor. Quanto mais forte uma sinapse, ou conexão funcional, entre duas células, maior será, na célula receptora, a resposta a um pulso fixo de atividade na célula transmissora. Abstrato como isso possa parecer, essa mudança de influência nas sinapses poderia ser a memória, num sentido real e físico.

Aqui há muitos aspectos interessantes na força sináptica que fazem com que essa ideia seja plausível. Primeiro, neurocientistas teóricos provaram que durante experiências as mudanças na força sináptica podem realmente armazenar memórias de modo automático (sem requerer supervisão inteligente) de uma forma que permite ser facilmente evocadas.[10] Segundo, mudanças do tipo correto na força sináptica podem acontecer no mundo real[11] — de fato, muito prontamente e rapidamente em neurônios e cérebros vivos — em resposta a surtos de atividade ou de neurotransmissores. Certos padrões de pulsos de atividade síncronos ou de alta frequência podem acionar aumentos — potenciação — na força sináptica, enquanto pulsos assíncronos ou de baixa frequência podem acionar diminuição — depressão — na força sináptica. Ambos os efeitos são, plausivelmente, úteis para o armazenamento de memória, com base nesse trabalho teórico.[12]

Foi apenas uma hipótese tentadora, a de que a força sináptica ao longo de um trajeto de uma parte a outra do cérebro de um mamífero poderia ser específica e diretamente ajustada a uma mudança de comportamento. Essa ideia não seria formalmente testável sem um modo de se prover seletivamente pulsos de atividade para mudar a força sináptica em projeções definidas por sua origem e seu alvo no cérebro de um mamífero. Mas a optogenética tornou viável essa intervenção: uma conexão de uma parte do cérebro a outra pode ser tornada sensível à luz, e depois podem-se prover pulsos de luz de alta ou baixa frequência ao longo desses trajetos.[13] Em 2014, vários grupos trabalhando com mamíferos estavam aplicando optogeneticamente esses princípios de memória e tinham confirmado que as próprias mudanças na força sináptica específica de projeção podem exercer poderosos e seletivos efeitos sobre o comportamento.[14]

Projeções representam fundamentalmente quão efetivamente diferentes partes do cérebro podem se engajar umas com as outras, seja na saúde ou na doença;[15] por exemplo, é sabido que uma força de conectividade inter-regional prevê correlações de atividade inter-regional.[16] É sabido também que correlações de atividade inter-regional podem ser associadas a estados específicos de prazer — por exemplo, uma coordenação reduzida entre o córtex auditivo e uma profunda estrutura relacionada com recompensa (o núcleo accumbens) prevê anedonia para a música em seres humanos.[17] Da mesma forma, o específico e básico sentimento de recompensa quando se cuida de um neto pode ser possibilitado pela capacidade de se ter uma forte conectividade sináptica (e, com isso, um engajamento eficaz) entre uma região do cérebro responsável por avaliar e considerar impulsos ou recompensas (como o hipotálamo ou circuito VTA/núcleo accumbens) e outra região do cérebro representando hierarquias de relacionamentos parentais (como o septo lateral).[18] Forças sinápticas de projeção específicas podem permitir que esses comportamentos específicos se tornem favorecidos e gratificantes, especialmente com uma experiência positiva aprendida.

Desse modo, a força sináptica no nível de interconexão numa região cerebral é um interessante e relevante componente para o desenvolvimento de nossos sentimentos interiores, já que a evolução é bem adequada para trabalhar com essas forças de conexão inter-regional. Embora a evolução não entenda nada de música ou de netos, em si mesmos, ela pôde estabelecer as condições que permitem que uma ou outros sejam curtidos — em certa medida, com a correta experiência de vida. E não falta complexidade genética disponível para lançar esses fundamentos específicos, na riqueza de padrões de expressão de genes que determinam como a diversidade celular e a orientação de axônios implementam a rede de conexões cerebrais.[19]

Valor — seja negativo para a aversão, ou positivo para a recompensa — afinal é apenas uma espécie de rótulo neural, que pode ser afixado a, ou desafixado de, elementos tais como experiências ou memórias. Essa flexibilidade é crucial para o aprendizado, para o desenvolvimento e para a evolução. Mas o que pode ser facilmente afixado pode ser tão facilmente desafixado — para o bem e para o mal, na saúde ou na doença — e agora temos um caminho que leva à compreensão de como essa flexibilidade pode ser ativada. Memórias, como valores, podem ambos residir em forças sinápticas, aprendidas ou desenvolvidas como estruturas físicas. E o caminho até a sinapse — ao longo do axônio, a longa fibra que emerge de uma célula para tocar outras células — é configurado e dirigido e cresce segundo instruções de genes (que seguem todas as regras da evolução), e a essa altura a própria sinapse pode ser poderosamente sintonizada pela especificidade da experiência. Nossos percursos, nossas alegrias, nossos valores, todos jazem ao longo de fios finos que podem ser cortados — conexões que carregam nossas memórias, projeções que são nós mesmos.

Eu assinei para ser residente noturno em psiquiatria, cuja mudança de turno no sábado estava ensanduichada entre meus dois turnos diurnos no sábado e no domingo. Eu não tinha me encontrado com ele antes; parecia excessivamente esportivo e energético. Cansado, mas achando que estava sendo tolerante, apresentei a ele um resumo dos pacientes em nossa unidade que tinham casos ativos, antes de ir para casa para umas poucas horas de descanso.

Dirigindo novamente para o hospital na manhã seguinte, pelas ruas desertas das manhãs de domingo em Palo Alto, meus pensamentos me levaram de volta ao sr. N. Ainda restavam questões desafiadoras de logística quanto a se deveríamos começar a administrar uma medicação. Tínhamos de determinar quem seria legalmente capacitado a dar consentimento, e se o sr. N. não era capacitado, a equipe primária teria de ter uma conversa com seu filho — com quem eu ainda não havia me encontrado. Havia pouca coisa que eu pudesse fazer no momento; neste caso, tecnicamente, eu era apenas um consultor, não um tomador de decisões.

Depois de receber do agora abatido residente noturno informações sobre os pacientes de nossa unidade de psiquiatria e ter escutado com benevolente interesse enquanto ele ia desfiando em grossas camadas as histórias noturnas de sua valorosa atuação, eu fui a um posto de enfermagem para ver se algo novo aparecera com relação ao sr. N. Surpreendentemente, ele fora transferido — seu nome não aparecia mais na lista da unidade médica 4A. Um instante depois vi que ele estava na UTI.

O sr. N. tivera um massivo AVC na noite anterior, uma hora após eu o ter deixado. Seu corpo estava vivo, mas era improvável que ela recobrasse alguma vez uma vida independente. Seu filho tinha poder advocatício. Fora estabelecido um código de status: não ressuscitar; não intubar.

Eu fiquei apatetado, olhando, impotente. Ele tinha razão, e precisou me dizer. Sua noite seria muito longa.

Apenas no finzinho da vida — somente quando já afastamos o tabuleiro de xadrez, todos os lances feitos, sem mais surpresas por vir, a maioria das consequências esgotadas — é que podemos julgar a nós mesmos honestamente e assumir o crédito por ações que, finalmente, trouxeram sucesso ou fracasso. Mas também é aqui, no fim, que as lembranças do que fizemos desaparecem, esquecidas — uma distorção cruel, pois, sem a memória, como dar sentido à vida que vivemos, encontrar significado nos caminhos que tomamos, em meio ao *páthos* que eles encerram?

Não podemos, e assim terminamos onde começamos, no desamparo e na incerteza.

O sr. N. nos surpreendeu, vivendo várias semanas antes de falecer. Eu vi um homem, que presumi ser seu filho, duas ou três vezes naquele setor do hospital, entrando e saindo — e uma vez estava empurrando o sr. N., de costas e imóvel em sua maca, pelo corredor. Lembro-me, naquele dia, de ter parado para observá-los, enquanto iam para uma mancha de sol projetada pela janela, e de ter ouvido o suave sussurrar do filho: *Aqui tem um pouco de sol para você, papai.*

O sr. N. parecia ser mais velho do que eu lembrava — ali estirado, totalmente largado, a pele de um cinzento pálido, olhos fechados e boca aberta, atônico, totalmente imóvel. Saldara suas contas e fora para casa. Sua cabeça hirsuta, única parte dele que não estava coberta com o lençol e o cobertor, a mim parecia, no entanto, orgulhosa e digna. Evocava a memória daquele seu movimento final, soerguendo-se em sua cama de hospital, dizendo-me algo que importava através do nevoeiro da demência e da profundeza da depressão, quase tudo já lhe tendo sido tirado.

Ao se aproximarem da janela e de seu amplo raio de sol, ouvi uma equipe de médicos vindo em nossa direção, conversando sobre fibrilação atrial. O filho do sr. N. também podia ouvi-los — ele empurrou a maca um pouco mais rápido para abrir espaço, dirigindo-a desajeitadamente para a janela na extremidade do corredor.

Quando a equipe passou por mim, num vozerio que crescia com a discussão, a maca deu um leve solavanco e parou quando seu canto foi de encontro à parede. No momento do impacto, os dois braços do sr. N. ergueram-se subitamente na direção do teto, tortos mas juntos — o lençol caindo para um lado, um braço erguido firmemente para cima, o outro, mais fraco, a meio caminho, as duas mãos abertas, os dedos esticados. Estáveis e fortes. Uma busca frenética, uma força impactante.

    Um pasmo momento de silêncio envolveu o corredor e seu heterogêneo grupo de espectadores, enquanto o filho do sr. N., os internos e eu olhávamos para os braços estendidos, crispados, todos nós aprisionados naquela cena surreal por um instante ou dois — e então os braços relaxaram e voltaram para a maca, juntos. O sr. N. estava de novo em repouso.

    A equipe de médicos tinha avançado mais lentamente, mas não parado. Levou alguns segundos para a conversa ser retomada, e eles dobraram a esquina no fundo do corredor, o zumbido agora num tom menor, a neurologia dos reflexos assomando na superfície de suas mentes, vindas de um redemoinho de memórias e desejos.

    Na demência, os reflexos infantis retornam, movimentos coreografados pela evolução para a sobrevivência dos bebês primatas: o reflexo de *Moro*[20] (braços estendidos para cima quando o corpo é subitamente largado ou acelerado, um resquício de nossos antepassados trepadores em árvores, que salvava as vidas infantis daqueles que viriam a ser nossos ancestrais) e o reflexo chamado *raiz*, (um leve toque na bochecha provocando uma virada da cabeça e uma abertura da boca, para encontrar leite). Cair das alturas e perder o contato com a mãe — eram os básicos e instintivos temores dos recém-nascidos humanos.

    Esses dois padrões de ação desaparecem após alguns meses de vida, mas retornam com a demência ou um dano cerebral — não que tenham sido recriados no fim da vida, pois na verdade nunca tinham desaparecido, sempre presentes mas latentes durante décadas, debaixo de camadas com função mais elevada, revestidos de inibição e controle cognitivo, cobertos por todos os fios de uma vida vivida. Quando o tecido se esgarça e a textura se perde, o "eu" original encontra novamente uma voz, num crispar de cortar o coração em busca de segurança, procurando uma mãe há muito tempo morta.

    Todos os detalhes da vida que tanto importaram ao longo dos anos, que trouxeram momentos de felicidade ou dor, apenas a tinham coberto toda, tecendo os fios em tantas tramas que ela não mais podia ser vista. Mas sempre lá, e agora no fim, a armação de todas as coisas vem de novo à superfície. Quando os fios finos se desmancham, ela se torna, mais uma vez, o mundo inteiro. Pode ser novamente alcançada, o mamífero que acendeu a vida em seu bebê, que segurou e embalou, e alimentou e protegeu seu filho — da chuva e do sol.

Quando os fios da mente se desintegram, quando fibras massivas isoladas se fragmentam e esgarçam, quando a memória e a capacidade de agir se dissolvem, tudo o que resta é o que estava lá desde o nascimento... Um infante humano num fino tecido cinzento, agora novamente exposto ao frio.

Agora, tudo o que existe, na escuridão confusa, é um suave balanço... E quando o equilíbrio é subitamente alterado, quando o ramo seco e fraco se rompe, o bebê fica solto na noite, despregado do mundo, e cai — os braços estendidos, numa desesperada tentativa de agarrar.

Um ramo se quebra, e isso é tudo no fim. Um bebê morando numa árvore, uma tentativa de agarrar-se à mãe, uma queda através do espaço.

Epílogo

Meu grande quarto de dormir azul, o ar tão quieto, uma escassa nuvem. Em paz e em silêncio. Eu poderia ficar aqui para sempre apenas. É algo que nos falha. Primeiro sentimos. Depois caímos. E deixe que ela chova agora se gostar. Suavemente ou fortemente, como ela gostar. Seja como for deixe-a chover pois minha hora chegou... Assim. Avelaval. Minhas folhas foram levadas de mim. Todas. Mas uma ainda está presa. Vou suportá-la em cima de mim.
James Joyce, *Finnegans Wake*

A lançadeira balança, para a frente e para trás na borda-guia da tapeçaria, marcando tempo no espaço como um pêndulo, incorporando momentos e sentimentos. Fios de urdidura apontam o caminho num espaço não formado, enquadrando — mas não determinando — o que acontecerá em seguida.

Essa constante progressão da experiência esclarece padrões e sepulta fios estruturais. Qualquer resultado serve como uma espécie de resolução.

Meu filho mais velho, com quem vivi como pai solteiro durante muitas dessas experiências e cujo lar despedaçado me assustava diante daquilo que eu estava vendo clinicamente, tinha crescido para ser agora um atarefado cientista da computação e estudante de medicina, com relacionamentos carinhosos e talento no violão. Fios que se entrelaçam podem ou interromper ou criar um padrão — e a vida não dá explicações. Agora tenho quatro adoráveis filhos mais jovens com uma eminente cientista médica — também de minha universidade — cuja missão é estudar e tratar o mesmo tumor de tronco cerebral que tinha crescido na garotinha dos olhos desalinhados e que quase acabou com minha carreira na medicina.[1] No cerne de cada história aqui há uma criança perdida — mas que ainda pode ser encontrada.

Cada sensação aqui descrita, cada sentimento e pensamento individual que me guiaram até este ponto, parecem agora estar mais ricamente texturizados do que quando primeiramente experimentados, e mais profundamente entretecidos. Porém será que o sentimento original está mais bem definido, ou, ao contrário, obscurecido, por essas conexões formadas com o tempo? De certo modo, isso não importa — não mais do que se sepultados fios de urdidura podem ser significativamente revelados sem destruir uma tapeçaria, não mais do que se podemos expor e vivenciar nossos sentimentos originais sem cortar conexões e memórias, e perder a nós mesmos.

Desenvolvimentos científicos ora em curso continuarão a prover mais interpretações texturizadas para as histórias aqui contadas. A cada nova descoberta, nossa própria construção pela evolução fica cada vez menos simplesmente descrita, e até mesmo a extinção dos neandertais adquire mais dimensionalidade à medida que a paleogenética progride. Claro que eles continuaram a viver em nós, e assim não estão definitivamente extintos, mas uma verdade ainda mais profunda tornou-se agora aparente. Agora sabemos que, quando os últimos neandertais morreram, eles já eram em parte humanos modernos — porque a miscigenação se deu em duas direções, e o último neandertal pode ter sido também o último sobrevivente de uma onda de humanos modernos que tinha deixado a África primeiro.[2] Sua extinção é verdadeiramente humana, a nossa própria.

A maioria das descobertas médicas aqui descritas será, com o tempo, identificada apenas como elementos de um quadro muito mais amplo — e essas serão as histórias de sucesso. Algumas serão esquecidas, ou se mostrarão falhas o bastante para requerer correção e substituição. Mas esse processo de descoberta e correção de falhas em nossa compreensão é idêntico ao progresso da ciência. Lacunas e falhas, por sua própria natureza — assim como os próprios processos da doença —, são esclarecedoras e reveladoras.

A luz, no mundo natural, passa somente através de lacunas já presentes — como quebras na cobertura de nuvens ou passagens que o vento abre entre as frondes das árvores na floresta. Com essa biologia, porém, e nessas histórias, a luz visível inverte esse paradigma ao abrir fisicamente um portal — a informação criando um caminho para si mesma, iluminando toda a família humana ao passar por ela. Às vezes parece que o canal foi canhestramente aberto, uma porteira rural emperrada em relva úmida; que não preparamos completamente o caminho, ou a nós mesmos, para lidar com a informação que está chegando. Mas a porteira está aberta.

Os anos recentes trouxeram insights para a própria porteira. Prestando atenção em sentimentos experimentados quase no início de minha jornada científica — cruzando escalas, explorando mistérios do cérebro inteiro em nosso método científico fundamentado no nível celular —, nós agora mergulhamos ainda mais fundo, até os níveis de resolução molecular e atômico, ao explorar como as proteínas fotorreceptoras chamadas canalrodopsinas na verdade funcionam.[3] Fomos capazes de elucidar o mistério de como a luz pode ser detectada por uma molécula e depois transformada numa corrente elétrica que flui por um poro na mesma molécula individual. Esses experimentos utilizam intensos feixes de raios X — o mesmo tipo de método científico, a cristalografia, que permitiu a descoberta da estrutura em dupla-hélice do DNA.

Tem havido intensa controvérsia: alguns proeminentes pesquisadores alegaram que não havia um poro fotorreceptor dentro da molécula de canalrodopsina. Mas a cristalografia de raio X permitiu-nos não somente ver diretamente o poro e provar sua existência, como usar esse conhecimento para redesenhar o poro e mostrar de muitas maneiras a profundidade de nosso entendimento: mudando átomos em volta — refazendo o revestimento interno do poro — para criar canalrodopsinas que conduzam íons negativamente carregados em vez de íons positivamente carregados, ou fazendo com que essas moléculas sejam reativas à luz vermelha em vez de somente à luz azul, ou mudando a escala de tempo da eletricidade provocada, acelerando ou desacelerando em muitas vezes as correntes. Essas novas canalrodopsinas já se mostraram úteis para a neurociência ao longo de uma grande abrangência de aplicações, e assim a quebra do código estrutural desse misterioso canal fotorreceptor — resolvendo desse modo um mistério fundamental enraizado na biologia básica de uma planta das mais espantosas — abriu também um caminho científico para novas explorações do mundo natural e de nós mesmos.

Hoje, mesmo enquanto a ciência progride em meu próprio laboratório em Stanford, ainda trato pacientes num ambulatório focado em depressão e autismo (e todo ano atuo como médico de plantão para consultas com pacientes internados), trabalhando o tempo todo com uma nova geração de residentes em psiquiatria, ensinando e aprendendo enquanto avançamos juntos por um campo que ainda se mostra tão apaixonante e misterioso quanto era em meus primeiros momentos com um paciente de transtorno esquizoafetivo. Conseguimos curar muitos pacientes, e em outros apenas conseguimos tratar dos sintomas — caminho seguido em muitos campos da medicina, no qual tratamos de doenças intratáveis porque podemos fazer isso, e porque, se não o fizermos, o paciente morre. Somos traficantes honestos de ervas que ajudam — de eríngio e dedaleira.

Enquanto nossa compreensão da psiquiatria e nosso insight quanto ao controle do comportamento pelo circuito neural progridem juntos, seria sábio dar início a difíceis conversas para as quais sentimos não estar preparados. Vamos precisar nos manter, filosófica e moralmente, à frente — em vez de tentar entender quando já for tarde demais. Um mundo de incertezas já está exigindo da psiquiatria respostas para questões difíceis sobre nós mesmos quando saudáveis, não só na doença. As razões para essa pressão são importantes — descobrir as inspiradoras e perturbadoras contradições da humanidade e depois abraçá-las, atracar-nos com elas.

E assim, aqui, na forma de epílogo, podemos olhar rapidamente para o futuro, ao longo de três caminhos escuros e densamente arborizados, só fracamente iluminados pelas histórias neste volume, cada um deles precisando logo de uma exploração mais profunda: nosso processo científico, nossa luta contra a violência e a compreensão de nossa própria consciência.

Os avanços da ciência são difíceis de predizer ou controlar — formando um estranho contraste com grande parte do processo científico, o qual é um exercício de pensamento controlado e ordenado. De fato, o pensamento ordenado parece ser natural para a mente humana em geral, e o controle do fluxo de pensamentos complexos é tido como certo, assim como assumimos a constante progressão do tempo. E, contudo, não podemos nos valer de nosso apetite por ordem e controle para planejar completamente o processo científico. Essa é uma importante lição que nos dá a maioria dos avanços científicos, inclusive o da optogenética — revelando a necessidade de apoiar a pesquisa básica, que em certa medida não é planejada. Teria sido impossível predizer o impacto, na neurociência, da pesquisa de reações microbianas à luz durante os últimos 150 anos.[4] Da mesma forma, desenvolvimentos inesperados fizeram deslanchar muitos campos científicos. De fato, como este volume é em parte memória, as histórias se focam na optogenética, mas outros campos pioneiros também têm convergido a partir de direções inesperadas, para definir a paisagem da biologia hoje em dia.

Portanto, a optogenética revelou não só muita coisa sobre o cérebro, mas também, de modo acessível, a natureza do processo científico básico. É importante manter essa ideia em primeiro plano em nossa mente enquanto caminhamos juntos para o futuro: a verdade científica — uma força que pode nos resgatar da fraqueza de nossa própria construção — surge da livre expressão e da pura descoberta. Isso, e talvez também de um pouco de pensamento desordenado.

Lembro-me de um paciente com cirrose alcoólica, sob meus cuidados mas sem perspectiva de um fígado novo, que está chegando a seu fim de jogo. Ele está se afogando em terra seca, num líquido de sua própria criação. Sua barriga está túrgida e tensa com ascites — o fluido amarelo-amarronzado da falência hepática —, talvez dez litros ou mais, distendendo seu abdome, comprimindo seus pulmões e seu diafragma de baixo para cima. Ele só tem 48 anos, mas luta para respirar, ofegando na cama diante de mim.

Estou segurando um instrumento tosco, o trocarte. Medieval, pesado em minhas mãos, é tudo de que dispomos. Iluminado pela dura e clara luz para procedimentos, ao lado da cama, o trocarte continua fosco como o estanho — estéril mas manchado, embaçado, um cilindro embotado que serve para colocar um dreno na parede abdominal. Consigo tirar cinco ou seis litros de fluido de seu abdome de uma só vez, mas isso cria espaço para sua respiração por apenas dois ou três dias antes que o constante acúmulo de ascites o preencha novamente. Não posso curar a doença, mas posso fazer algo, constante e cuidadosamente, até sabermos mais.

Por enquanto, verdade é o nosso trocarte. Uma verdade à qual podemos chegar, assim que a alcançarmos, por meio de conversas abertas sobre aquilo que sabemos, discussões livres e descoberta criativa.

A ciência, como as canções e as histórias, representa uma forma livre de comunicação humana. A diferença é que, na ciência, a conversa parece no início estar limitada à fração de seres humanos que são treinados para apreciar seu significado pleno. Mas, como disse a artista performática Joan Jonas sobre sua arte em 2018, a ciência é "uma conversa com o passado e o futuro, com um público".[5] Cientistas não são pessoas reclusas gritando dados no vazio, nem autômatos preenchendo drives com bits. Buscamos a verdade, mas uma verdade para comunicar de um modo que, pensamos, a esperança possa importar. O significado de nosso trabalho vem de parceiros humanos que imaginamos e para os quais dirigimos nossa voz, conscientes de que essas conversas não têm uma via única.

Mesmo a conclusão de um grande avanço requer a compreensão de como ele será comunicado, o que por sua vez requer que se considerem os ouvintes, tanto quanto o locutor e o contexto volátil — o aspecto dinâmico do mundo mais além, seu tempo e seu lugar na história humana. Em espaços abertos não formados que não trazem nem juízo nem posturas, nosso caminho em frente é o de um paciente em terapia de fala, onde só se obtém insight mediante engajamento livre e franco, e sem penalidade possível. Se não for assim, defesas imaturas serão o recurso; muros serão erigidos, evidenciando que não houve compreensão, isolando nossos próprios sentimentos — muros que foram construídos porque uma conversa honesta e livre envolvendo todos os membros da família humana não foi priorizada. Precisamos ser o que devemos ser, para assim podermos descobrir quem somos.

Não muito longe abaixo da superfície, parte do que podemos ser é sermos violentos uns com os outros. Existem muitos, demasiados caminhos que levam à violência, com uma complexidade social que é importante compreender, e isso talvez seja assunto para outro e diferente texto. Mas quando a violência é desfechada sobre seres humanos por seres humanos, sem um motivo óbvio, aparentemente por si mesma, então a psiquiatria (e portanto a neurociência) parece estar tão perto das linhas de frente quanto qualquer escola de pensamento humano. Essa situação é comumente enquadrada na psiquiatria como transtorno de personalidade antissocial, cujo significado se sobrepõe amplamente com o da *sociopatia*, termo muito usado pelo público em geral. Não temos respostas para as questões humanas que surgem naturalmente — por que existe esse transtorno, e o que pode ser feito? —, embora pareça que a necessidade de compreender essa condição torna-se mais urgente a cada dia.

Que proporção da humanidade é capaz de causar sofrimento, ou morte, com total desprezo pelo sentimento humano? As estimativas variam enormemente, dependendo do estudo ou da população, de 1% a 7%,[6] provavelmente devido a questões de gradação e variância em oportunidade, que pode ser tudo que separa os casos ativos dos latentes.

Em psiquiatria, a definição de transtorno de personalidade antissocial inclui "um padrão de longo prazo de desconsideração pelos direitos dos outros ou a violação desses direitos", e assim esses critérios podem ser encontrados numa pessoa que demonstra crueldade para com animais quando criança e desprezo pela integridade física ou psicológica de outros seres humanos quando adulta. Ambos os aspectos da história podem estar ocultos, mas ambos frequentemente são revelados com surpreendente facilidade na entrevista psiquiátrica, e um psiquiatra treinado pode chegar a uma hipótese diagnóstica bem rapidamente.

O que fazemos com esse 1% a 7%: esse número alto e esse espectro amplo? Somos intrinsecamente bons ou pecadores originais? Seja como for, há boas razões para configurar sociedades de modo que ninguém seja plenamente confiável ou empoderado — e todos sejam checados em todos os níveis: pessoal, institucional e governamental. Mas mesmo num percentual baixo, isso significa que essa condição está profundamente entranhada na população. Isso parece ser um fardo pesado para nossa espécie, explicando muita coisa concernente à história humana e aos dias de hoje — mas há esperança, ao menos quanto ao futuro, pois de que outra forma se pode imaginar um futuro para a humanidade? — enquanto as consequências de nossas ações se tornam mais globais e mais permanentes.

Astrofísicos fazem uma pergunta a isso relacionada quando pensam no cosmos: com seus inumeráveis planetas e seus bilhões de anos, se a total transformação tecnológica de uma espécie e de um mundo leva, como sabemos, apenas algumas centenas de anos, apenas um momento, um piscar de olhos, por que o universo parece tão quieto? Uma explicação fácil é que a extinção é uma sequência muita rápida da tecnologia.[7] Nenhuma medida de contenção institucional é jamais suficiente — os impulsos que dão suporte à sobrevivência no fim também impulsionam a extinção. A evolução cria uma inteligência que não é adequada para o mundo que, por sua vez, essa inteligência cria.

Será que uma compreensão mais profunda da biologia é capaz de nos salvar? Pouco se sabe sobre a biologia da personalidade antissocial. Há um componente hereditário[8] (responsável por até 50% dos casos) revelado em estudos com gêmeos, e alguma evidência de uma redução no volume de células no córtex pré-frontal, em que operam aspectos de contenção e de sociabilidade. Genes específicos têm sido associados à sociopatia ou à agressão,[9] incluindo aquelas proteínas de codificação que processam neurotransmissores na sinapse, como a serotonina — e têm sido observados padrões de atividade cerebral alterada, inclusive mudanças na coordenação entre o córtex pré-frontal e estruturas relacionadas com recompensa, como o núcleo accumbens. Mas nos falta uma compreensão profunda, ou caminhos de ação claramente identificados. Ainda abundam contradições nesse campo — por exemplo, discordância quanto a se é a violência impulsiva ou seu polo oposto (violência calculada, manipulativa) o sintoma mais relevante no âmago da questão. Cada conceito aponta para ideias opostas quanto ao diagnóstico e ao tratamento.

A neurociência moderna, no entanto, começou a esclarecer quais são os circuitos subjacentes à violência que é direcionada a outro membro da mesma espécie — em estudos que, conquanto reveladores, beiram a condição de profundamente perturbadores. Num exemplo impactante de uma descoberta que não poderia ter sido realizada com métodos anteriores, um grupo de pesquisadores tentou testar em roedores um estímulo elétrico num fino fragmento de cérebro de mamífero tido como capaz de modular a agressão — a subdivisão ventrolateral do hipotálamo ventromedial, ou VMHvl. A equipe de pesquisa não conseguiu observar reações agressivas, apesar de numerosas tentativas de estímulo com um eletrodo, provavelmente porque o VMHvl é uma estrutura pequena densamente cercada de outras estruturas que, em vez disso, desencadeiam medidas defensivas, como a de ficar imóvel ou fugir; essas estruturas circundantes ou suas fibras seriam ativadas também por estímulos elétricos do VMHvl, confundindo e perturbando os resultados comportamentais. Mas quando a equipe, em seguida, utilizou a precisão da optogenética para visar apenas as células do VMHvl com uma opsina microbiana excitatória, o estímulo dessas células com luz provocou um frenesi de violenta agressão a outro camundongo na gaiola[10] (um membro menor e não ameaçador da mesma espécie, da mesma cepa, o qual o camundongo controlado optogeneticamente tinha se contentado perfeitamente em deixar em paz até o momento em que se acionou a luz de laser).

O fato de que indivíduos podem ser tão instantânea e poderosamente alterados em sua expressão de violência aponta para uma profunda questão de filosofia moral. Ensinando optogenética a estudantes de graduação, achei impactante ver as reações que eles demonstravam ao assistir a vídeos — revistos por pares e publicados em revistas importantes — de controle optogenético instantâneo de agressões violentas em camundongos. Depois, frequentemente os estudantes precisam de um período de debate, quase uma dose de terapia, simplesmente para processar e incorporar em sua visão de mundo aquilo que observaram.

O que isso significa quanto a nós? Que uma agressão violenta pode ser tão específica e poderosamente induzida acionando algumas células nas profundezas do cérebro? Sendo o professor, posso transmitir a perspectiva de que isso não é um efeito totalmente novo — a agressão tinha sido previamente modulada em gradações variadas, durante décadas, por meios genéticos, farmacêuticos, cirúrgicos e elétricos. Mas esse conhecimento parece, no momento, ser de pouco valor para os estudantes. Nessas intervenções anteriores houve sempre um revestimento de efeitos não específicos e colaterais. Em contraste, quanto mais precisa se torna a intervenção optogenética, mais problemáticas são suas implicações e mais bem apresentados parecem ser certos enigmas.

E o que são exatamente esses enigmas? A optogenética é complexa demais para ser uma arma: a questão é o que os animais parecem estar nos contando sobre nós mesmos: a mudança no comportamento violento, em sua potência e velocidade e especificidade, parece desconectada dos modos com que buscamos combater a violência em nossa civilização ou inconectável com eles — isto é, esses poderosos processos de circuito neural parecem ser destinados a, no fim, prevalecer sobre frágeis estruturas sociais configuradas para impedir um desapego moral. O que pode ser feito? Que esperança existe aí? O que somos nós, realmente, quando uma violência assassina pode ser instantaneamente induzida por apenas uns poucos impulsos elétricos em algumas células?

Mas a violência também pode ser suprimida com algumas pontadas, e assim, pelo menos, existe agora um caminho a seguir: usando a optogenética e métodos correlacionados para elucidar quais são as células e os circuitos que *suprimem* agressão. E mesmo que não seja imediatamente prática ou terapêutica, essa dimensão de insight baseada em neurociência permite que sigamos além dos intensos debates sociais do passado (enquanto construímos em cima do que veio antes). Agora podemos começar a unificar as influências entrecruzadas de genes e cultura numa estrutura concreta e causal. Agora compreendemos o bastante sobre causalidade comportamental para ver como elementos de neurofisiologia subjacentes a comportamentos complexos como o da agressão violenta podem se manifestar em bem definidos componentes físicos do cérebro: por um lado, projeções dotadas de forma (direção e força) no desenvolvimento cerebral individual, por outro, uma adquirida experiência de vida.

Como não controlamos completamente nem nosso desenvolvimento cerebral nem nossa experiência de vida, a natureza exata da responsabilidade pessoal por uma ação ainda é uma questão interessante e contenciosa. Uma perspectiva da neurociência moderna informada pelo tipo de trabalho descrito neste livro poderia sustentar que não existe responsabilidade pessoal em algumas ações que envolvem o cérebro (como reações sobressaltadas) porque o circuito que envolve o "eu" não foi consultado, em contraste com outros tipos de ação onde preponderam prioridades e memórias — isto é, onde se engajam circuitos que definem um caminho pelo mundo, como o córtex retrosplenial e o córtex pré-frontal. Tendo em vista que uma sentença como essa, descrevendo conceitos causais e mensuráveis, pode ser razoavelmente escrita sem usar palavras como *consciência* ou *livre-arbítrio*, que são difíceis de quantificar, a neurociência moderna pode de fato ser capaz de progredir nessas difíceis questões, que até agora só tinham habitado o fascinante domínio do tratado filosófico.[11]

É improvável que haja no cérebro apenas uma localização que explique ações de livre escolha; na verdade, estamos lidando cada vez mais com circuitos mais disseminados, responsáveis por tomadas de decisão e escolhas de caminho, à medida que alcançamos perspectivas cada vez mais amplas na atividade de células e em projeções por todo o cérebro durante um comportamento. Em 2020, a gravação da atividade de células, amplamente, por todo o cérebro de camundongos e humanos,[12] trouxe insight quanto à construção do "eu" em nível de circuito, ao investigar o fascinante processo da dissociação — no qual o senso interior do "eu" de alguém é separado da experiência física, e assim o indivíduo sente-se dissociado de seu próprio corpo. O "eu" está ciente, mas dissociado de sensações — não mais sentindo a posse ou a responsabilidade por seu corpo. Com a optogenética e outros métodos, descobriu-se que padrões de atividade no córtex retrosplenial (coerentes com ideias que foram descritas na história sobre transtornos alimentares) e alguns de seus parceiros em projeções de longo alcance eram importantes para a regulação da natureza unificada do "eu" e de sua experiência. Assim, é aceitável que possa existir uma origem distribuída de toda ação, e do "eu" também, sem abandonar a ideia do "eu" como agente real e biológico submetido a uma precisa investigação científica.

Atender a essa complexidade de frente pode eventualmente permitir que compreendamos e tratemos (e sintamos empatia por) alguém antissocial, que pode ter tanto livre-arbítrio e responsabilidade pessoal quanto qualquer outra pessoa, mas ser frequentemente capaz de ser cruel consigo mesmo, com seu próprio "eu" também — talvez devido a uma forma biologicamente definível de distanciamento, ou dissociação, dos sentimentos tanto do "eu" quanto dos outros. Como médico, a compreensão deste último traço — mais do que qualquer outro aspecto — ajuda-me a tratar como deveria, e trato, esses camaradas seres humanos, apesar de tudo.

O futuro dessa jornada científica — considerando nosso acelerado processo para o acesso a todas a células, conexões e padrões de atividade de células cerebrais em animais durante o comportamento — está nos levando não somente à compreensão e ao tratamento de nosso próprio, difícil e perigoso design, mas também a um insight de um dos mais profundos mistérios do universo. Rivalizando com a questão de *Por que estamos aqui?*, a pergunta *Por que estamos conscientes?*

Em 2019 a tecnologia optogenética começou a permitir o controle do comportamento de mamíferos de um modo totalmente novo, não mais apenas consentindo o controle de células de acordo com seu tipo — o cavalo de força da optogenética em seus primeiros quinze anos[13] — mas também o controle da atividade de muitas células isoladas, ou neurônios individualmente especificados.[14] Agora podemos escolher, como quisermos, dezenas ou centenas de células únicas para controle optogenético[15] — células selecionadas entre milhões de vizinhas em virtude de sua localização, seu tipo e até mesmo sua atividade natural durante experiências.

Esse efeito foi alcançado com o desenvolvimento de novos microscópios, inclusive dispositivos holográficos baseados em cristais líquidos. Essas máquinas dão um enorme salto para além das fibras ópticas, usando hologramas como interface entre a luz e o cérebro, permitindo uma espécie de escultura de distribuições complexas da luz, até mesmo em três dimensões — para controlar neurônios individuais que produzem opsina durante o comportamento de um mamífero como um camundongo.

Em uma aplicação desse método podemos fazer com que animais que estão em escuridão total se comportem como se estivessem vendo objetos visuais específicos que nós mesmos projetamos. Por exemplo, podemos destacar as células que normalmente reagem a listras verticais (mas não às horizontais)[16] no âmbito visual, e depois, sem nenhum estímulo visual, ativar somente essas células com nossos pontos holográficos de luz, num teste para ver se o camundongo age como se estivessem presentes listras verticais.

O camundongo e o cérebro do camundongo comportam-se como se, de fato, lá houvesse listras verticais; perscrutando a atividade de muitos milhares de neurônios individuais no córtex visual primário (a parte do córtex que é a primeira a receber informação da retina), podemos ver que o resto desse circuito — com toda a complexidade de seu imenso número de células — age como costuma agir durante a percepção real de listras verticais (mas não horizontais).

Encontramo-nos agora numa posição espantosa: podemos pinçar grupos de células que são naturalmente ativas durante uma experiência e depois (usando luz e optogenética em células isoladas) inserir de volta seus padrões de atividade *fora* da experiência; quando fazemos isso, o animal e seu cérebro comportam-se ambos naturalmente, como fariam quando percebessem um estímulo real. O comportamento do animal, demonstrando uma discriminação correta, é similar, quer o estímulo sensorial seja natural, quer seja provido totalmente por optogenética — e a detalhada, em tempo real, representação interna em nível celular da discriminação sensorial através de volumes cerebrais é também similar, quer o estímulo sensorial seja natural, quer seja provido totalmente por optogenética. Até onde se pode relatar, portanto (com a ressalva de que eu nunca vou saber o que outro animal, humano ou não, está realmente experimentando subjetivamente), estamos inserindo diretamente algo que se assemelha a uma sensação específica como definida por um comportamento natural e uma representação interna natural.

Ficamos intrigados ao ver quão poucas células pudemos estimular para simular a percepção, e descobrimos que um punhado delas era o bastante — não mais que entre duas e vinte células, dependendo de quão bem treinado tinha sido o animal. Na verdade, foram tão poucas as células suficientes que uma pergunta teve de ser feita: por que mamíferos não são frequentemente distraídos por eventos casualmente sincrônicos em algumas células nas quais acontece uma reatividade natural semelhante — enganando assim o cérebro a concluir (erroneamente) que o objeto que essas células estão projetadas para detectar tem de estar presente? Isso pode acontecer com algumas pessoas, como na síndrome de Charles Bonnet, em que pessoas que sofrem de cegueira com início em idade adulta podem experimentar complexas alucinações visuais; o sistema visual parece agir como se tudo estivesse quieto demais, buscando criar algo, qualquer coisa que implique ruído. Eu tratei um paciente no hospital para veteranos que tinha essa síndrome: um veterano cordial e idoso, totalmente cego, enxergava visões totalmente formadas, frequentemente de ovelhas e cabras pastando pacificamente a uma distância mediana. Descobrimos que essas visões podiam ser reduzidas com um remédio para epilepsia chamado ácido valproico, mas no fim nós o dispensamos sem lhe dar uma receita; ele havia se apegado àquilo que seu destituído córtex visual tinha decidido lhe prover.

De maneira mais ampla, esse espontâneo e indesejado *output* — vindo de qualquer parte do cérebro devido a correlações espúrias de algumas de suas células — poderia constituir um princípio subjacente a muitos transtornos psiquiátricos, desde efetivas alucinações auditivas da esquizofrenia até indesejados *outputs* motores e pensamentos ligados a transtornos de tique e síndrome de Tourette, até cognições fora de controle como as dos transtornos alimentares e de ansiedade. O cérebro de um mamífero está sempre perigosamente próximo do nível em que um ruído fortuito pode ser tratado como um sinal — um *insight* importante tanto para a neurociência básica da variabilidade comportamental de mamíferos quanto para a psiquiatria clínica.

Mais além da ciência e da medicina, enigmas filosóficos em torno da consciência subjetiva ficam mais bem propostos com esse controle de múltiplas *single-cells* [células isoladas, células únicas]. De fato, uma nova vida foi até mesmo insuflada em experimentos de pensamento filosófico[17] (*Gedankenexperimente*, como diriam os físicos Ernst Mach e Albert Einstein, seguindo uma tradição que vem pelo menos desde Galileu), antiga na formulação e na discussão. A versão modernizada de uma velha história poderia ser a seguinte:

Suponha-se que alguém fosse capaz de controlar (como acontece com essa nova forma de optogenética de *single-cell* [célula isolada]) o padrão exato de atividade, durante algum período de tempo, de cada célula no cérebro de um animal capaz de ter uma sensação subjetiva — digamos, de um sentimento interno prazeroso, intensamente gratificante. E suponha-se que esse controle pudesse ser até mesmo orientado com precisão, primeiro observando e registrando esses padrões de atividade no mesmo animal durante sua exposição natural a um estímulo real, gratificante — assim como já sabemos que somos capazes de fazer para percepções visuais simples no córtex visual.

A questão aparentemente trivial, então, é: será que o animal teria a mesma sensação subjetiva? Já sabemos que um camundongo e seu córtex visual se comportariam, os dois, como se tivessem recebido e processado o estímulo real — mas será que o animal sentiria a mesma consciência interior, experimentaria sua qualidade além da própria informação, como se fosse uma consciência subjetiva natural, mesmo agora, quando o padrão de atividade é apresentado artificialmente?

É importante que isso seja um experimento com o pensamento — claro que não podemos saber completamente qual é a experiência subjetiva de outro indivíduo, nem mesmo de outro ser humano, tampouco adquirimos o controle total aqui contemplado —, mas como os *Gedankenexperimente* de Einstein que iluminaram tão poderosamente a relatividade, esse experimento com pensamento nos leva rapidamente a uma crise conceitual — controle que, nessa resolução eventual, poderia ser altamente informativo.

O problema é que parece ser essencialmente impossível responder sim ou não a essa pergunta. Responder "não" implica dizer que há mais coisas nas sensações subjetivas do que apenas padrões de atividade celular no cérebro — já que nos experimentos com pensamento nos é facultado combinar os padrões exatos de todos os fenômenos físicos que a atividade celular suscita, inclusive neuromoduladores, eventos bioquímicos e todos que são consequências naturais da atividade neural. Como resultado, não temos uma base de referência para compreender como a resposta poderia ser "não". Como pode haver mais coisas naquilo que as células do cérebro fazem do que aquilo que elas de fato fazem?

Responder "sim" suscita questões igualmente inquietantes. Se todas as células são ativamente controladas e se está havendo uma sensação subjetiva, então não há motivo para que todas as células estejam na cabeça do animal. Poderiam estar espalhadas por todo o mundo e controladas da mesma forma com o mesmo *timing* relativo, durante um período de tempo tão longo quanto interessar, e a sensação subjetiva ainda seria sentida em algum lugar, de algum modo, pelo animal — um animal não mais existente em qualquer forma física discreta. Num cérebro natural, os neurônios estão próximos um do outro, ou conectados um no outro, só para influenciarem um ao outro. Mas nesse experimento com o pensamento os neurônios não precisam mais influenciar um ao outro — o efeito exato do que seria essa influência em qualquer período de tempo já estaria sendo provido pelo estímulo artificial.

Essa resposta, intuitivamente, também parece estar errada, embora não tenhamos certeza como — apenas parece não passar no teste por redução ao absurdo. Como, e por que, poderiam neurônios individuais espalhados pelo mundo ainda fazer surgir sentimentos interiores num camundongo ou num humano? Essa questão só é interessante porque estamos considerando sentimentos interiores. Se em vez disso nós dividíssemos uma bola de basquete em centenas de bilhões de partes análogas a células, as distribuíssemos pelo mundo e as controlássemos individualmente para que se movimentassem como se movimentariam durante um quique, não haveria debate filosófico quanto a se esse novo sistema iria sentir como se estivesse quicando. A resposta seria, presumivelmente: nem mais nem menos do que a bola original.

Fomos deixados com um problema filosófico, que a optogenética enquadrou nítida e claramente. Certamente há muitos mistérios desse tipo no que concerne ao cérebro, como a natureza de nossos estados subjetivos interiores, que não estão nos esquemas científicos atuais: questões que são profundas e não respondidas, mas algumas que — assim parece agora — podem muito bem ser formuladas.

E esses estados subjetivos, chamados qualia, ou sentimentos, não são apenas conceitos abstratos ou acadêmicos. São os mesmos estados interiores que constituíram o foco central deste livro, que me trouxeram pela primeira vez à psiquiatria, anos atrás, cada um inseparável de sua própria projeção no tempo

— ao longo de segundos e ao longo de gerações inteiras. Essas experiências subjetivas fundamentam nossa identidade comum e definem o caminho que percorremos, juntos, como humanidade — mesmo se compartilhadas apenas como histórias, num livro ou em torno de uma fogueira.

Agradecimentos

É grande e profunda minha dívida para com muitas pessoas que ajudaram a dar forma e conteúdo a esta obra, e me proveram motivação e energia em tempos difíceis.

Meus sinceros agradecimentos a Aaron Andalman, Sarah Caddick, Patricia Churchland, Louise Deisseroth, Scott Delp, Lief Fenno, Lindsay Halladay, Alizeh Iqbal, Karina Keus, Tina Kim, Anatol Kreitzer, Chris Kroeger, Rob Malenka, Michelle Monje, Laura Roberts, Neil Shubin, Vikaas Sohal, Kay Tye, Xiao Wang e Moriel Zelikowsky, por suas observações e comentários — e a meu perspicaz e incansável agente literário Jeff Silberman e a meu profundamente ponderado e atencioso editor Andy Ward, cuja crença nessas histórias foi sempre maior do que a minha.

Estou muito agradecido a todas as pessoas que compartilharam esse caminho comigo — fundindo suas histórias com a minha, durante algum tempo.

Notas

Aqui se apresentam breves referências científicas para cada história. Todos os artigos mencionados são de livre acesso; você pode ou escrever o link na barra de pesquisa de um browser (se está lendo num dispositivo conectado) ou, nas notas rotuladas PCM (PubMedCentral), vá para <https://www.ncbi.nlm.nih.gov/pmc/articles/> e, na barra de pesquisa, entre com o identificador digital indicado (para PMC4790845, entre com 4790845), onde os artigos podem ser lidos on-line ou baixados gratuitamente como PDFs.

PRÓLOGO [pp. 11-25]

1. <https://en.wikipedia.org/wiki/Hopfield_network>; <https://en.wikipedia.org/wiki/Back-propagation>.
2. <https://www.ncbi.nlm.nih.gov/pmc/articles/PMC4790845/>.
3. <https://www.ncbi.nlm.nih.gov/pmc/articles/PMC5846712/>.
4. <https://www.ncbi.nlm.nih.gov/pmc/articles/PMC6359929/>.
5. <https://braininitiative.nih.gov/sites/default/files/pdfs/brain2025_508c.pdf>; <https://braininitiative.nih.gov/strategic-planning/acd-working-group/brain-research-through-advancing-innovative-neurotechnologies>.
6. <https://www.ncbi.nlm.nih.gov/pmc/articles/PMC4069282/>; <https://www.ncbi.nlm.nih.gov/pmc/articles/PMC4790845/>.
7. <https://www.ncbi.nlm.nih.gov/pmc/articles/PMC4780260/>; https://www.ncbi.nlm.nih.gov/pmc/articles/PMC5729206/>.

1. DEPÓSITO DE LÁGRIMAS [pp. 27-59]

1. ⟨https://www.ncbi.nlm.nih.gov/pmc/articles/PMC5426843/⟩.
2. ⟨https://www.ncbi.nlm.nih.gov/pmc/articles/PMC5723383/⟩.
3. ⟨https://www.ncbi.nlm.nih.gov/pmc/articles/PMC5100745/⟩.
4. ⟨https://en.wikipedia.org/wiki/Gorham%27s_Cave⟩; ⟨https://www.ncbi.nlm.nih.gov/pmc/articles/PMC6485383/⟩; ⟨https://www.ncbi.nlm.nih.gov/pmc/articles/PMC5935692/⟩.
5. ⟨https://www.ncbi.nlm.nih.gov/pmc/articles/PMC6690364/⟩.
6. ⟨https://www.ncbi.nlm.nih.gov/pmc/articles/PMC4069282/⟩; ⟨https://www.ncbi.nlm.nih.gov/pmc/articles/PMC3154022/⟩; ⟨https://www.ncbi.nlm.nih.gov/pmc/articles/PMC3775282/⟩.
7. ⟨https://www.ncbi.nlm.nih.gov/pmc/articles/PMC5262197/⟩; ⟨https://www.ncbi.nlm.nih.gov/pmc/articles/PMC4743797/⟩.
8. ⟨https://www.ncbi.nlm.nih.gov/pmc/articles/PMC6690364/⟩.
9. ⟨https://www.ncbi.nlm.nih.gov/pmc/articles/PMC5908752/⟩.
10. ⟨https://www.ncbi.nlm.nih.gov/pmc/articles/PMC4882350/⟩; ⟨https://www.ncbi.nlm.nih.gov/pmc/articles/PMC5363367/⟩.
11. ⟨https://www.ncbi.nlm.nih.gov/pmc/articles/PMC4934120/⟩; ⟨https://www.ncbi.nlm.nih.gov/pmc/articles/PMC6402489/⟩.
12. ⟨https://en.wikipedia.org/wiki/Cranial_nerves⟩.
13. ⟨https://www.ncbi.nlm.nih.gov/pmc/articles/PMC6726130/⟩.
14. ⟨https://www.ncbi.nlm.nih.gov/pmc/articles/PMC5929119/⟩.
15. ⟨https://www.ncbi.nlm.nih.gov/pmc/articles/PMC3942133/⟩.
16. ⟨https://en.wikipedia.org/wiki/Background_extinction_rate⟩.
17. ⟨https://www.ncbi.nlm.nih.gov/pmc/articles/PMC5161557/⟩; ⟨https://www.ncbi.nlm.nih.gov/pmc/articles/PMC4381518/⟩.

2. PRIMEIRA RUPTURA [pp. 60-76]

1. ⟨https://en.wikipedia.org/wiki/United_Airlines_Flight_175⟩.
2. ⟨https://www.ncbi.nlm.nih.gov/pmc/articles/PMC3137243/⟩; ⟨https://www.ncbi.nlm.nih.gov/pmc/articles/PMC2847485/⟩.
3. ⟨https://www.ncbi.nlm.nih.gov/pmc/articles/PMC2796427/⟩.
4. ⟨https://www.ncbi.nlm.nih.gov/pmc/articles/PMC4421900/⟩.
5. ⟨https://www.ncbi.nlm.nih.gov/pmc/articles/PMC2267819/⟩; ⟨https://www.ncbi.nlm.nih.gov/pmc/articles/PMC5474779/⟩.
6. ⟨https://www.ncbi.nlm.nih.gov/pmc/articles/PMC5182419/⟩.
7. ⟨https://www.ncbi.nlm.nih.gov/pmc/articles/PMC4160519/⟩; ⟨https://www.ncbi.nlm.nih.gov/pmc/articles/PMC4188722/⟩.
8. ⟨https://www.ncbi.nlm.nih.gov/pmc/articles/PMC4492925/⟩.
9. ⟨https://www.ncbi.nlm.nih.gov/pmc/articles/PMC6362095/⟩.
10. ⟨https://www.ncbi.nlm.nih.gov/pmc/articles/PMC3856665/⟩; ⟨https://www.ncbi.nlm.nih.gov/pmc/articles/PMC2703780/⟩.
11. ⟨https://www.ncbi.nlm.nih.gov/pmc/articles/PMC5625892/⟩.

3. CAPACIDADE DE CARREGAR [pp. 77-112]

1. ‹https://www.ncbi.nlm.nih.gov/pmc/articles/PMC166261/›; ‹https://www.ncbi.nlm.nih.gov/pmc/articles/PMC4467230/›.
2. ‹https://www.ncbi.nlm.nih.gov/pmc/articles/PMC4896837/›; ‹https://www.ncbi.nlm.nih.gov/pmc/articles/PMC3378107/›.
3. ‹https://www.ncbi.nlm.nih.gov/ pmc/articles/PMC3016887/›.
4. ‹https://www.sciencedirect.com/science/article/pii/S0960982217300593?via%3Dihub›; ‹https://www.sciencedirect.com/science/article/pii/S0960982213010567?via%3Dihub›.
5. ‹https://www.ncbi.nlm.nih.gov/pmc/articles/PMC5908752/›.
6. ‹https://www.ncbi.nlm.nih.gov/pmc/articles/PMC4402723/›; ‹https://www.ncbi.nlm.nih.gov/pmc/articles/PMC4624267/›; ‹https://www.biorxiv.org/content/10.1101/484113v3›.
7. ‹https://www.ncbi.nlm.nih.gov/pmc/articles/PMC4105225/›.
8. ‹https://www.ncbi.nlm.nih.gov/pmc/articles/PMC6748642/›; ‹https://www.ncbi.nlm.nih.gov/pmc/articles/PMC6742424/›.
9. ‹https://www.ncbi.nlm.nih.gov/pmc/ articles/PMC4155501/›.
10. ‹https://www.ncbi.nlm.nih.gov/pmc/articles/PMC3390029/›.
11. ‹https://www.ncbi.nlm.nih.gov/pmc/articles/PMC5723386/›.
12. ‹https://www.ncbi.nlm.nih.gov/pmc/articles/PMC4155501/›.
13. ‹https://www.ncbi.nlm.nih.gov/pmc/articles/PMC5570027/›; ‹https://www.ncbi.nlm.nih.gov/pmc/articles/PMC4836421/›.
14. ‹https://www.ncbi.nlm.nih.gov/pmc/articles/PMC5126802/›.

4. PELE QUEBRADA [pp. 113-136]

1. ‹https://en.wikipedia.org/wiki/Germ _layer›.
2. ‹https://www.youtube.com/watch?v= tRPu5u_Pizk›.
3. ‹https://www.ncbi.nlm.nih.gov/pmc/articles/PMC4245816/›.
4. ‹https://www.ncbi.nlm.nih.gov/pmc/articles/PMC6481907/›.
5. ‹https://www.ncbi.nlm.nih.gov/pmc/articles/PMC4102288/›.
6. ‹https://www.ncbi.nlm.nih.gov/pmc/articles/PMC3402130/›.
7. ‹https://www.ncbi.nlm.nih.gov/pmc/articles/PMC5201161/›.
8. ‹https://www.sciencedirect.com/science/article/pii/S0092867414012987?via%3Dihub›.
9. ‹https://www.ncbi.nlm.nih.gov/pmc/articles/PMC5723384/›.
10. ‹https://www.ncbi.nlm.nih.gov/pmc/articles/PMC5708544/›; ‹https://www.ncbi.nlm.nih.gov/pmc/articles/PMC4790845/›.
11. ‹https://www.ncbi.nlm.nih.gov/pmc/articles/PMC5472065/›.
12. ‹https://www.ncbi.nlm.nih.gov/pmc/articles/PMC4743797/›.
13. ‹https://www.ncbi.nlm.nih.gov/pmc/articles/PMC3493743/›.
14. ‹https://www.ncbi.nlm.nih.gov/pmc/articles/PMC6726130/›.
15. ‹https://www.ncbi.nlm.nih.gov/pmc/articles/PMC6584278/›.

5. A GAIOLA DE FARADAY [pp. 137-170]

1. <https://en.wikipedia.org/wiki/Faraday_cage>.
2. <https://en.wikipedia.org/wiki/Kalman_filter>.
3. <https://en.wikipedia.org/wiki/Chebyshev_filter>; <https://en.wikipedia.org/wiki/Butterworth_filter>.
4. <https://en.wikipedia.org/wiki/James_Tilly_Matthews>.
5. <https://www.ncbi.nlm.nih.gov/pmc/articles/PMC4112379/>; <https://www.ncbi.nlm.nih.gov/pmc/articles/PMC4912829/>.
6. <https://www.ncbi.nlm.nih.gov/pmc/articles/PMC3494055/>.

6. CONSUMO [pp. 171-202]

1. <https://www.ncbi.nlm.nih.gov/pmc/articles/PMC6181276/>.
2. <https://www.ncbi.nlm.nih.gov/pmc/articles/PMC4418625/>.
3. <https://www.ncbi.nlm.nih.gov/pmc/articles/PMC2907776/>.
4. <https://www.ncbi.nlm.nih.gov/pmc/articles/PMC5581217/>; <https://www.ncbi.nlm.nih.gov/pmc/articles/PMC6097237/>.
5. <https://www.ncbi.nlm.nih.gov/pmc/articles/PMC5937258/>; <https://www.ncbi.nlm.nih.gov/pmc/articles/PMC4844028/>.
6. <https://www.ncbi.nlm.nih.gov/pmc/articles/PMC6744371/>.
7. <https://www.ncbi.nlm.nih.gov/pmc/articles/PMC5723384/>.
8. <https://www.ncbi.nlm.nih.gov/pmc/articles/PMC6447429/>.
9. <https://www.ncbi.nlm.nih.gov/pmc/articles/PMC6711472>.
10. <https://escholarship.org/uc/item/4w36z6rj>.
11. <https://www.ncbi.nlm.nih.gov/pmc/articles/PMC1157105/>.

7. MORO [pp. 203-22]

1. <https://en.wikipedia.org/wiki/Vascular_dementia>.
2. <https://www.ncbi.nlm.nih.gov/pmc/articles/PMC3405254/>.
3. <https://www.ncbi.nlm.nih.gov/pmc/articles/PMC3903263/>.
4. <https://www.ncbi.nlm.nih.gov/pmc/articles/PMC5161557/>; <https://www.ncbi.nlm.nih.gov/pmc/articles/PMC4381518/>.
5. <https://www.ncbi.nlm.nih.gov/pmc/articles/PMC6309083/>.
6. <https://www.ncbi.nlm.nih.gov/pmc/articles/PMC2575050/>; <https://www.ncbi.nlm.nih.gov/pmc/articles/PMC4326597/>.
7. <https://www.ncbi.nlm.nih.gov/pmc/articles/PMC2575050/>.
8. <https://www.ncbi.nlm.nih.gov/pmc/articles/PMC6690364/>.
9. <https://www.ncbi.nlm.nih.gov/pmc/articles/PMC3331914/>; <https://www.ncbi.nlm.nih.gov/pmc/articles/PMC6737336/>; <https://www.ncbi.nlm.nih.gov/pmc/articles/PMC4825678/>.
10. <https://en.wikipedia.org/wiki/Backpropagation>.

11. ⟨https://www.ncbi.nlm.nih.gov/pmc/articles/PMC1693150/⟩; ⟨https://www.sciencedirect.com/science/article/pii/S0092867400804845?via%3Dihub⟩; ⟨https://www.ncbi.nlm.nih.gov/pmc/articles/PMC1693149/⟩.

12. ⟨https://www.ncbi.nlm.nih.gov/pmc/articles/PMC5318375/⟩.

13. ⟨https://www.ncbi.nlm.nih.gov/pmc/articles/PMC3154022/; ⟨https://www.ncbi.nlm.nih.gov/pmc/articles/PMC3775282/⟩; ⟨https://www.ncbi.nlm.nih.gov/pmc/articles/PMC6744370/⟩.

14. ⟨https://archive-ouverte.unige.ch/unige:38251⟩; ⟨https://archive-ouverte.unige.ch/unige:26937; ⟨https://www.ncbi.nlm.nih.gov/pmc/articles/PMC4210354/⟩.

15. ⟨https://www.ncbi.nlm.nih.gov/pmc/articles/PMC4069282/⟩.

16. ⟨https://www.biorxiv.org/content/10.1101/422477v2⟩.

17. ⟨https://www.ncbi.nlm.nih.gov/pmc/articles/PMC5135354/⟩.

18. ⟨https://www.nature.com/articles/s41467-020-16489-x/⟩.

19. ⟨https://www.ncbi.nlm.nih.gov/pmc/articles/PMC6086934/⟩; ⟨https://www.ncbi.nlm.nih.gov/pmc/articles/PMC6447408/⟩; ⟨https://www.biorxiv.org/content/10.1101/2020.03.31.016972v2⟩; ⟨https://www.biorxiv.org/content/10.1101/2020.07.02.184051v1⟩; ⟨https://www.ncbi.nlm.nih.gov/pmc/articles/PMC5292032/⟩.

20. ⟨https://en.wikipedia.org/wiki/Moro_reflex⟩.

EPÍLOGO [pp. 223-38]

1. ⟨https://www.ncbi.nlm.nih.gov/pmc/articles/PMC5891832⟩; ⟨https://www.ncbi.nlm.nih.gov/pmc/articles/PMC5462626⟩; ⟨https://www.ncbi.nlm.nih.gov/pmc/articles/PMC6214371⟩.

2. ⟨https://www.ncbi.nlm.nih.gov/pmc/articles/PMC4933530/⟩; ⟨https://www.biorxiv.org/content/10.1101/687368v1⟩.

3. ⟨https://www.ncbi.nlm.nih.gov/pmc/articles/PMC5723383/⟩; ⟨https://www.ncbi.nlm.nih.gov/pmc/articles/PMC6340299/⟩; ⟨https://www.ncbi.nlm.nih.gov/pmc/articles/PMC6317992/⟩; ⟨https://www.ncbi.nlm.nih.gov/pmc/articles/PMC4160518/⟩.

4. ⟨https://www.ncbi.nlm.nih.gov/pmc/articles/PMC5723383/⟩.

5. ⟨https://twitter.com/KyotoPrize/status/1064378354168606721⟩.

6. ⟨https://www.ncbi.nlm.nih.gov/books/NBK55333/⟩.

7. ⟨https://en.wikipedia.org/wiki/Fermi_paradox⟩.

8. ⟨https://www.ncbi.nlm.nih.gov/pmc/articles/PMC6309228/⟩; ⟨https://www.ncbi.nlm.nih.gov/pmc/articles/PMC5048197/⟩.

9. ⟨https://www.ncbi.nlm.nih.gov/pmc/articles/PMC2430409/⟩; ⟨https://www.ncbi.nlm.nih.gov/pmc/articles/PMC6274606/⟩; ⟨https://www.ncbi.nlm.nih.gov/pmc/articles/PMC6433972/⟩; ⟨https://www.ncbi.nlm.nih.gov/pmc/articles/PMC5796650/⟩.

10. ⟨https://www.ncbi.nlm.nih.gov/pmc/articles/PMC3075820/⟩.

11. ⟨https://www.sciencedirect.com/science/article/pii/S0896627313011355?via%3Dihub⟩.

12. ⟨https://www.ncbi.nlm.nih.gov/pmc/articles/PMC7553818/⟩.

13. ⟨https://www.ncbi.nlm.nih.gov/pmc/articles/PMC5296409/⟩.

14. ⟨https://www.ncbi.nlm.nih.gov/pmc/articles/PMC5734860/⟩; ⟨https://www.ncbi.nlm.nih.gov/pmc/articles/PMC3518588/⟩.

15. <https://www.ncbi.nlm.nih.gov/pmc/articles/PMC6447429/>; <https://<www.ncbi.nlm.nih.gov/pmc/articles/PMC6711485>; <https://www.biorxiv.org/content/10.1101/394999v1>.
16. <https://www.ncbi.nlm.nih.gov/pmc/articles/PMC6711485>.
17. <https://en.wikipedia.org/wiki/Einstein%27s_thought_experiments>.

Créditos

Sinceros agradecimentos aos abaixo citados por terem permitido reimprimir material anteriormente publicado:

The Edna St. Vincent Millay Society c/o The Permissions Company, LLC: "Epitaph for the Race of Man: X", de *Collected Poems*, de Edna St. Vincent Millay, copyright © 1934, 1962 by Edna St. Vincent Millay e Norma Millay Ellis. Reimpresso com permissão de The Permissions Company, LLC por Holly Peppe, Literary Executor, The Edna St. Vincent Millay Society, <www.millay.org>.

Faber and Faber Limited: Excerto de "Stars at Tallapoosa" de *Collected Poems*, de Wallace Stevens. Reimpresso com permissão de Faber and Faber Limited.

Indiana University Press: Excerto de *Metamorphoses*, de Ovídeo, traduzido por Rolfe Humphries, copyright © 1955 by Indiana University Press e copyright renovado em 1983 por Winifred Davies. Reimpresso com permissão de Indiana University Press.

ESTA OBRA FOI COMPOSTA PELA ABREU'S SYSTEM EM INES LIGHT
E IMPRESSA EM OFSETE PELA GRÁFICA SANTA MARTA SOBRE PAPEL PÓLEN SOFT
DA SUZANO S.A. PARA A EDITORA SCHWARCZ EM MAIO DE 2022

A marca FSC® é a garantia de que a madeira utilizada na fabricação do papel deste livro provém de florestas que foram gerenciadas de maneira ambientalmente correta, socialmente justa e economicamente viável, além de outras fontes de origem controlada.